Schnetzer Puskas Ingenieure

Entwurf Struktur Erfahrungen

Aita Flury (Hg.)

gta Verlag

Prolog

Konversationen – Prolog

Aita Flury   Ihr drei habt alle unterschiedliche Jahr- und Werdegänge. Heinrich und Werdegang Prägungen Charaktere Tivadar, ihr habt zuerst eine Berufslehre als Stahlbauzeichner respektive als Tiefbauzeichner absolviert, bevor ihr an der ETH Zürich Bauingenieurwesen studiert habt. Stefan, du bist einiges jünger und hast den direkten Weg von der Matura an die ETH gewählt.

Heinrich Schnetzer   Mein Werdegang ist von der Wechselwirkung zwischen Ausbildung und praktischer Tätigkeit geprägt: Nach der Lehre als Stahlbauzeichner habe ich eine Zeit lang in diesem Beruf gearbeitet. Dann folgte die Ausbildung an der Fachhochschule und wieder eine praktische Tätigkeit, bis ich schliesslich die ETH absolviert und dort promoviert habe – letzteres aber wiederum erst nach einer weiteren praktischen Tätigkeit.

Tivadar Puskas   Bereits als kleiner Junge hat mich die Bauingenieurtätigkeit meines Vaters geprägt – ich habe die Eindrücke der Besuche auf den Baustellen der Autobahnen in den 1960er Jahren in bester Erinnerung. Mein Werdegang ist Heinrichs Laufbahn ähnlich: Nach der Lehre folgte eine kurze praktische Tätigkeit, dann die Fachhochschule und schliesslich die ETH. Dort lernte ich Heinrich kennen und es wurde bald klar, dass wir irgendwann zusammen ein Büro eröffnen wollten.

Stefan Bänziger   Ich habe die ETH direkt nach der Matura besucht, habe aber gleichwohl auch einen praktischen Hintergrund: Meine Eltern führten ein Dachdeckergeschäft, sodass ich mich während meiner Schulzeit bereits oft auf Baustellen aufhielt und Erfahrungen, wenn auch im Bauneben- und nicht im Bauhauptgewerbe, sammeln konnte. Als Teenager dachte ich sogar daran, eine handwerkliche Lehre zu beginnen. Schliesslich habe ich dann Bauingenieurwesen studiert, da ich einen konkreten Beruf erlernen wollte, der ganz klar auf eine praktische Tätigkeit abzielt.

AF   Was hat euch in eurer Ausbildung besonders geprägt? Wie schätzt ihr die Bedeutung der Wahl eures Diplomprofessors, des Themas der Diplomarbeit oder der Dissertation für eure heutige Arbeit ein? Was oder wer war für eure technische und intellektuelle Formierung wichtig? Gab es prägende Arbeitserfahrungen in Büros, Ingenieure mit Vorbildfunktion?

HS Für mich war klar, dass ich in Konstruktion diplomieren wollte, dabei spielte mein Diplomprofessor Christian Menn natürlich eine zentrale Rolle. Er war *die* Kapazität, bei ihm zu diplomieren war sehr anspruchsvoll. Das eigentliche Thema der Arbeit spielte dabei eine untergeordnete Rolle, prägend war vielmehr die Persönlichkeit des Professors. Er hat mich schliesslich auch dazu überredet, bei ihm als Assistent zu arbeiten, obwohl ich bereits eine Tunnelbau-Tätigkeit geplant hatte. Insofern hat er mein späteres Tun sehr stark beeinflusst.

TP Wie Heinrich bemerkt hat, war unser gemeinsamer Professor, Christian Menn, sehr wichtig. Der Brückenbauer hat uns in der Statik, in der Konstruktion und insbesondere im Brückenbau neue Welten eröffnet. Wichtig waren auch Professor Dubas und Professor Lang, die Fächer Stahlbau und Grundbau. Meiner Abschlussarbeit über Brückenbau folgte das Diplom im Fach Grundbau. Professor Menn hatte auch mir eine Assistenzstelle angeboten, zu diesem Zeitpunkt war es mir aber ein dringliches Anliegen, nach der doch lange dauernden Ausbildung wieder praktisch tätig zu sein. So bin ich in das Büro WGG gekommen, unser Vorgängerbüro und das Nachfolgebüro von Heinz Hossdorf. Insbesondere beeindruckte mich dort die Arbeit am Projekt für das Stadttheater.

SB Meine Diplomarbeit, eine Fussgängerbrücke, war bereits zukunftsweisend für meine jetzige Tätigkeit. Direkt nach dem Studium habe ich eine Stelle bei WGG Schnetzer Puskas angetreten, wo ich während der ersten drei Jahre stark von der «Lehrzeit» bei René Guillod geprägt wurde und noch richtiges «Handwerk» erlernt habe. Ein sehr wichtiger Erfahrungswert bot später die Arbeit am Messeturm in Basel, bei der ich mich, unter intensiver Führung von Tivadar, erstmalig als Projektleiter unter Beweis stellen durfte.

TP Rückblickend haben mich das Centre Pompidou in Paris und das John Hancock Center in Chicago mit seinem *tube system* stark beeindruckt. Kennengelernt habe ich die Hochhäuser in Chicago notabene auf einer Studienreise mit einem Kollegen, der Architektur studierte und der mir auch den Zugang zu den Bauten von Mies van der Rohe und Frank Lloyd Wright eröffnet hat.

HS Ich war fasziniert von Professor Menns Bogenbrücke in Reichenau und habe mich während meines Diploms tiefgründig damit auseinandergesetzt. Schliesslich waren es aber, wie gesagt, mehr die Persönlichkeiten der Professoren, die mich stark beeindruckt und beeinflusst haben: Professor Menn und auch Professor Peter Marti, bei dem ich promoviert habe. Sie beide haben mir aufgezeigt, wie wichtig es ist, Wesentliches von Unwesentlichem trennen zu können, den Kern der Sache herauszuschälen. Analytisches Denken ist eine der Haupteigenschaften eines guten Ingenieurs.

AF Warum haben ausgerechnet eure drei Charaktere zusammen gefunden?

TP Heinrich und ich weisen zufälligerweise dieselbe Ausbildungschronologie auf und haben uns, wie gesagt, während des Studiums getroffen. Stefan war einer unserer Mitarbeiter, den wir als perfekten Partner sahen, um ein Büro in Zürich aufzubauen. So kam es zu unserer Zusammenarbeit, die nun im Fall von Heinrich und mir bereits zwanzig Jahre dauert.

HS Wie im Leben allgemein spielt der Zufall eine wichtige Rolle!

AF Gibt es andere Interessen, denen ihr – von der Ingenieursarbeit unabhängig – nachgeht, die sich aber implizit auf euren Beruf auswirken? Also persönliche Hintergründe oder Tätigkeiten, die massive Einflüsse auf die Arbeit haben?

TP Eine wesentliche Inspiration sind für mich Studienreisen. Im April dieses Jahres bin ich beispielsweise in Brasilien auf den Spuren von Mendes da Rocha und Niemeyer gewandelt. Ihre Werke interessieren mich, da sie zwischen Architekturen und Ingenieurbauwerken oszillieren.

SB Die Naturverbundenheit beim Fischen und Goldwaschen als Ausgleich und die Naturwissenschaft als Grundlage sind für meine Tätigkeit als Ingenieur wesentlich. Physikalische Grundlagen und Eigenschaften interessieren mich – das kommt beispielsweise beim Goldwaschen direkt zum Tragen: Das hohe spezifische Gewicht von Gold macht es erst möglich, dieses abzusondern – das ist doch faszinierend!

HS Meine Passion ist das Segelfliegen. Die Vogelperspektive, die Schönheit der Topografie beeindrucken mich jedes Mal aufs Neue. Gleichzeitig ist es eine grosse Herausforderung, man muss abstrahieren und wenige, wichtige Dinge fokussieren können, um zu einer sicheren Landung zu kommen.

AF Gibt es bestimmte Landschaften, die euch geprägt haben? Die Schweiz ist ja bekannt für ihre herausragende Ingenieurbaukunst im alpinen Raum, ihr seid aber im Mittelland beheimatet. Inwiefern stellen hiesige Topografie oder eben Berge für eure Arbeit eine Einflusssphäre dar?

HS Es gibt nicht nur die Alpen und das Mittelland, hier in Basel leben wir vor allem auf der anderen Seite des Juras! Der Jura-Hügelzug ist von grosser topografischer Schönheit – die Zürcher haben das einfach noch nicht mitbekommen!

SB Als Stadtzürcher beeindruckt mich die stark wahrnehmbare räumliche Nähe zwischen städtischem Zentrum und Bergen. Vom Zürichsee aus auf die Glarner Alpen zu schauen, ihre Nähe zu spüren, ist ein Genuss! Professionell interessieren mich die unterschiedlichen Gegenden der Schweiz ihres Untergrundes wegen: Die Fundation jedes Bauwerks muss stets auf völlig unterschiedliche Eigenschaften des Bodens justiert werden. Als Ingenieure dürfen wir uns dabei mit der Geologie und der ganzen Entstehungsgeschichte des Bodens auseinandersetzen.

TP Die Berge und vor allem das Licht in den Bergen sind für mich sehr wichtig. Jeden August besteige ich einen Viertausender im Wallis, im Winter betreibe ich Langlauf im Engadin, eines der schönsten Täler, die ich kenne. Allerdings hat dort die planlose und spekulative Bautätigkeit derart massive Spuren hinterlassen, dass in der Wahrnehmung die grossartigen Ingenieurbauwerke leider oft in den Hintergrund verschwinden. Zu diesen Fragestellungen sind mittlerweile Politik und Gesellschaft stärker gefordert als Ingenieure oder Architekten.

AF Inwiefern spielen die zwei geografisch und kulturell unterschiedlich geprägten Standorte in Zürich und Basel eine entscheidende Rolle für eure Arbeit? Wie rekrutiert ihr eure Mitarbeiter und wie arbeitet ihr bei internationalen Projekten?

TP Unser Hauptsitz befindet sich in Basel, eine Niederlassung in Zürich – das ist aus dem skizzierten zufälligen Zusammentreffen unserer Biografien entstanden – und eine weitere neuerdings in Bern. Bei internationalen Projekten arbeiten wir von der Zentrale in Basel aus, da dort die Mitarbeiter mit den entsprechenden Fähigkeiten beschäftigt sind.

HS Wir wollen natürlich die besten Mitarbeiter – die findet man meist nicht über Inserate, sondern über Mund zu Mund Propaganda, etwa durch jüngere Angestellte, die andere dazu motivieren, bei uns zu arbeiten. Leider existiert tatsächlich ein Mangel an guten Ingenieuren. Wir beschäftigen auch ausländische Fachleute – z.B. Deutsche, Italiener, Spanier und Japaner – wobei aber anzumerken bleibt, dass die Schweiz auch heute doch immer noch eine sehr gute Ingenieurausbildung bietet.

SB Zwischen den Standorten in Basel, Zürich und Bern besteht ein reger Austausch. Mittlerweile arbeiten wir auch von Zürich aus mit Zürcher Architekten an Basler Projekten und umgekehrt. Insofern entsteht eine gute Durchmischung – die Grenze zwischen Basel und Zürich wird unschärfer.

HS Wir verstehen uns als Firma mit verschiedenen Standorten. Von der Philosophie her macht es keinen Unterschied, ob das Projekt in Basel, Zürich, Bern oder im Ausland lokalisiert ist. Im Ausland beschränkt sich unsere Tätigkeit auf die Entwicklung von Konzepten. Die Ausführung wird, mit unserer technischen Begleitung, in Kooperation mit lokalen Büros erarbeitet.

Entwurf Struktur Erfahrungen

Heinrich Schnetzer, Tivadar Puskas,
Stefan Bänziger

Die Entwicklung von Tragwerken in Zusammenarbeit mit allen am Planungs- und Bauprozess Beteiligten ist unsere Berufung: Neben technischen und wirtschaftlichen Aspekten interessiert uns beim Entwurf eines Tragwerks der konstruktive Dialog in einem interdisziplinären Umfeld. Durch unser theoretisches und baupraktisches Wissen sowie durch unsere Erfahrung in der Gestaltung von Tragstrukturen den architektonischen Ausdruck in einer integralen Weise zu stärken, liegt uns am Herzen.

Das vorliegende Buch ist ein Versuch, dem Leser unsere Leidenschaft für die Tragwerksplanung näher zu bringen, ihr Wesen begreifbar, sichtbar zu machen. Anhand von 27 repräsentativen Projekten, die in den lezten rund 15 Jahren entstanden und für unsere Arbeit wegweisend sind, beleuchten wir in Form kurzer Essays Themen, die uns wichtig sind. Die Konversationen mit der Herausgeberin Aita Flury bilden eine komplementäre, diskursiv umkreisende Annäherung dazu. Darüber hinaus wird die Publikation durch Aussenblicke auf unser Tun bereichert: Textbeiträge von Marcel Baumgartner, Jürg Conzett, Harry Gugger, Christian Menn, Daniel Meyer und Quintus Miller beleuchten unsere Arbeit, die Arbeit der Ingenieure im Allgemeinen oder die Zusammenarbeit mit den Architekten aus je eigenem Blickwinkel.

Entwurf Struktur Erfahrungen ist eine Momentaufnahme: Das Ingenieurbüro wurde 1953 durch Heinz Hossdorf gegründet und nach seinem Austritt 1980 von Kilian Weiss, René Guillod und Rudolf Gisi (WGG) weitergeführt. Wir verstehen uns als dritte Generation, als Glied einer fortlaufenden Kette. Dank unserer jüngeren Partner, die unsere Leidenschaft fürs Bauen und für anspruchsvolle Konstruktionen teilen, sehen wir mit viel Zuversicht einer weiteren Entwicklung des Büros entgegen. Die Publikation und die dazu gehörende Ausstellung fallen mit dem 60-jährigen Bestehen unseres Büros zusammen – ein schöner Zufall, aber auch ein guter Anlass, um auf unserer Reise (kurz) innezuhalten und unser Tun zu reflektieren.

Die Anfrage für dieses Buch und die dazu gehörende Ausstellung vonseiten des Instituts für Geschichte und Theorie der Architektur am Departement Architektur der ETH Zürich hat uns sehr gefreut, ja berührt. Es war unser Anliegen, diese Möglichkeit zu nutzen, um einen Einblick in ingenieurspezifische Denk- und Arbeitsweisen zu geben, ein Verständnis für den Entwurf von Tragstrukturen zu vermitteln, einen Blick darauf zu eröffnen, was Ingenieursarbeit heute sein kann.

Konstruktive Intelligenz

Aita Flury

Eine zunehmende Anerkennung von Ingenieurbauwerken ist in den letzten Jahren – wenn auch langsam – weltweit wieder in Gang gekommen: Zweckbauten und ihre Gestalt bilden gar wieder den Mittelpunkt kultureller Begegnungen, wie der Schweizer Beitrag für die Biennale 2010 demonstriert hat. Dies nachdem mehrere Jahrzehnte lang der Ingenieurbau als Synonym für die massiven strukturellen Transformationen unserer Landschaft von der Gesellschaft wenig Wertschätzung und interessierte Aufmerksamkeit erfahren hat. Dabei hat gerade die Schweiz seit der Mitte des 19. Jahrhunderts immer wieder mit eindrücklichen Beispielen von Ingenieurbaukunst brilliert, was zu einem wesentlichen Anteil auch mit der Ingenieurausbildung an den Eidgenössischen Technischen Hochschulen zusammenhängt. An einem Ort wie der ETH Zürich, die Wiege und Herz der Schweizer Ingenieur- wie auch der Architektenausbildung ist, Bauingenieursarbeit auszustellen und zu reflektieren, scheint also nur logisch. Trotzdem handelt es sich bemerkenswerterweise bei der Ausstellung über Schnetzer Puskas Ingenieure um eine der wenigen monografischen Präsentationen zeitgenössischer Bauingenieursarbeit an der ETH Zürich. Vor dem Hintergrund unserer medialen Kultur, die – im Gegensatz zur bis ins späte 20. Jahrhundert wirkenden bautechnologischen Kultur – an Technikfragen nur noch auf der *user*-Ebene interessiert ist, bietet die vorliegende Begleitpublikation deshalb eine einmalige Gelegenheit, allgemeine Fragen und mögliche Antworten zum Berufsbild des Bauingenieurs aufzuwerfen: Die leuchtenden Arbeiten von Schnetzer Puskas Ingenieure veranschaulichen dabei exemplarisch, welche Fähigkeiten und Kompetenzen mit dieser Disziplin heute einhergehen können, in welchen Bereichen Aufgabenstellungen und mögliche Lösungsansätze angesiedelt sind. Die Annäherung an diese Aspekte bedeutet natürlich das Hinaus-

gehen über die blosse Betrachtung des baulichen Produkts: Die Welt der Technik – die dem Ingenieurwesen zweifellos implizit ist – beginnt sich erst neu zu erschliessen und ihr Geheimnis preiszugeben, wenn man vom Gewordenen zum Prinzip des Werdens zurückgeht.[1] Insofern geht es also auch um Aufmerksamkeit für Art und Struktur der Produktion, für die Regeln und Bedingungen, die darin aufscheinen.

Sprache finden

Das Herausarbeiten der im schöpferischen Akt involvierten Zusammenhänge, insbesondere das Verstehen von Gleichem, Komplementärem und Differierendem zwischen ingeniösem und architektonischem Denken faszinieren mich seit längerem: Der «Dialog der Konstrukteure»[2] im Sinne einer Kultivierung des Gesprächs zwischen zwei geschwisterlichen Disziplinen mit unterschiedlicher Perspektivierung bildet meine persönliche Basis dazu. Diese diskursive Auseinandersetzung war stets von Bewunderung für die Leistungen und Kompetenzen der Ingenieure begleitet, gleichzeitig aber auch von Bedauern über das allgemein sehr ausgeprägte Schweigen einer oft wortgeizenden Disziplin. Das vorliegende Buch schien deshalb eine wunderbare Gelegenheit, die Ingenieure zu ihren eigenen Wörtern zu bringen, sie dazu zu animieren, ihr umfangreiches Werk autobiografisch zu kommentieren. Damit soll das Buch natürlich auch in der Tradition von Heinz Hossdorf stehen – das Vorvorgängerbüro von Schnetzer Puskas –, der mit seinem Buch *Das Erlebnis Ingenieur zu sein*[3] ein weitgefasstes, ausdauerndes Sprechen über die eigene Arbeit exemplarisch vorgeführt hat – eine Absicht, die angesichts der sehr umfangreichen Werkliste und der drei vielbeschäftigten, unter Druck von laufenden Projekten stehenden Partner Heinrich Schnetzer, Tivadar Puskas und Stefan Bänziger, keine geringe Herausforderung darstellte. Ihre eigenen Texte, in welchen sie unter thematischen Gesichtspunkten eine Auswahl ihrer Werke kommentieren, werden durch sogenannte «Konversationen» ergänzt – Gespräche über das Bauen, den Beruf des Ingenieurs, das Ingenieurwesen an sich. Das mäeutische Interview wandert dabei der Grenze zwischen einem öffentlichen und einem privaten Gespräch entlang. Darin finden allgemeine Überlegungen und Konsiderationen Platz, genauso offenbaren sich aber auch private Meinungen und Präferenzen der drei beteiligten Partner: eine Mischung, die an die Spontanität und die Möglichkeit dialektischer Konfrontation eines Interviewaktes gekoppelt ist und die drei Persönlichkeiten aufscheinen lässt – in der Ausstellung übernimmt der Film die Aufgabe, die Menschen hinter dem Werk zu zeigen. Das Exemplarische an der Arbeit dieses Büros, das «mittendrin steckt», wird schliesslich durch Betrachtungen von aussen verdichtet, in denen Ingenieure und Architekten, die in unterschiedlichen Formen mit Schnetzer Puskas Ingenieuren zusammenarbeiten oder freundschaftliche Verbindungen pflegen, einzelne Aspekte aus ihrer individuellen Perspektive beleuchten.

Partizipative Kongenialität

In den letzten zwanzig Jahren hat eine unselige, kaum mehr überschaubare Zellteilung der Kompetenzen im Bauwesen überhandgenommen: Die stetig steigende Komplexität in Bezug auf technische und energetische Anforderungen hat zu einem Spezialistentum geführt, das in der Folge dialogischere, diskursivere Entwurfsprozesse mit sich bringt – die wachsende Zahl von massgebenden Komponenten verschieben Entwurf und Planung immer mehr zu eigentlichen «Verhandlungsprozessen» zwischen bautechnischen und räumlichen Erfordernissen: Die Kooperation zwischen den verschiedenen Disziplinen ist unabdingbar geworden. In dieser Zeit des Spezialistentums ist die Bedeutung des Ingenieurs nicht zu unterschätzen – im Idealfall ist dieser nämlich nicht nur auf der Tragwerksebene kompetent, sondern inkorporiert gleichzeitig ein grosses interdisziplinäres, technisches Wissen. Dies ist einer der Gründe, weshalb eine wachsende Anzahl von zeitgenössischen Architekten ganz von Beginn der Gebäudekonzeption an eine intensive Zusammenarbeit mit dem Bauingenieur pflegen. Diese Form ermöglicht das Entwickeln entwerferischer

Kernideen in partizipativen Prozessen mit wenigen Beteiligten (Architekt und Ingenieur), die gleichgewichtige Beiträge leisten. In «intimen», eingespielten Teams finden dabei dynamische Prozesse der entwerferischen Auseinandersetzung statt, bei denen in einer hin- und hergehenden, fluktuierenden Bewegung Raum, Form und Konstruktion untereinander ausgehandelt werden. Der eigentliche kreative Akt des konzeptionellen Entwerfens wird dann tatsächlich zu einem wesentlichen Teil in Teamarbeit geleistet.

So unabdingbar Kooperation auch ist, so sehr hat sie handkehrum ihre eigenen Voraussetzungen. Die Originalität von Schnetzer Puskas Ingenieure findet ihren Ausdruck offensichtlich in solch dialogischer Zusammenarbeit mit Architekten unterschiedlicher Couleur. Die Kreativität der Ingenieure ist dabei unsichtbar und tritt vorerst hinter ein architektonisches Bild zurück, da primär nicht eigener Formwille oder visueller Ausdruck im Vordergrund stehen. In ihren Entwurfsprozessen folgt der Analyse der Bedingungen eine Logik von Möglichkeiten und Entscheidungen: Anfänglich vage, mitunter waghalsige Raumideen, welche die Architektenpartner aus architektonischen Vorstellungen heraus formulieren, werden von Beginn an synchron und auf gleicher Augenhöhe unter ingenieurmässigen Kriterien reflektiert. Das Räumliche ist dem Technischen als Prämisse einverleibt: Räumliche Vorstellungen sind als zentrale, aber unter Beobachtung stehende und justierbare «Randbedingungen» (so kann etwa die Auslegung des Programms hinterfragt werden) in die Aufgabenstellung integriert. Ziel ist Ermöglichung, vor allem aber auch Steigerung räumlicher Vorstellungen, indem Tragwerk und Konstruktion integral und konsistent gedacht werden – die Konstruktion soll möglichst geschickt am Raum partizipieren.

Bei mehreren Projekten gründen die konstruktiven Anstrengungen auf dem architektonischen Wunsch, die starre Bodenhaftung des Architekturkörpers zu überwinden, ihn in (ent)-schwebende Bewegung zu setzen – ein Thema, das seit längerem und stets aufs Neue die Architekturgeschichte befeuert. Raumbedingungen wie «Abgehobenheit» und «Aufhebung von Schwerkraft/ von Schwere» sind Ausgangspunkte für Projekte wie die Elbphilharmonie Hamburg, das CaixaForum Madrid, das Forum Barcelona oder die Auskragung des Basler Messeturms. Logischerweise ist den Tragwerkskonzepten dabei meist die Reduktion der vertikalen Tragelemente implizit – die Minimierung der Auflagerpunkte auf dem Boden oder auf einer bestehenden Struktur ist Grundvoraussetzung des architektonischen Bildes. Die konstruktiven Herausforderungen fokussieren dabei die Beziehung zwischen der Geometrie der horizontalen Tragelemente und der Lage ihrer vertikalen Stützpunkte. Das Thema der Kraftumlenkung von der einen in eine andere räumliche Ebene, der indirekte Kraftfluss, wird auch vom aktuellen Trend der Stapelung verschiedener Tragstrukturen übereinander gefördert. Auch in solchen Fällen von dreidimensionaler Statik, wie sie beispielsweise das Projekt für das Actelion Business Center zeigt, liegt der Konstruktion eine räumliche Suggestion zugrunde: die Zerstörung der althergebrachten, vertikal fixierten Ordnung. Interessant ist der Beitrag von Schnetzer Puskas Ingenieure gerade aber auch dort, wo es sich mehr um Maschinen, um Geräte denn um Architektur handelt: Beim Ballon von St. Prex wird das Ärgernis der Unbeweglichkeit von Architektur und ihre Erdgebundenheit real aufgehoben, indem eine temporäre Bühnenüberdachung als bewegliche Ballonhalbkugel in den Himmel aufsteigen kann. Hier ist es die Rahmenbedingung der Bewegung und damit verschiedener Positionen der Struktur im Raum, die das Klug-Erfinderische der Konstruktion provozieren.

Mag auch das architektonische Bild bei manchen Projekten auf den ersten Blick überblenden, wird beim zweiten Sehen schnell klar, dass die finale Gestalt der Bauwerke massgeblich von der raffinierten Verbindung zwischen architektonischen und ingenieurmässigen Kriterien geprägt ist. Die konzeptionell-technische Geschicktheit, ihre konstruktive Intelligenz, erhebt den Beitrag der Ingenieure deshalb weit über ein reines «Ermöglichen» hinaus, macht ihn vielmehr kongenial.

Entwurfsdenken

Die ingeniöse Mitwirkung an Bauwerken, die unsere vertrauten Vorstellungen sprengen und in mancher Hinsicht die alltägliche, konzeptionelle Logik der Disziplin überschreiten, bedingt ein grosses Mass an open-mindedness, an Denkfreiheit. Schnetzer Puskas Ingenieure zeichnen sich durch ihre Lust aus, Konventionen von Baukonstruktio-

nen in Frage zu stellen und sich neue Möglichkeiten auszudenken – Grenzen auszuloten, wie sie es selber nennen. Eine wesentliche Grundvoraussetzung dafür ist die Fähigkeit des hierarchischen Denkens. Dieses ermöglicht ihnen, Komplexität und Integration vieler widersprüchlicher Randbedingungen auszuhalten: Entwurfsprozesse sind offene, nicht lineare Prozesse, in welchen die Beteiligten mit wicked problems[4], sogenannten verhexten Problemen, konfrontiert sind. Das hierarchische Denken ermöglicht dem Entwerfenden (Architekt und Ingenieur) phasenweise bestimmte Probleme zu akzeptieren, die im Moment noch ungelöst sind. Gleichzeitig muss er abschätzen können, ob er diese offenen Probleme in einer späteren Phase durch weitere Denkarbeit entwickeln und lösen kann.

Entwurfsdenken kann auch als Synthese zwischen Analyse und Empirie umschrieben werden, die ebenfalls für beide, Architekt und Ingenieur, zutrifft.[5] Während der Architekt dabei die räumlichen Aspekte fokussiert, ist für den Ingenieur das Verständnis der inneren Kräfte vordringlich. Der Ingenieur übersetzt also die physische Realität in ein analytisches Modell und denkt in einer abstrahierenden, mathematischen Sprache. Der «Stoff» ist dabei ein von einem Liniensystem von Kräften durchwirktes Material, ein abstraktes Beziehungsnetz, das einteilbar in Zug und Druck, geordnet und berechenbar ist. Das Gefühl für das Verhalten der inneren Kräfte kann der junge Ingenieur erarbeiten, indem er durch rechnerische Arbeit Erfahrung sammelt und dabei ein Gespür für die zu treffenden Annahmen und Materialeigenschaften entwickelt. Das intuitive Gefühl für die inneren Kräfte wirkt in den Abwägungen und Abschätzungen von Anfang an massgeblich auf einen Entwurf ein: In der konzeptionellen Phase ist es entscheidend und bringt den Ingenieur in die Lage, vorerst einen intuitiven Zugang zu pflegen, ohne zu einem verfrühten Zeitpunkt theoretisch-rechnerische Fähigkeiten zu betonen. Die virtuose, chronologisch stimmige Kombination von Abschätzung, Kopf- und Handrechnung und darauffolgender Überprüfung mittels Computerrechenleistung zeichnet Schnetzer Puskas' methodischen Zugang aus. Dazu kommt eine grosse Unbefangenheit in der Anwendung des Computers als ideales Hilfsmittel: Die digitalen Möglichkeiten, Tragwerksmodelle durch Computeranimationen zu simulieren, werden in ganzer Fülle ausgeschöpft. Schnetzer Puskas' agiler Umgang mit dem Computer ist sicherlich auch vor dem allgemeinen digitalen Zeitgeist einzuordnen, trotzdem scheint gerade diesbezüglich die Nachfolge von Heinz Hossdorf wenig zufällig. Dieser hatte als Pionier (zumindest in der Schweiz) die Bedeutung des virtuellen, die räumlich-stoffliche Realität widerspiegelnden Modells als unverzichtbare, weil absolut eindeutige Basis für jede computerunterstützte Arbeit des Ingenieurs erkannt.[6] Die digitalen Modelle liefern zwar nicht wie die physischen Modelle eine unbestechliche Auskunft über die Erscheinungsqualität der realen Bauwerksgestalt. Die der Berechnung dienenden Simulationen und Modellierungen produzieren aber als Nebenprodukte Bildwerke von ganz eigener Ästhetik, die auf faszinierende Weise Rechenwerte als eigene, visuelle Kunstform vorführen.

Erfahrungen

Der Schlüssel zur Ingenieurbaukunst ist, wie David P. Billington bemerkt, die Art und Weise, wie Mechanik und Ästhetik über die Praxis miteinander verbunden werden.[7] Mit anderen Worten: Theoretisches Wissen und Knowhow bautechnischer Prinzipien können nur durch den Zusammenhang zur Baustelle, zum Bauen selber entwickelt und vertieft werden. Wie die Ingenieure betonen, ist die Ausführungserfahrung zwingend, da ohne diese eine wichtige Rückkopplung für die folgenden Entwürfe fehlt. Die direkte, lokale Beobachtung und Beurteilung – sei dies im kontinuierlichen Studium von Bauprozessen oder in der Reflexion von Strukturen in Gebrauch – ist also von zentraler Bedeutung. Erst diese Praxisbezogenheit macht es den Ingenieuren möglich, auch für komplexe Strukturen Konstruktionsvorschläge zu entwickeln, die für den Unternehmer unter wirtschaftlichen Rahmenbedingungen ausführbar werden – effiziente Strukturen also.

Effizienz fokussiert dabei nicht nur das Ökonomisch-Monetäre, sondern vor allem auch den geschickten Einsatz der Mittel und einen intelligenten Kraftfluss. Ein durch ein Stapelungsprinzip provozierter, indirekter Kraftfluss wird dementsprechend nicht einfach optimiert. Vielmehr konzentrieren sich die Anstrengungen auf die Suche nach einem Kraftfluss, der doch wieder einigermassen direkt und verhältnismässig ist. Öko-

nomie, Wirtschaftlichkeit, Effizienz gehören zur Ingenieursdisziplin und sind kein Widerspruch zur Kunstform. Das Konzept von technischer und ökonomischer Optimierung ist auch für Schnetzer Puskas Ingenieure in jedem Projekt ein wichtiger Bezugswert – wie alle anderen verantwortungsbewussten Ingenieure vertrauen sie dem Zwang zur Wirtschaftlichkeit auch als «Zuchtmeister». Das Erreichen einer ingeniösen Leistung unter einengenden ökonomischen Bedingungen ist Antrieb zum Austüfteln neuer Wege. Diese können das eigentliche Tragkonzept beeinflussen, einen Übergang, ein Auflagerdetail fokussieren, oder sie können eine Bauablaufidee betreffen, wie sie beispielsweise für die Puna Tsang Chhu Brücke in Bhutan zentral wurde: Eine intelligente Entwicklung der Tragelemente machte es möglich, diese während des Bauprozesses mehrfach und in verschiedenen Funktionen – als Lehrgerüstträger und später als Verbundträger der Fahrbahnplatte – wiederzuverwerten.

Durch eine kontinuierliche, praktische Erfahrung wird auch erst typologisches Weiterdenken möglich: Strukturelle Ideen oder geometrische Prinzipien überdauern, indem sie in andere Projekte oder Kollaborationen transferiert und dabei Optimierungen und Formatierungen unterzogen werden. Im Gegensatz zum Architekten, der mit dem Typus ein Programm, eine Organisationsform oder eine Funktion eines Gebäudes umschreibt, begreift der Ingenieur den Typ unter dem Gesichtspunkt des Tragelements oder der Tragstruktur – also einfacher Balken, Fachwerkträger, Faltwerk etc. Erst die profunde Kenntnis der Grundtypen und ihrer Materialkorrelationen lässt Weiterinterpretationen wie etwa bei Prada Aoyama Tokio, oder das elaborierte Mischen von Typologien wie beim Actelion Business Center überhaupt möglich werden. Nebenbei bemerkt verweist der dort entwickelte «Fachwerkdeel-Träger» auf die Wichtigkeit der typologischen Zuordnung: Werden die herkömmlichen Typologien gesprengt, werden neue Begriffe kreiert.

Das Actelion Business Center ist zudem ein gutes Beispiel für ein Tragwerk, das Bauteile mit unterschiedlichen Tragwirkungen kombiniert. Schnetzer Puskas Ingenieure interessieren Systeme, bei denen das Zusammenwirken aller Elemente statische Un- oder Überbestimmtheit erzeugen – sogenannte redundante Systeme. In solchen tendenziell isotropen Gebilden verteilen sich die Kräfte bei Bedarf zwischen den verschiedenen Tragsystemen und unterstützen sich in einem demokratischen und natürlichen Regime struktureller Solidarität gegenseitig – beim Ausfall des einen Tragelements übernimmt ein anderes dessen Funktion. Die eigentliche Bemessung solcher leistungsfähiger aber komplexer Systeme ist heute durch die Einführung neuer Rechenkapazitäten mit finiten Elementen verhältnismässig einfach geworden. Die Grundvoraussetzung für die Konzeption einer ökonomisch klugen Redundanz bleiben aber sinnfällige Annahmewerte, die nur auf Erfahrung aus einer langwierigen und beharrlichen Forschung gründen können.

Fazit

Die Arbeiten von Schnetzer Puskas Ingenieure stehen nicht in einer klar ablesbaren Linie von ästhetischer oder technischer Entwicklung. Ihre Konstruktionen sind partikulär, genauso unterschiedlich wie die Partner selbst, und lassen sich keineswegs in eine Formel oder einen Begriff zwingen. In den distinkt individuellen Projekten scheinen die drei Autoren-Partner wie auch die gesuchte Zusammenarbeit mit unterschiedlich gelagerten Architekten durch. Was die Büroidentität ausmacht, ist die grosse Bandbreite an technischem Wissen, das in einem kreativen Zusammenspiel mit den Architekten intelligent angewendet wird. Dabei liegt die Stärke der Ingenieure in der Definition und der Nutzung von Handlungsspielräumen. Schnetzer Puskas Ingenieure sind ein Vorbild, ja ein Plädoyer dafür, die Logik der berufseigenen Denkweise in allen Facetten auszunützen und einen lustvollen, kreativen Umgang damit zu etablieren.

1 Vgl. Ernst Cassirer, «Form und Technik», in: Peter Fischer (Hg.), *Technikphilosophie,* Leipzig 1996, S.161.

2 Der «Dialog der Konstrukteure» ist eine Ausstellungs- und Publikationsfolge, die ihren Anfang 2006 mit einer von der Autorin kuratierten Ausstellung im Architekturforum Zürich nahm. Ihren vorläufigen Abschluss bildet die Publikation: Aita Flury (Hg.), *Kooperation. Zur Zusammenarbeit von Ingenieur und Architekt,* Basel 2012.

3 Heinz Hossdorf, *Das Erlebnis Ingenieur zu sein,* Basel 2003.

4 «Wicked problems» als Begriff stammt ursprünglich vom Philosophen Karl Popper und wurde von Horst Rittel, Professor an der Hochschule für Gestaltung in Ulm in den sechziger Jahren als Zugang zu einer Entwurfsmethodologie verwendet. 1992 greift Richard Buchanan in seinem Aufsatz «Wicked Problems in Design Thinking» (in: *Design Issues* 8 (1992), H.2, S.5-22) den Begriff wieder auf. Im Essay stellt er die Hypothese auf, dass jeder Entwerfer ein persönliches Set von Aufstellungen hat, die durch Erfahrung entwickelt und geprüft sind. Die Erfindungskraft eines Entwerfers liege in seiner natürlichen oder kultivierten, kunstvollen Fähigkeit, jederzeit auf diese Aufstellungen zurückgreifen zu können, um diese auf eine neue Situation hin anzuwenden oder Aspekte der Situation zu entdecken, die den Entwurf beeinflussten.

5 Vgl. Tom F. Peters, «Berührungspunkte. Über die Eigenständigkeit des technischen Denkens», in: *Archithese* 6 (2002), S.14–19.

6 Peter Dietz, «Der Schritt in die reine Virtualität», in: Heinz Hossdorf, *Das Erlebnis Ingenieur zu sein,* Basel 2003, S. 249–260, hier S. 249.

7 David P. Billington, *The Art of Structural Design. A Swiss Legacy,* Princeton 2003, S.15.

1 Zusammenarbeit Ingenieur und Architekt

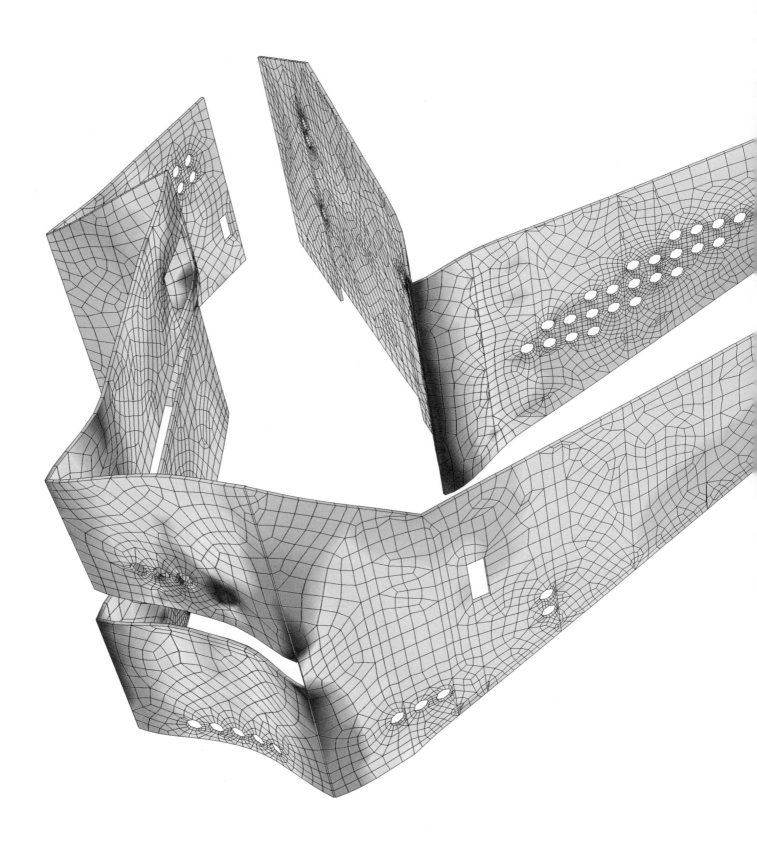

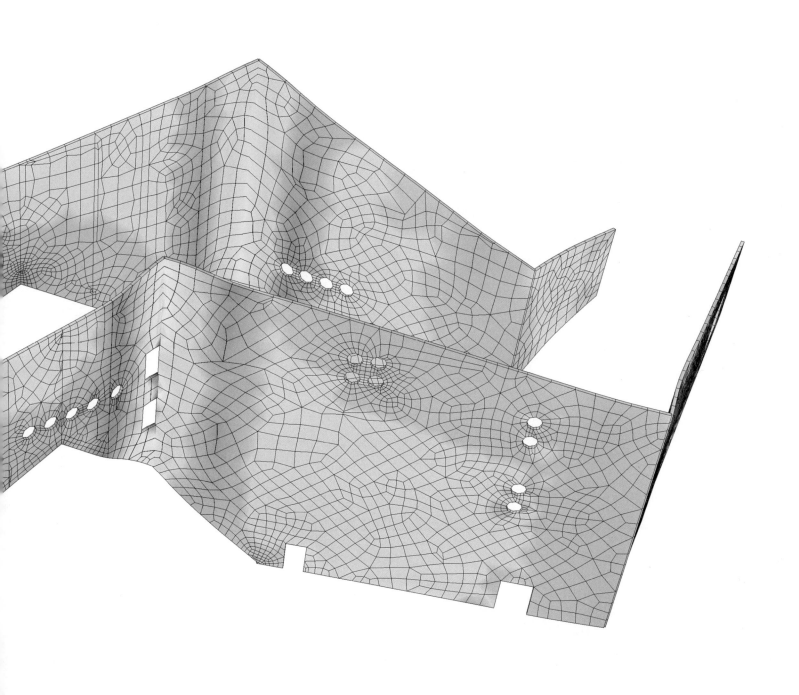

←   Spannungsverteilung
der fugenlosen Fassade;
Erweiterung Landesmuseum
Zürich (Computersimulation)

Konversationen I

AF Das Rollenverständnis zwischen Architekt und Ingenieur ist immer auch eine Rollen- Frage der Chronologie der Handlung. Inwiefern geht es bei euch um ein partizipatives Entwerfen Ingenieur-Architekt?

Rollen-verständnis

TP Im Hochbau ist es meist so, dass der Architekt für ein Projekt angefragt wird, das Team bildet und, beispielsweise in einem Wettbewerb, auch das Lead übernimmt. Wir sehen uns dann als partizipative Planer, die versuchen, die architektonischen Ideen zu antizipieren, zu stärken oder mittels struktureller Konzepte zu hinterfragen. Ziel ist ein Ganzes, bei dem Raum und Struktur zusammenkommen.

AF Seht ihr euch also als Teil des Orchesters mit dem Architekten als Dirigenten? Falls dieses Bild stimmt, was wäre dann die Rolle des Bauingenieurs?

TP Im Hochbau stimmt dieses Bild, bei Tiefbauten oder Brückenbauten ist das Rollenverständnis anders. Aber auch bei Projekten unter unserer Federführung ziehen wir oft Architekten zur gestalterischen Mithilfe bei, was sich meist auszahlt.

HS Man kann den Architekten als Dirigenten bezeichnen, näher wäre mir die Vorstellung des Koordinators. Da der Architekt mit dem Bauherrn als Erster in Kontakt kommt, nimmt er auch als Erster dessen Bedürfnisse auf und setzt diese in ein Raumprogramm oder gar in einen ersten Entwurf um. Der Architekt ist insofern näher beim Auftraggeber und vermittelt dessen Bedürfnisse auf einer technischen Ebene. Im Brückenbau hingegen leitet der Bauingenieur das Team, dort sind die Anforderungen des Bauherrn für ihn klar – er braucht keine technische Übersetzung des Programms durch den Architekten. Beim Tief- und Brückenbau bringt sich der Architekt dann eher durch städtebauliche Überlegungen ins Spiel.

AF Wie definitiv sind eure Nachrichten, eure ingeniösen Messages? Oder, provokativ gefragt: Wie weit verkauft ihr euch den Architekten? Wie weit seid ihr bereit, für sie die Technologie zu dehnen? Labt ihr euch gar an architektonischen Vorgaben, die strukturelle Probleme kreieren, um eure Virtuosität im Umgang damit zeigen zu können?

Ideologie Chamäleon

TP Als Neinsager sind wir ja nicht unbedingt bekannt. Sicherlich sehen wir es als spannende Herausforderung, ein auf den ersten Blick schwieriges Projekt in ein strukturell gängiges Konzept überzuführen. Dieses muss nicht immer dem direkten Kräfteverlauf folgen, wenn dadurch spannende Räume ermöglicht werden können. Solche architektonischen Ausflüge interessieren uns mehr als rein kommerzielle Bauten ohne strukturelle Anforderungen.

HS Hinter der Frage steckt ja eine tiefgründige Implikation. Suggeriert wird darin, dass wir dem Architekten eine Struktur ermöglichen, die nicht sinnvoll ist. Wir gehen aber davon aus, dass wir mit Architektenpartnern zusammenarbeiten, die in voller Klarsicht ihrer Absichten agieren. Wenn wir etwas ermöglichen, das an der Grenze der Sinnhaftigkeit zu sein scheint, ist es natürlich wichtig, sorgfältig darüber zu reflektieren. Bei Grenzwanderungen ist der Dialog zwischen Architekt und Tragwerksplaner zentral. Manchmal loten wir eine Grenze aus, um im Nachhinein festzustellen, dass wir nahe am Rand agiert haben. Ein Beispiel ist das Actelion Projekt, bei dem man sich fragen kann, ob es sich überhaupt noch um ein Gebäude handelt oder ob es vielmehr eine Skulptur ist. Sicher stellt sich für den Ingenieur immer wieder die Frage, ob und ab wann er abwinken soll. Gleichzeitig ist es für ihn eben auch spannend, bis an den Rand zu gehen.

SB Nebst dem Ingenieur gibt es andere Faktoren, die entscheiden, ob ein Projekt, das ans Limit geht, realisiert wird. Meistens sind es die Kosten, die Haustechnik oder aber Vorstellungen einer Konstruktion, die nicht funktional ist – zum Beispiel eine Stahl-Glas Konstruktion, die thermischen Ansprüchen oder solchen der Behaglichkeit nicht genügt. Persönlich bemerke ich räumliche Qualitäten, die etwa durch das Weglassen von Stützen erreicht werden, oft erst, wenn das Gebäude steht. Ich bin froh, dass die Architekten einen gewissen Entwicklungsdruck auf uns ausüben.

AF Überspitzt formuliert, verlässt ihr euch also auf die räumliche Kompetenz eurer Architektenpartner.

HS Das ist richtig. Man muss dazu aber auch kritisch bemerken, dass es durchaus Architekten gibt, die narzisstisch nur auf die «eine» Fotografie abzielen und dabei nicht unbedingt den Bedürfnissen der Bauherrschaft folgen.

AF Ist das nicht ein Widerspruch zur vorherigen Aussage?

HS Das ist ein Widerspruch, aber es ist auch die Realität. Grundsätzlich vertrauen wir unseren Partnern. Manchmal muss man rückblickend einfach feststellen, dass der Weg vielleicht nicht ganz ideal war.

TP Man muss zwischen verschiedenen Bauherren, Architekten und Programmen unterscheiden. Ob ich einen Prada Flagshipstore in Tokio oder ein hohes Wohnhaus in Basel konzipiere, sind zwei Paar Schuhe. Ob das Gebäude den Anspruch hat, ein *brand* zu sein oder ob es einfach um die Konzeption einer möglichst gescheiten Hülle geht, spielt beim Entwurf natürlich eine wichtige Rolle.

AF Welches sind die Mittel, die euch befähigen, für euch als Büro die Grenze zwischen künstlerisch Gewünschtem und für euch Irrationalem ziehen zu können? Wie extrem dürfen die konstruktiven Anstrengungen sein, um ein architektonisches Konzept einzulösen? Grenzen

HS Dazu gibt es, wie es Stefan bereits angeführt hat, drei Punkte: als erster natürlich die Physik selbst, also die Statik und die Mechanik, die Grenzen setzt, wobei wir diese auszuloten versuchen und in diesem Feld experimentieren. Ein zweiter Punkt ist die Herstellbarkeit und der dritte sind die Kosten. Vor allem die letzten zwei Punkte sind limitierend, stellen Randbedingungen dar, die ich nicht missen möchte. Als Ingenieure suchen wir immer eine rationale, kostengünstige Herstellung. In den letzten Jahren fanden insofern grosse Veränderungen statt, als dass man mit CAD sehr komplexe Geometrien entwickeln kann. Im Stahlbau können damit sogar die Bauteile vorgefertigt werden. Der eigentliche Zusammenbau dieser Teile hat sich in den letzten fünfzig Jahren aber nicht vereinfacht – bis heute müssen Personen oder Gerüste die Teile im Raum halten, damit sie zusammengefügt werden können! Das sind natürliche Kostengrenzen, die trotz CAD weiter bestehen und um die ich ganz froh bin.

AF Wo seht ihr ein Verbesserungspotential in der Zusammenarbeit zwischen Ingenieur und Architekt?

SB Teilweise fehlt auf beiden Seiten das Verständnis für die andere Disziplin. Nicht nur die Ingenieure sind Spezialisten, die Architekten sind das auf ihre Weise genau so. Sicherlich fehlt in unserer Ausbildung die Auseinandersetzung mit Architektur, parallel dazu fehlt den Architekten oft auch ein elementares statisches Verständnis. Um dem entgegen zu wirken, müsste bereits in der Ausbildung eine verstärkte Annäherung stattfinden.

TP Dort müssten die Studenten Vorlesungen der jeweils anderen Disziplin besuchen, die Architekten also solche zur Entwicklung von Tragstrukturen, die Ingenieure hingegen Vorlesungen zum Städtebau. Pier Luigi Nervi reklamierte räumliches Denken auch für den Ingenieur. Das streben wir an, wobei es auf der anderen Seite wichtig ist, dass auch die Architekten eine «sensibilità statica» – ein Gefühl für die Statik – mitbringen. Je grösser der gemeinsame Nenner, desto besser fährt das gemeinsame Boot im Wind.

AF An euren Projekten ist zu sehen, dass ihr mit mehreren Architekten sehr gut und sehr eng zusammen arbeiten könnt. Worin liegen denn die entscheidenden Fähigkeiten in der Kooperation mit Architekten – was zeichnet euch darin aus?

HS Wichtig ist, zu Beginn die gemeinsamen Ziele zu begreifen. Dazu muss der Architekt zuerst die Vorgaben des Bauherrn räumlich transformieren. Dann braucht es einen Lösungsansatz, der diese Vorstellungen wiederum abstrahieren und konzentrieren kann, um zu einer Struktur zu kommen.

AF Ihr seid also gut im Hinhören.

HS Das ist für eine gute Zusammenarbeit zentral.

SB Zusätzlich braucht es ein sehr gutes Verständnis für die weiteren involvierten Disziplinen. Ein Tragwerkskonzept, das bauphysikalisch nicht taugt oder in welches die Haustechnik nicht sinnvoll integriert werden kann, ist sinnlos. Eine unserer Stärken liegt sicherlich darin, gute Kenntnisse der wichtigsten Aspekte der anderen Disziplinen zu besitzen, sodass wir komplexe Abhängigkeiten in einer frühen Phase, in der das Tragwerk vielleicht vorerst nur zwischen Ingenieur und Architekt entwickelt wird, im Auge behalten können.

Architektur in der Krise

AF Ist die Architektur eurer Meinung nach in der Krise, falls ja, welcher Natur ist diese Krise und was ist darin das Gewicht des Ingenieurs? Bauen als Kunst oder Kunst des Bauens?

SB Es ist sicherlich festzustellen, dass für viele Architekten Individualität und Neuheit, «Erfindung», sehr zentral sind. In diesen Aspekten ist eine gewisse Zwanghaftigkeit manchmal wirklich nicht von der Hand zu weisen und Bewährtes findet deshalb oft keine Anwendung.

AF Das Problem des Architekten-Narzissmus?

SB Vielleicht ein überspitzter Begriff, aber nicht ganz abwegig.

AF Aber auch ihr als Ingenieure seid doch an Neuentwicklungen interessiert.

HS Sicherlich sind wir daran interessiert, Grenzen auszuloten und uns innerhalb der zur Verfügung stehenden Methoden zu bewegen. Aber zur grundlegenden Frage, ob sich die Architektur heute in einer Krise befindet, diagnostiziere ich ein gesellschaftliches Problem: Heute scheint nur der «kulturelle» Aspekt zu zählen, die Technik wird als selbstverständlich angesehen. Entwurf scheint gross geschrieben zu werden, aber die Umsetzung, das Handwerk, hat, zumindest in der Ausbildung, keinen grossen Stellenwert mehr. Die Aussage zielt durchaus auf die Architekten ab, die gerne «Stararchitekten» werden wollen, aber das handwerkliche Rüstzeug dazu nicht mitbringen. Insofern muss ich die Frage bejahen: die Krise als Krise des handwerklichen Knowhows der Architekten.

TP Diejenigen Projekte, die in einem Fachpublikum diskutiert werden und in Fachzeitschriften auftauchen, machen vielleicht zwei bis fünf Prozent des gesamten Bauvolumens aus. Trotzdem glaube ich an die Vorbildfunktion dieser Projekte, die ich als Baukultur bezeichnen würde. Sie sind wichtig, weil sie aufzeigen, dass Bauen nicht nur oder nicht primär monetäre Werte mit Renditeoptimierungen bedeutet, sondern vor allem eben auch eine gesellschaftliche, soziale oder kulturelle Relevanz hat.

HS Ich würde ein Fragezeichen dahinter setzen, ob solche Leuchtturmprojekte das Niveau anheben. Schauen wir doch nur auf die Strassen-Leitplankenpolitik unseres Landes! An unserer gebauten Umwelt manifestiert sich die allgemeine räumliche Unsensibilität, die Überhand nimmt!

AF Bei Ingenieurveranstaltungen taucht in Reden wiederholt die selbstreflexive Frage auf, was denn ein Bauingenieur sei. Steckt das Ingenieurwesen in einer Identitätskrise? Seid ihr Dienstleister der Gesellschaft?

Identität
Prospekt

SB Bis anhin haben wir vor allem vom konstruktiv planenden Ingenieur im Hochbau gesprochen. Das Ingenieurwesen muss aber als äusserst breitgefächerte Disziplin begriffen werden. Das Spektrum ist sehr gross und reicht von der Verkehrsplanung über den Wasserbau bis hin zum Baumanagement oder zur Umweltbiologie.

AF   Die Identität des Ingenieurs ist also unscharf, weil es plurale Ausrichtungen gibt? Ist das der Grund für die Selbsthinterfragung und die unklare Stellung des Ingenieurs in der Gesellschaft?

SB   Unser Verband USIC hat in den letzten Jahren diverse Anstrengungen unternommen, um die Position des Ingenieurs in der Gesellschaft zu stärken. Nicht ohne Erfolg, wie die steigenden Studentenzahlen zeigen. Wir sind daran, uns aus einer Identitätskrise heraus zu bewegen.

HS   Das Ganze muss vor dem jeweiligen Zeit-Kontext betrachtet werden: In den 1950er und 1960er Jahren hat der Ingenieur grosse Brückenbauwerke, Infrastrukturbauwerke, oder weiter zurück auch Bahnbauwerke (wie der Gotthardtunnel) geschaffen, bei denen die technischen Aspekte sehr wichtig waren. Wie bereits gesagt, zählen heute die sogenannt kulturellen Aspekte mehr und die Technik wird schlicht vorausgesetzt. Überspitzt formuliert, ist die Technik heute so komplex, dass die Leute nicht mehr konkret an dieser interessiert sind. Die Architekten haben das gemerkt und ihr Augenmerk auf die kulturellen Aspekte gerichtet, der Ingenieur aber, der sich in die Technik geflüchtet hat, wurde plötzlich von der Gesellschaft gar nicht mehr wahrgenommen. Deshalb ist es wichtig, bereits in der Ausbildung auch für die kulturellen Aspekte der Ingenieursarbeit zu sensibilisieren, denn diese werden von der Gesellschaft wahrgenommen und beurteilt.

TP   Verkehrsinfrastrukturbauten waren früher teilweise äusserst bestimmend für den Besiedlungsverlauf. Dabei spielten Ingenieure oft visionäre Rollen – das ging später verloren. Grosse Ingenieurbüros mit 400 bis 500 Ingenieuren, die alle Disziplinen bearbeiten, würde ich in die Kategorie «unbekannte Dienstleister der Gesellschaft» einordnen. Was sie planen, muss technisch einfach funktionieren, sie werden gesellschaftlich aber nicht hinterfragt. Eine weitere Bürde, die der Ingenieur zu tragen hat, ist die Tatsache, dass er meist erst im Katastrophenfall in Erscheinung tritt, also erst, wenn etwas kollabiert. Solange die Strukturen funktionieren, steht meist nur der Architekt im Vordergrund.

Generalistentum
Spezialistentum
Interdisziplinarität

AF   Wo ortet ihr die Zukunft eurer Disziplin – wohin wird der Weg gehen? Seht ihr den Bauingenieur als Generalisten oder als Spezialisten? Besteht seine Aufgabe primär in der Entwicklung des Tragwerks, oder inwiefern ist das Anpeilen der Schnittstellen mit den anderen Disziplinen, Interdisziplinarität, von Bedeutung?

HS Wenn wir uns in der Frage auf Tragkonstruktionen einschränken, sehe ich mich sicherlich als Generalisten. Den Gesamtzusammenhang zwischen Entwurf, Kosten und Umsetzung zu kennen, ist zentral. Ohne diese Kenntnis würden wir als Büro nicht lange bestehen – genau dieses Gesamtpaket wird von uns erwartet. Gleichzeitig ist es sinnvoll, das Büro auch mit Leuten zu besetzen, die zusätzlich in unterschiedlichen Spezialgebieten wie zum Beispiel Erdbebeningenieurwesen oder Materialtechnologie kompetent sind.

TP In unserem Gebiet sind wir auf jeden Fall Generalisten. Wichtig ist dabei auch kontextuelles Denken, gerade in Bezug auf Material- oder Ressourcenverwendung. Wir schauen also durchaus über die Nasenspitze «Tragwerk» oder «statisches System» hinaus und beginnen meist bei der Analyse des Umfeldes.

HS Tatsächlich gibt es auch ein äusserst diversifiziertes Spezialistentum: Brandschutzspezialisten, Holzbauspezialisten, Sanierungsspezialisten etc. fehlt oft die nötige Distanz, um ihre Lösungen wieder einordnen zu können. Persönlich stehe ich dem Spezialistentum sehr skeptisch vis à vis – es ist ein eigentlicher Holzweg, eine unnötige Aufsplitterung unseres Berufes, oft mit dem Beigeschmack von Marktnischensicherung. Schliesslich braucht es trotzdem jedes Mal *die* Köpfe, die alles zusammen bringen können und die Verantwortung für das Ganze tragen.

AF Die Ingenieur-Ausbildung muss also auf Generalistentum abzielen.

HS Unbedingt. Dabei sollen natürlich weiterhin einzelne Bereiche als Vertiefungsrichtung unterrichtet werden.

Mehrdeutigkeit beim Bauen

Quintus Miller

Das Bauen ist ein frühes Merkmal zivilisatorischer Aktivität des Menschen und stellt über die Jahrtausende ein vielschichtiges Archiv menschlicher Lebensweisen dar. Es ist ein gemeinschaftlicher Prozess aller am Bau Beteiligten mit dem Ziel, ein Bauwerk zu erstellen, das den jeweiligen Lebensbedürfnissen gerecht wird. Das fruchtbare Zusammenwirken der verschiedenen Disziplinen fördert die Qualität der Bauwerke und steigert deren kulturelle Relevanz. In diesem vielschichtigen Verschränken liegt ein grosses Potential für die Zukunft.

Bauen im historischen Wandel

Schon für die Entstehung der frühen Kulturen am Mittelmeer war das Bauen als Gemeinschaftsleistung eine entscheidende Voraussetzung. Es gibt kaum Überlieferungen aus dieser Zeit, aber eindrückliche Bauwerke wie der Bubastis-Kanal zwischen dem Nildelta und dem Roten Meer zeigen auf, dass diesen Leistungen ingenieurmässiges Denken und eine minutiöse Planung zugrunde lag. Auch die Römer nutzten in meisterhafter Weise Techniken bis an die damals vorhandenen Grenzen der Machbarkeit. Vitruv beschreibt das Metier des Baukünstlers und legt den Zusammenhang der Kategorien seiner Architekturtheorie fest: Der *firmitas,* der *utilitas* und der *venustas* müsse in gleichen Teilen Rechnung getragen werden.[1] Sowohl das Tragen als auch der Nutzen und die Schönheit sind Voraussetzungen für ein starkes, gesamtheitliches Resultat.

Mit dem Untergang des römischen Reiches kam auch das ingenieurhafte Denken in der Baukunst zum Erliegen. Ingenieurdenken kehrte mit den Erkenntnissen über die Zusammensetzung der Kräfte in der Renaissance in die Baukunst zurück. Im Geiste der Aufklärung entstand im vorrevolutionären Frankreich das Berufsbild des Genieoffiziers, der – im Gegensatz zu den zivilen Baumeistern – ein vorwiegend mathematisch geprägtes Studium ab-

solvierte. Diese Veränderung bedeutete jedoch, dass in der Baukunst der modernen Zeit die von Vitruv postulierten Kategorien nicht mehr gesamtheitlich betrachtet wurden. Ganz im Sinne der Arbeitsteilung in der industriellen Gesellschaft wurden die Berufsbilder des Architekten und des Bauingenieurs als unterschiedliche Metiers verstanden und gepflegt. Den zur Verfügung stehenden wissenschaftlichen Möglichkeiten entsprach auch die Meisterung von Problemstellungen mittels Fragmentierung komplexer Fragen. Mit dieser Tendenz ging gleichzeitig einher, dass Struktur und Gestalt von Bauten die gegenseitige kulturelle Haftung mehr und mehr verloren haben und als getrennte Systeme das Bauwerk als Artefakt ausmachen. Dieser historisch begründete Umstand erweist sich kulturell als fatal, da die Trennung von Form und Inhalt zu einer gegenseitigen Entfremdung und Austauschbarkeit führt. Die Dinge sind nicht mehr, was sie sind, sie sind nur noch inhaltslose Bilder.

Bauen als kulturelle Schichtung

Das Bauen verursacht tiefgreifende Veränderungen in Landschaft und Stadtraum. Es geht mit Eingriffen einher, die den Lebensraum für Generationen beeinflussen: Bauen kann als ein in Materie gegossenes Abbild der menschlichen Zivilisation verstanden werden, das sich förmlich in das Territorium einprägt. Durch die Jahrhunderte überlagern sich die kulturellen Schichten und es entsteht ein facettenreiches Gefüge von Lebensspuren, das die Naturlandschaft zu Kulturlandschaft formt. In dieser Gesamtheit können die Aggregatzustände menschlicher Gesellschaften über Jahrtausende entziffert und nachvollzogen werden. Das Territorium ist wie ein Palimpsest von menschlicher Lebensgestaltung durchwirkt, in welchem durch stetige Überformung Neues entsteht, das Vorangehende mit seiner Bedeutung aber immer implizit erhalten bleibt. An der Oberfläche scheint die im Zeitgeist aktuelle Bedeutung auf, im Ganzen ver-

1

2

1   Tardisbrücke, Landquart, Wettbewerbsbeitrag 2001, 2. Preis
2   Seniorenresidenz Spirgarten, Zürich-Altstetten, Fertigstellung 2006
3   Hofbebauung an der Sempacherstrasse, Basel, Bauprojekt 2013
4/5   Alternierende Ausbildung der vertikalen Tragelemente (Stützen, Hänger, Diagonalen und Scheiben)

birgt sich ein Bedeutungsfächer, der auf die kulturelle Herkunft verweist.

In der kulturellen Überlagerung steckt eine inhaltliche Konstanz, die über das Jetzt hinaus gesellschaftlich relevante Bedeutungen tradiert. Für die Stadt als Struktur wird sie zur gewachsenen Programmierung mit tieferem Sinn, denn dadurch werden gesellschaftliche Inhalte überlagert und deren Wichtigkeit eingestuft. Die Stadt wird mehrdeutig, vielschichtig lesbar, kann sich als Struktur den wandelnden gesellschaftlichen Rahmenbedingungen immer wieder neu anpassen und aus dem kulturell akkumulierten Inhalt schöpfen. Manche dieser Bedeutungsinhalte scheinen wohl redundant zu sein, sie vertreten aber verschiedene Zusammenhänge. Sie sind nicht identisch, sie sind vielmehr analog und damit kulturell betrachtet nicht redundant. Die Mehrdeutigkeit erlaubt die Uminterpretation des Bestandes, ja, man kann auch eine gesteigerte Wandlungsfähigkeit darin erkennen, die verhindert, bei Bedeutungsverlust Strategien der Tabula rasa zu erliegen. In der Gleichzeitigkeit von Wandel und Konstanz liegt die Beständigkeit der Baukunst begründet.

Bauen als gemeinschaftliche Leistung

Um dem weiter oben beschriebenen Risiko der Trennung von Form und Inhalt beim Entwerfen zu entgehen, ist eine enge Zusammenarbeit zwischen den am Bau beteiligten Planern grundlegend. Insbesondere müssen Ingenieure und Architekten mit ihren in ihrer Komplexität heute so unterschiedlich gelagerten Metiers die Arbeit am Projekt als gemeinsamen Weg verstehen. Unsere nachmodernen Möglichkeiten haben unter anderem mit der Informatik das Potential zur Lösung von komplexen Fragestellungen auch beim Bauen geschaffen, sodass die Fragmentierung des Blickes auf das Bauwerk durchbrochen und die gesamtheitliche Sicht auf das Bauen zurückgewonnen werden kann.

3  4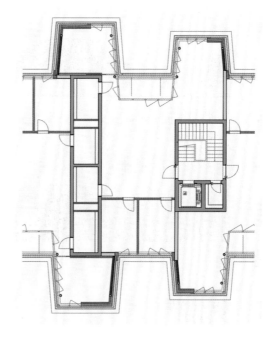

5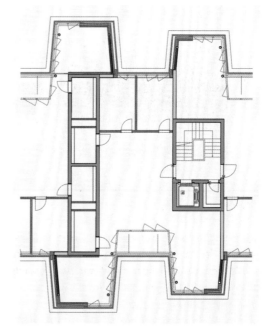

Illustrieren lässt sich eine solche Arbeitsweise an zahlreichen Arbeiten, die wir mit den Ingenieuren Heinrich Schnetzer und Tivadar Puskas zusammen angegangen sind: Bei der frühen Wettbewerbszusammenarbeit für die Tardisbrücke (Abb. 1) bei Landquart handelt es sich beispielsweise um einen Entwurf, der stark auf der Auseinandersetzung mit der Wahrnehmung der Landschaft basiert. Ein grundlegender Entscheid bestand darin, das Tragwerk im Landschaftsraum nicht als Wegmarke sichtbar werden zu lassen, die räumliche Wirkung sollte sich vielmehr im Flussraum entfalten. In der Konsequenz zeigte die Brückengestalt eine leicht überhöhte Fahrbahn auf feingliedrigen V-förmigen Pfeilern – eine Erscheinung, die den übergeordneten Landschaftsraum respektiert und in einer gemeinsam geführten Auseinandersetzung über Gestalt und Tragwerk entwickelt worden ist.

Einen anderen Ansatz verfolgte der Entwurf für die Seniorenresidenz Spirgarten in Zürich-Altstetten (Abb. 2). Städtebaulich sollte der Neubau zwischen den dörflichen Strukturen an der Spirgartenstrasse und den städtischen Massstäben an der Badenerstrasse vermitteln. Aber nicht nur die unterschiedliche Körnigkeit, sondern auch die inhaltliche Widersprüchlichkeit der schnell gewachsenen Agglomeration sollte zur formgebenden Spur werden. So steht das Gebäude an der Badenerstrasse mit einer mit Schaufenstern versehenen Front auf dem Boden, während sich das Volumen zur Spirgartenstrasse hin mit einem frei interpretierten Erdgeschoss zum Zugangshof öffnet. In den Obergeschossen prägen umlaufende Fensterbänder zwischen massiven Brüstungen die Fassadengestalt, die Abbild der allseitig ausgerichteten Alterswohnungen ist. Gleichzeitig verzahnen sich aber die grossen Wohnzimmerfenster mit der Betonbrüstung – sie schneiden sich in diese ein – und stellen damit das ununterbrochene Umfliessende des Volumens wieder in Frage. Das Interesse an diesen formalen Gegensätzlichkeiten haben wir Architekten aus der Lesart der Situation entwickelt, die keine reine Regel zuliess und ihre Widersprüchlichkeit offenbarte. Die Umsetzung dieser städtebaulich-räumlichen Absichten wurde aber erst durch die entwerferisch enge Verknüpfung mit der Tragwerkskonzeption möglich: Während die Fassade entlang der Badenerstrasse direkt auf dem Boden steht, ermöglichen auf Stützen balancierende Scheiben eine offene Empfangshalle. Architektur und Struktur sind als integrales Ganzes gedacht und steigern sich gegenseitig.

Die Grundidee der Hofbebauung an der Sempacherstrasse in Basel (Abb. 3–5) – das jüngste Beispiel unserer Zusammenarbeit – basiert auf der Entwicklung von grosszügigen Parkwohnungen, die in Charakter und Gestalt auf die für diese Höfe typischen Gewerbebauten verweisen sollen. Eine erdgeschossige *rue intérieure* erschliesst das Gebäude längs in Nord-Süd-Richtung, die drei darüber liegenden Wohngeschosse sind Ost-West-orientiert. Aus dieser Anordnung leitet sich die Logik der Tragstruktur ab: Im Erdgeschoss verläuft die Tragstruktur in Längsrichtung, um in den Obergeschossen in drei grosse, querliegende Tragkörper überzugehen, die Treppenhäuser und Nasszellen aufnehmen. An diesen Tragkörpern sind die Decken aufgehängt, wodurch ein frei gestaltbares Erdgeschoss entsteht. Die dunkle Leichtbaufassade ist den Deckenstirnen angehängt und wird von oben pro Geschoss jeweils leicht zurückgesetzt, was neben konstruktiven Überlegungen den industriellen Charakter des Bauwerkes verstärkt. Auch in diesem Projekt bedingen sich Tragstruktur und architektonisches Thema gegenseitig und bilden ein untrennbares Ganzes – Struktur, Form und Inhalt sind kongruent.

Bauen für die Zukunft

Das Potential und die Faszination für Entwürfe, die sich architektonisch und baustatisch ineinander verzahnen, ist noch lange nicht ausgeschöpft. Nicht nur die direkte Abhängigkeit von Gestalt und Struktur müssen Leitplanken des integrativen Entwerfens sein. Wie in der Einleitung beschrieben, stärkt architektonisch-inhaltliche Mehrdeutigkeit die kulturelle Überlebensfähigkeit eines Projektes über die Zeit nachhaltig. Ein analoger Effekt lässt sich auch in Bezug auf die Baustatik vermuten. Wenn aufklärerisch-eindeutige Tragwerke mehrdeutigen Baustrukturen Platz machen, gewinnen die Bauwerke langfristig an Robustheit. Sie können durch die statische Überbestimmung leichter massiven baulichen Veränderungen trotzen. Die meist als überflüssig gesehene statische Redundanz wird dadurch unter dem Gesichtspunkt der Nachhaltigkeit positiv. Könnte dahin ein gemeinsamer Weg für eines der zukünftigen Projekte führen?

1   «Haec autem ita fieri debent, ut habeatur ratio firmitatis, utilitatis, venustatis. Firmitatis erit habita ratio, cum fuerit fundamentorum ad solidum depressio, quaque e materia, copiarum sine avaritia diligens electio; utilitas autem, ‹cum fuerit› emendata et sine impeditio usus locorum dispositio et ad regiones sui cuiusque generis apta et commoda distributio; venustatis vero, cum fuerit operis species grata et elegans membrorumque commensus iustas habeat symmetriarum ratiocinationes.» «Diese Anlagen müssen aber so gebaut werden, dass auf Festigkeit, Zweckmäßigkeit und Anmut Rücksicht genommen wird. Auf Festigkeit wird Rücksicht genommen sein, wenn die Einsenkung der Fundamente bis zum festen Untergrund reicht und die Baustoffe, welcher Art sie auch sind, sorgfältig ohne Knauserei ausgesucht werden; auf Zweckmäßigkeit, wenn die Anordnung der Räume fehlerfrei ist und ohne Behinderung für die Benutzung und die Lage eines jeden Raumes nach seiner Art den Himmelsrichtungen angepaßt und zweckmäßig ist; auf Anmut aber, wenn das Bauwerk ein angenehmes und gefälliges Aussehen hat und die Symmetrie der Glieder die richtigen Berechnungen der Symmetrien hat.» *Vitruvii De Architectura Libri Decem / Vitruv. Zehn Bücher über Architektur,* übers. u. mit Anm. versehen von Curt Fensterbusch, 2. Aufl. Darmstadt 1981 (Liber primus, II, 2, 16–26) S. 44f.

Zusammenarbeit Ingenieur und Architekt

Tivadar Puskas

«I would distinguish the difference between the engineer and the architect by saying the architect's response is primarily creative, whereas the engineer's is essentially inventive.»[1]

Peter Rice erklärt in seinem Buch *An Engineer Imagines,* dass die besten Gebäude aus einer symbiotischen Beziehung zwischen Architekt und Ingenieur entstehen – dann, wenn die Qualitäten des Ingenieurs als zielgerichteter Erfinder und die mehr subjektiven und kreativen Qualitäten des Architekten zusammenfinden. Das Centre Pompidou in Paris ist das bedeutendste Werk für die Zusammenarbeit zwischen Rice und den Architekten Renzo Piano / Richard Rogers. Seine Multifunktionalität und das äussere, transparente und gleichzeitig strukturelle Erscheinungsbild haben es zum Kulturgut und baulichen Wahrzeichen der 1970er Jahre werden lassen: Die gusseisernen Gerberetten inszenieren die äussere Gestalt, gleichzeitig folgt die Form der Funktion, sodass die Auflagerkräfte der inneren, 45 Meter weit gespannten, geschosshohen Fachwerke ohne Momente in die Stützen geleitet und durch eine äussere Abspannung kompensiert werden können.

Die Vorstellungen über das (ideale) Verhältnis zwischen Ingenieur und Architekt sind so verschieden wie die Persönlichkeiten, die sich dazu geäussert haben. Nachfolgend eine kleine Komposition:

Sigfried Giedion, ein Bauingenieur mit Kunstgeschichtsstudium, hat 1946 von der Konstruktion als dem Unterbewussten der Architektur gesprochen. Bei der Konstruktion handle es sich nicht nur um ein Gebilde der Ratio, genauso sei eine instinktive, also auch künstlerische Ausdrucksform impliziert.[2]

Le Corbusier visualisiert die Zusammenarbeit zwischen Architekt und Ingenieur als Schnittmenge zweier ineinander greifender Kreise. In seiner symbolischen Zeichnung «Les Constructeurs»[3] verzahnen sich die Finger zweier Hände ineinander – horizontal auf gleicher Höhe, geschwister-lich, solidarisch damit beschäftigt, die Ausrüstung der Technikgesellschaft zu realisieren.[3]

Der Ingenieur August E. Komendant wiederum sinniert über die Zusammenarbeit mit dem Architekten Louis I. Kahn: «The present principles and trend in structural engineering and architecture are simplicity, well balanced masses and areas, and harmony of the structure with its surroundings. The structural system should agree with the particular material it is made of. The transmission of loads and forces to which the structural element is subjected should be clear and visible. The construction should be simple, rapid and economical.»[4] Das Kimbell Art Museum (Abb. 1) in Fort Worth, Texas, stellt die Krönung der Zusammenarbeit von Kahn und Komendant dar. Hier verschmelzen Architektur und Technik zu einer untrennbaren Einheit.

In *Kooperation. Zur Zusammenarbeit von Ingenieur und Architekt* beschreibt Aita Flury die Arbeit im Team und die Kultivierung des Zusammenklangs der verschiedenen Kompetenzen wie folgt: «Die Voraussetzung dafür ist ein achtsames, neugieriges beinahe faustisches Grenzgängertum. Der Architekt findet den Zugang zu einem fruchtbaren Dialog, wenn er selber wieder mehr zum Konstrukteur, respektive zum Bauenden mit einem ausgeprägten konstruktiven Verständnis

1

oder Interesse wird. Der Ingenieur hingegen wird das Gespräch und den Entwurf bereichern, wenn er seine ‹sensibilità statica› (Nervi) mit einer räumlichen Empfindsamkeit bereichern kann[...]»[5]

Der Architekt Rem Koolhaas und der Ingenieur Cecil Balmond streben danach, sich aus der Logik des Rasters zu befreien. Balmonds Buch *Informal* ist der Wunsch nach einem Kontrapunkt zum rationalistischen, industriellen Denken der Moderne. So schreibt er über die Kunsthal in Rotterdam: «Trapped by the Cartesian cage I wanted to break out. The informal beckoned...»[6] Der Verband, der Ausrutscher aus dem Raster, der Rahmen und das Nebeneinander der tragenden Elemente waren die vier Konstruktionsstrategien für die Kunsthal, in der sich Architektur und mögliche Tragstrukturelemente gegenseitig provozieren und herausfordern.

Ähnlich vielstimmig wie diese Textfragmente erleben wir selber die Zusammenarbeit mit den Architekten, für die keine Patentrezepte auszumachen sind. Es ist aber unsere deklarierte Absicht, in der Entwicklung von Tragstrukturen gemeinsam mit diesen neue Wege zu beschreiten, bei denen wir mittels unseres analytischen Wissens und unserer aus Erfahrung genährten Intuition in der Lage sind, architektonische Absichten zu steigern. Dabei ist es manchmal eine akzentuierte Sprache, die den Entwurfsprozess stimuliert, manchmal ist es gerade die unscharfe Formulierung, die den Blick für überraschend innovative Konzepte öffnet. Selten geht es um einen wissenschaftlich linearen Erkenntniszuwachs. Vielmehr handelt es sich meist um iterative Prozesse innerhalb eines von Kultur, Emotionen, Ausbildung und Werdegang geprägten Umfeldes. Architektur und damit einhergehend die Tragstruktur unterliegen immer kulturellen Einflusssphären. Sie sind dem Zeitgeist und der darin angelegten Bereitschaft zum Ausloten technischer Möglichkeiten ausgesetzt. Für einen tiefgründigen Dialog zwischen Ingenieur und Architekt ist aber gegenseitiges Verständnis für die Probleme der anderen Disziplin unerlässlich. Nur unter dieser Voraussetzung kann eine gemeinsame Sprache entwickelt werden. Nicht selten entstehen aus solchen beruflichen Kooperationen auch Freundschaften fürs Leben.

Dass von Projekt zu Projekt die Arbeit mit den Architekten von unterschiedlichen Aspekten geprägt ist, illustrieren die folgenden Beispiele.

Laborgebäude WSJ 352, Novartis Campus, Basel 2010

Der kulturell unterschiedliche Kontext und die Distanz von 9500 Kilometern liessen die Zusammenarbeit mit Tadao Ando für das Laborgebäude WSJ 352 zur grossen Herausforderung werden. Bei den alle zwei Wochen auf dem Campus stattfindenden Workshops mit den leitenden Architekten funktionierte das Medium Skizze als universal verständliche Entwicklungs- und Planungssprache.

Das Laborgebäude steht auf dem nördlichsten Grundstück des Campus, auf einer dreieckigen Parzelle, die im Norden an französisches Territorium grenzt und im Westen von Richard Serras eindrucksvoller Skulptur «Dirk's Pod» flankiert wird. In diesem besonderen Kontext wurde ein siebengeschossiger, dreieckiger Baukörper konzipiert, der sich als «Parzeller» aus der Form des Grundstücks ableitet. Im tortenstückartigen Baukörper entfaltete die sinnfällige Organisation des Raumprogramms und die Entwicklung eines dazu adäquaten Tragwerks alleine schon von den geometrischen Bedingungen her eine besondere Komplexität.

Das Tragwerk besteht aus vorgespannten Flachdecken, Stützen und einem Kern. Die Stützen liegen auf einem 7,2-Meter-Raster, was eine ansprechende Nutzungsflexibiltät für die Laborräume gewährleistet. Anordnung und Formgebung

2
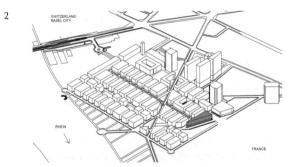

3
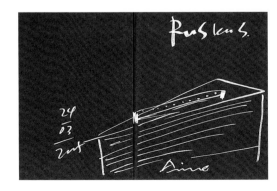

4

1 Kimbell Art Museum in Fort Worth, Texas (Computermodell)
2 Novartis Campus, Basel; Masterplan von Vittorio Magnago Lampugnani
3 Widmung im Buch *Laborgebäude WSJ 352* von Tadao Ando
4 Workshop im Büro von Tadao Ando in Osaka

der Kerne, welche die Treppenhäuser, Lifte und Medienschächte inkorporieren, folgen der architektonischen Vorgabe, die den Erhalt eines möglichst grossen Freiraums und die Einhaltung des Stützenrasters anpeilte. Im Entwurfsprozess wurden unterschiedliche Kerntypologien untersucht: einzelne, der äusseren Gebäudeform folgende Kerne, Kerne entlang der drei Fassadenebenen, Doppelkerne, gesplittete Kerne, Kerne ausserhalb eines Rasters und lineare Kerne, die schliesslich ausgeführt wurden. Die Wände des Kerns sowie die Stützen und die sonstigen Wände wurden in der von Tadao Ando bekannten, textilen Sichtbetonqualität erstellt. Erreicht wird diese durch die mit Finnenplatten belegten Schaltafeln und einem millimetergenau vorgegebenen Bindlochabstand. Die mit einem Zehntel der Gebäudehöhe beachtliche Schlankheit des Kerns führte aufgrund seiner exzentrischen Lage unter Erdbebenbeanspruchung zu einer zugbeanspruchten Tiefenfundation.

Das Streben nach Präzision spitzte sich in der Grundstücksspitze paradigmatisch zu. Die unter 20 Grad spitz angelegte Gebäudeecke – *the tip of the building* – sollte freischwebend ausgeführt werden. Dies erforderte die Aufhängung der gesamten Gebäudespitze mitsamt den Zwischendecken. Ein massives, sechs Tonnen schweres Spickelelement aus Stahl übernimmt die anfallenden Lasten und leitet sie über vorgespannte Dachüberzüge auf die im Raster stehenden Stützen ab. Eine auf den ersten Blick umständliche Führung der Kräfte er-

möglicht eine äusserst leichte und transparente Erscheinung, die in diesem Projekt schon fast symbolisch für die Zusammenarbeit zwischen Ingenieur und Architekt steht.

Wohnhaus Hertenstein, Weggis 2012

Das Wohnhaus am Vierwaldstättersee bildet exemplarisch unsere vielfache Zusammenarbeit mit Buchner Bründler Architekten aus Basel ab. Von der ersten Skizze an wurde die Typologie des Hauses in fruchtbarer Kooperation entworfen.

Atrien, Nischen, Überzüge und grosse Öffnungen prägen die Atmosphäre des für eine Pianistin und einen Fotografen konzipierten Hauses. Verschachtelte horizontale Decken, vertikale, ausladende Scheiben, aussenliegende Bügel und Stützen – alles in einem hellen Sichtbeton – bilden den skulpturalen Edelrohbau, der das Volumen fasst und gleichzeitig überschreitet: der Rohbau als sichtbar tragendes Aussen, das optisch mit dem Luftvolumen des umliegenden Naturraums in einen Dialog tritt.

Das Tragwerk, die Überzüge im Dach und die an diesem oberen Trägerrost aufgehängten Decken erinnern auf fast metaphorische Weise an musikalische Rhythmen. Mittels dieser Elemente werden also nicht nur statische Ansprüche und thermische Übergangsprobleme eingelöst – genauso sind sie bewusst zueinander in Beziehung gesetzte, rhythmisch komponierte Bauteile, die auf die Tätigkeit der Bauherrschaft verweisen.

Erweiterung Landesmuseum Zürich, Zürich 2013–2016

Eine intensive Zusammenarbeit zwischen Architekt und Ingenieur wird bei diesem Projekt auch durch das raumbildende Tragwerk forciert. Das 1898 von Gustav Gull geplante und ausgeführte U-förmige Museum wurde über 100 Jahre nach seiner Entstehung instandgesetzt und den gegenwärtig erforderlichen technischen und architektonischen Anforderungen angepasst. Nun steht die Erweiterung an, die als ebenfalls U-förmiges Gegenstück zum Bestand funktioniert und aus einem Wettbewerb hervorging, den Christ und Gantenbein Architekten 2002 gewannen. Der Erweiterungsbau ermöglicht einen Rundgang durch Alt- und Neubau und schafft mit der Brücke als zentrales Element des Projekts eine räumliche und optische Beziehung zwischen Park und Museum.

Das fugenlos ausgeführte Gebäude stellt einen im Grundriss dreimal, im Schnitt fünfmal geknickten, schlangenartigen Körper mit variablem Querschnitt dar. Was vorerst als architektonische Form erscheint, die den Besucherfluss visualisiert, ist gleichzeitig ein Tragwerk, dessen Kräftefluss sich offenbart: Wo der Körper auf dem Boden steht – an den Fusspunkten der Brücke – fliessen die Kräfte in den Baugrund. Diese Lager bilden die Festpunkte des Bauwerks. Von hier aus wird sich der Baukörper infolge Schwinden des Betons und differentiellen Temperaturschwankungen ausdehnen.

Dort, wo sich der Baukörper torartig über den Park wölbt, handelt es sich um ein Brückentragwerk. Dieses kann als vektoraktiver Dreigelenkbinder gelesen werden, wobei die geneigten, den Torrahmen erzeugenden Untersichtflächen als Druckstreben funktionieren und die Bodenplatte das Zugband bildet. Durch die Vorspannung der Bodenplatte wird der Dreigelenkbinder angehoben – Schalung und Spriessung werden künstlich entlastet. Die seitlich emporgehenden, perforierten Wände stabilisieren dabei die Druckstreben.

Dort, wo der Erweiterungsbau an die bestehende Bausubstanz andockt, verjüngt sich der Baukörper. Die tragwerkspezifischen Anforderungen beeinflussen hier bewusst die architektonische Gestaltung: Um aufwändige Verstärkungen am Bestand zu vermeiden, kragt die vermeintliche Andockstelle aus und verhindert die Kraftabgabe an den Bestand. Die umlaufenden Betonscheiben des auskragenden Schnabels bilden dabei eine biege-, schub- und torsionssteife Röhre.

Die Betonfassade des Neubaus soll den Charakter der Steinfassade des Altbaus aufnehmen und diese durch die Beigabe von Tuffstein als Zuschlagstoff in der Mittelkörnung neu interpretieren. Zusammen mit dem Betonproduzenten wird eine geeignete Siebkurve mit einem austarierten Wasserzementwert erforscht, um eine Betonrezeptur zu entwickeln, die einen genügend tragfähigen, gebrauchstauglichen und auf der Baustelle verarbeitbaren Beton garantiert. Die physikalische Wirkungsweise dieses Betons und die aus den Betonprüfungen resultierenden Kennwerte sind eminent für die Planung der fugenlosen Fassade. Der Kräfteverlauf der tragenden Wandscheiben ist bestimmendes Merkmal für die möglichen Positionen der Perforationen, die in einem iterativen Prozess zwischen Architekt und Ingenieur gemeinsam entwickelt wurden.

1   Peter Rice, *An Engineer Imagines,* London 1994, S. 17.
2   Vgl. Sigfried Giedion, *Space, Time and Architecture. The Growth of a New Tradition,* Cambridge 1946, S. 24.
3   Le Corbusier, «Le Corbusier et les constructeurs», in: *Science et Vie* 98 (August 1960), H. 515, S. 3.
4   «Die aktuellen Prinzipien und Tendenzen im Ingenieurwesen und in der Architektur sind Einfachheit, ausgewogene Massen und Flächen und Einklang der Struktur mit ihrer Umgebung. Das Tragsystem sollte in Beziehung treten zum Material, aus dem es gemacht ist. Der Fluss der Lasten und Kräfte im Tragsystem sollte klar und erkennbar sein. Die Konstruktion sollte einfach, schnell baubar und ökonomisch sein.» August E. Komendant, *Contemporary Concrete Structures,* New York 1972, S xi. (Übers. d. R.)
5   Aita Flury, «Neugieriges Grenzgängertum», in: dies. (Hg.), *Kooperation. Zur Zusammenarbeit von Ingenieur und Architekt,* Basel 2012, S. 15.
6   Cecil Balmond, *Informal,* München 2007, S. 59.

Laborgebäude WSJ 352, Novartis Campus
Basel 2010

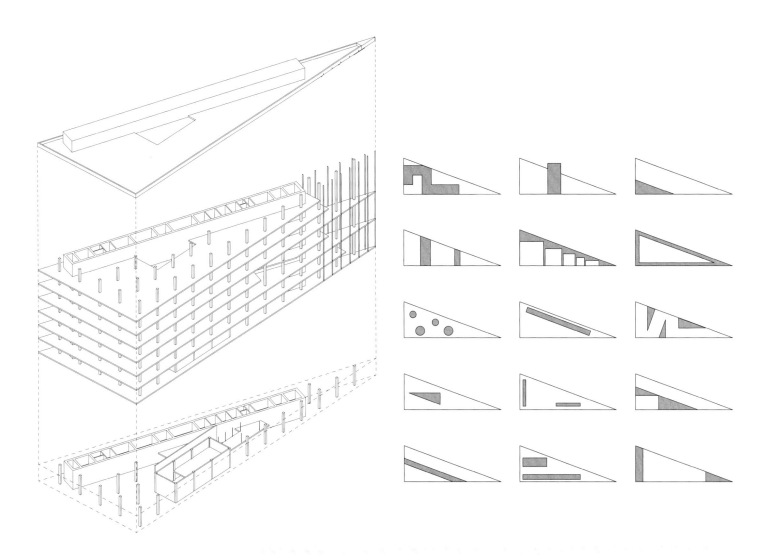

← Montage des *tip of the building*
↑ Isometrie der tragenden Elemente
↗ Evaluation möglicher Kerngeometrien
→ Bewehrung und Vorspannung der Überzüge in der obersten Decke
→→ Hängestruktur des *tip of the building*

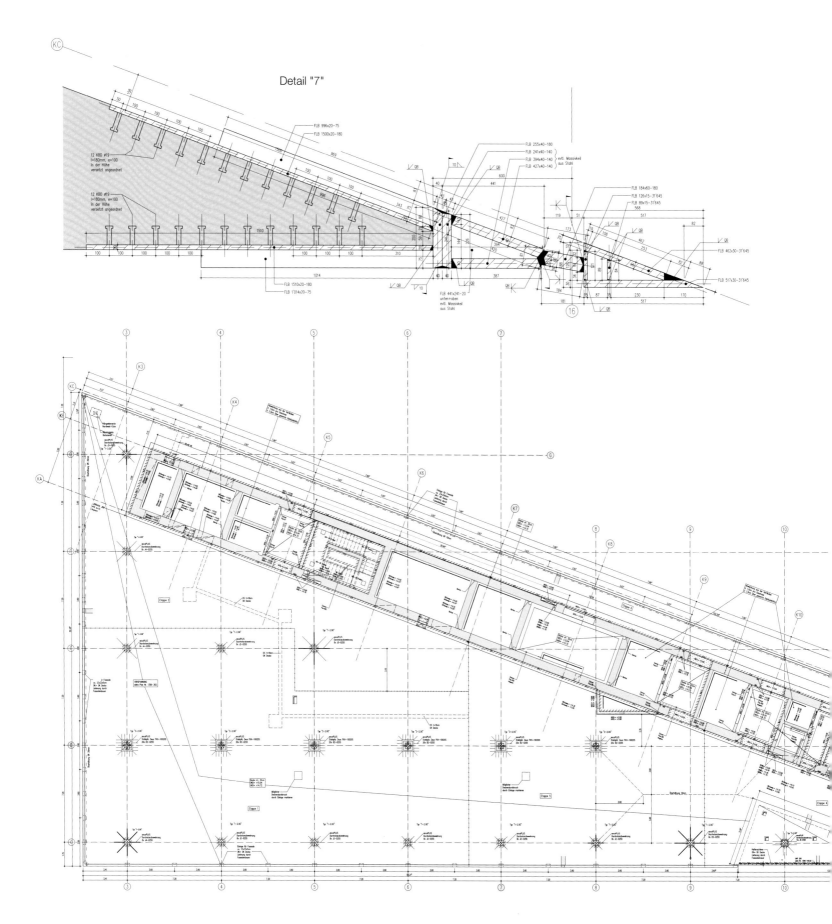

Detail "7"

44

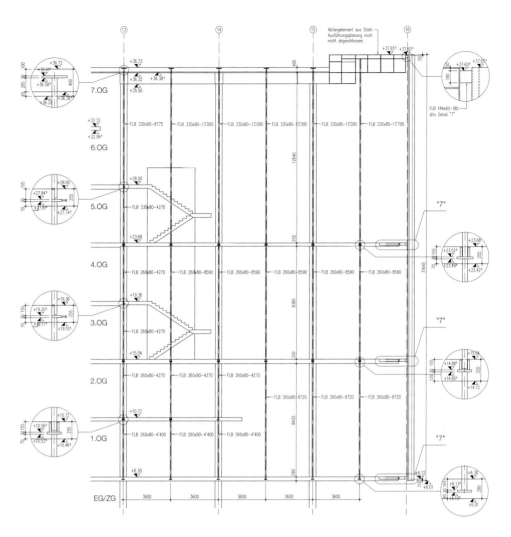

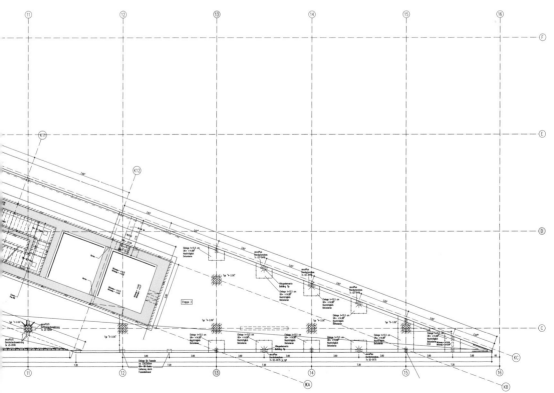

↖ Detailzeichnung der
stählernen Gebäudespitze
← Grundriss der obersten
Geschossdecke
↑ Hängestruktur des *tip
of the building*
→ Innenansicht der
Gebäudespitze
→→ Aussenansicht
der Gebäudespitze

1 Zusammenarbeit Ingenieur und Architekt
Laborgebäude WSJ 352, Novartis Campus

Wohnhaus Hertenstein
Weggis 2012

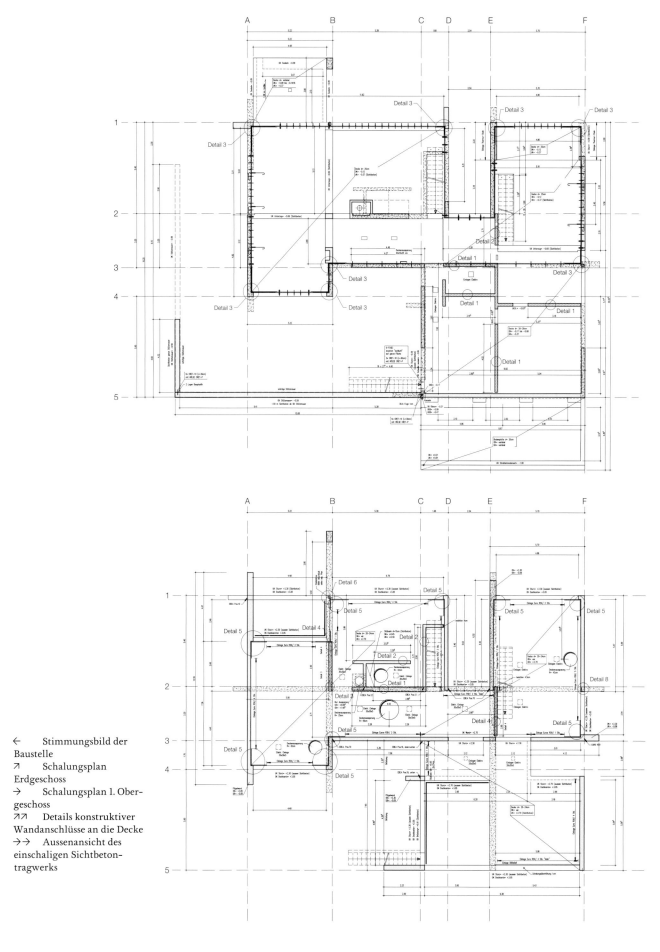

← Stimmungsbild der
Baustelle
↗ Schalungsplan
Erdgeschoss
→ Schalungsplan 1. Ober-
geschoss
↗↗ Details konstruktiver
Wandanschlüsse an die Decke
→→ Aussenansicht des
einschaligen Sichtbeton-
tragwerks

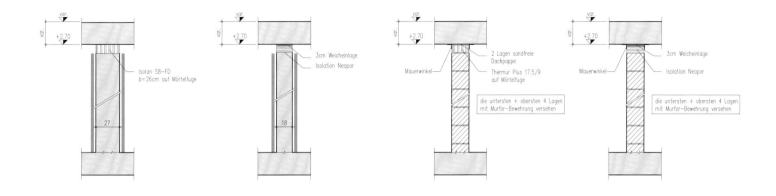

Isolan S8–FD
b=26cm auf Mörtelfuge

27

3cm Weicheinlage
Isolation Neopor

18

Mauerwinkel

2 Lagen sandfreie
Dachpappe

Thermur Plus 17.5/9
auf Mörtelfuge

die untersten + obersten 4 Lagen
mit Murfor-Bewehrung versehen

Mauerwinkel

3cm Weicheinlage
Isolation Neopor

die untersten + obersten 4 Lagen
mit Murfor-Bewehrung versehen

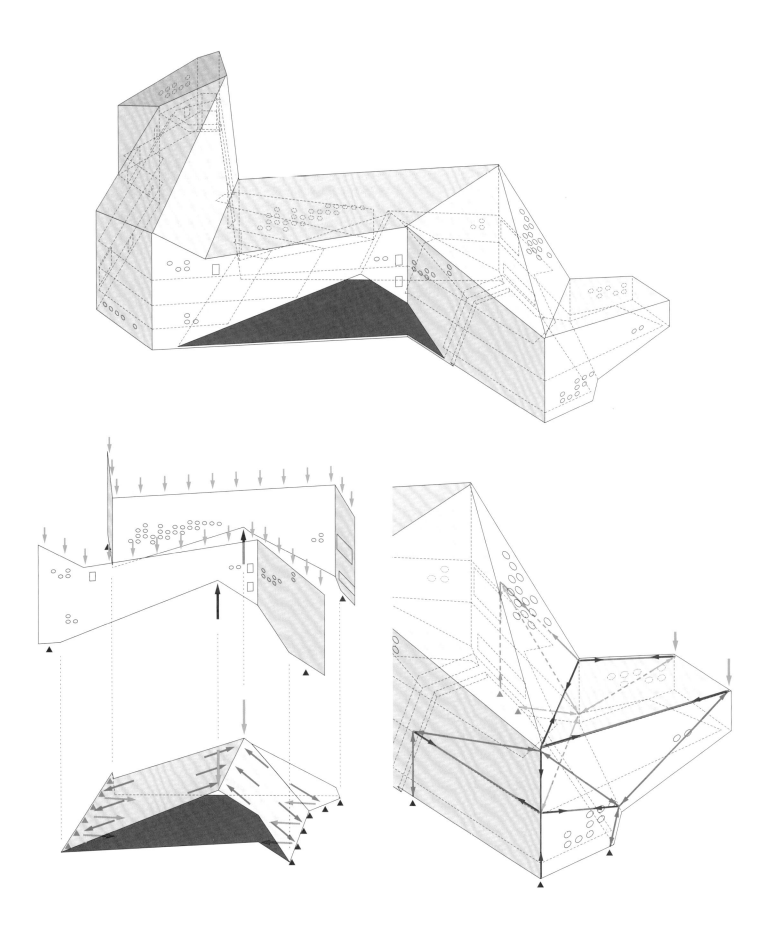

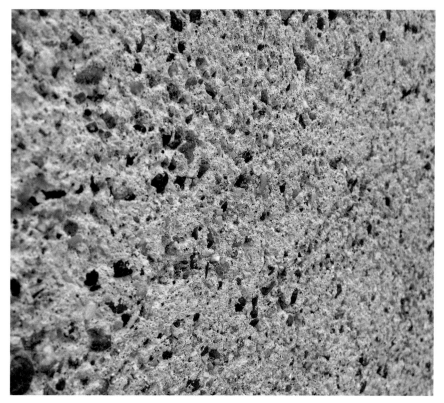

←← Eins-zu-eins-Muster
der Sichtbetonfassade
↖ Torartiger Baukörper
als vektoraktiver Dreigelenk-
binder
← Andockstelle an den
Bestand mit torsionssteifer
Röhrenwirkung
↑ Modell des Landes-
museums mit dem in Grund-
riss und Schnitt mehrfach
variablen Baukörper als
U-förmiges Passstück zum
Bestand
→ Mit Tuffstein als
Zuschlagsstoff angereicherte
Betonoberfläche

2 Entwicklung von Tragkonzepten

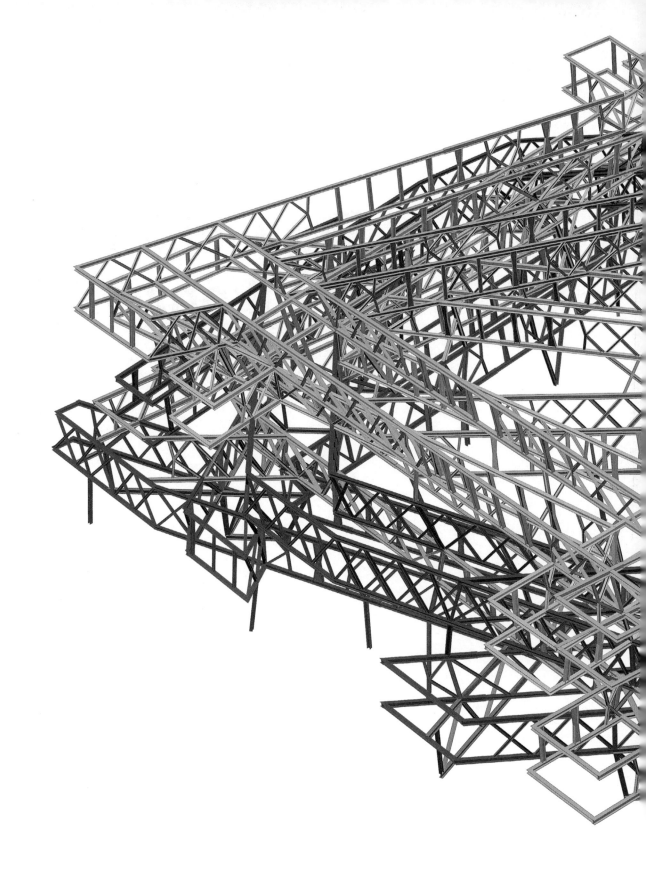

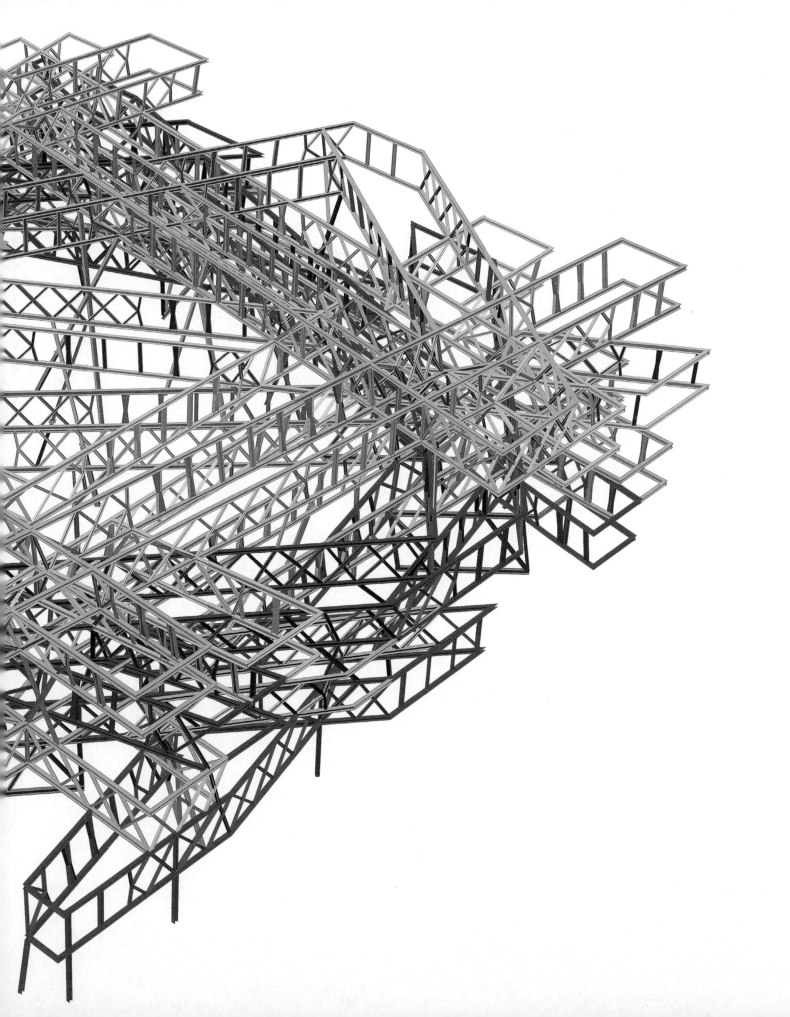

Konversationen II

AF Was mich als Architektin natürlich am meisten interessiert, ist die Formfindung von Tragkonstruktionen – *where do the forms come from* – wie kommt ihr zu euren Entwürfen? In unseren informellen Gesprächen zu diesem Thema hast du, Heinrich, vermehrt den Begriff der «Randbedingung» angeführt: Lässt sich der produktive Akt wirklich an diesem Aspekt entzünden? Where do the forms come from?

HS Den Architekten interessieren Räume und Oberflächen, die er in einer gestalterischen Leistung aus den Vorgaben des Bauherrn, aus dem Raumprogramm, ableitet. Ich als Ingenieur denke weniger in Räumen und Oberflächen, sondern mehr in Strukturen beziehungsweise in Tragelementen. Dabei interessieren mich der Kraftverlauf und seine möglichst ökonomische Bewerkstelligung. In einem solchen Denken sind Räume dann eben strukturelle Randbedingungen.

AF Tivadar, du hast bei unseren Treffen vermehrt von bildlichen Überlegungen gesprochen, die dich beim Entwerfen leiten. Deine Aussagen hatten den Atem von assoziativem Architekten-Denken.

TP Entwerfen ist für mich ein intuitiver Prozess, natürlich vor dem Hintergrund des Wissens und der Erfahrung, die wir uns angeeignet haben. Wir sind im Besitz von Grundwerkzeugen, indem wir wissen, wie man einen Träger, eine Scheibe etc. bemisst. Dazu kommen dann aber Prinzipien wie Stapelung oder Systemkombinationen, die wir uns vor dem Hintergrund unseres Rüstzeugs vorstellen können. Daraus ergeben sich dann vielleicht auch neuartige Räume, Raumbildung kann damit allgemein unterstützt werden. Beispielsweise wird gerade bei einigen Projekten, die wir zusammen mit Herzog & de Meuron realisiert haben, der Raum durch die Struktur selbst gebildet, wie Prada Tokio vielleicht am eindrücklichsten demonstriert.

AF Bildliche Vorstellungen spielen für dich also keine Rolle?

TP Es gibt natürlich Referenzbilder – ich kann beispielsweise den Auflagerknoten der Universität in São Paulo aus dem Gedächtnis zeichnen. Was du aber wahrscheinlich ansprichst, ist das kontextuelle Denken – die Analyse der Umgebung, die bei-spielsweise Rückschlüsse auf eine Materialisierung zulässt. Ein industrieller Kon-text kann zum Beispiel dazu führen, eine industrielle Brücke aus Cortenstahl zu entwerfen.

SB Mein Vorgehen besteht darin, zuerst die Rahmenbedingungen auszulegen, wie etwa Schallschutz- oder Brandschutzanforderungen, gewünschte Spannweiten, mögliche Konstruktionshöhen und dergleichen. Das Denken, das Tivadar soe-ben skizziert hat, bezieht sich eher auf spezielle Aufgaben, zum Beispiel ein Sta-diondach. Dort müssen keine dynamischen Aspekte oder Brandschutzanforde-rungen berücksichtigt werden, sodass, im Gegensatz zu technisch orientierten und nutzerspezifischen Anforderungen, der entwerferische Ansatz stärker zum Tragen kommen kann.

TP Das Dach unseres Wettbewerbsbeitrages für das Stadion Zürich ist ein gutes Bei-spiel, um den Entwurfszugang zu skizzieren: Das Potential einer fünften Fassade war Inspiration für eine Faltung des Daches, die sich dann in die Fassade weiter gezogen hat. Die Abwicklung inkorporierte auf geschickte Weise Solarpanels im idealen Winkel und war gleichzeitig auf die Dachwasserabführung ausgelegt. In diesem Sinn eine typisch integral entworfene Konstruktion, wie wir sie als Ingeni-eure schätzen.

AF In den Gesprächen mit Ingenieuren, die ich im «Dialog der Konstrukteure» geführt habe, stelle ich immer wieder dieselbe Frage. Und zwar interessiert mich, warum es den Ingenieur-Architekten heute nicht mehr gibt, der in Per-sonalunion Raum und Konstruktion beherrscht – wie es etwa Nervi, Isler, Te-desko, Candela etc. während des 20. Jahrhunderts doch beispielhaft vorgeführt haben. Warum ist es eine anachronistische Vorstellung, dass der von eigenen Form- und Wirkungsvorstellungen geleitete Ingenieur-Architekt in einer Wechselfunktion als Konstrukteur und Unternehmer die Form aus den Prin-zipien von Konstruktion und Bauweise entwickelt?

HS Die Vorstellung gibt es immer noch, aber der Weg ist steinig. Man muss sich zuerst einen Namen schaffen und zeigen, dass man das kann, wie das Calatrava vorge-führt hat. Bis zu Nervi zurückzugehen, führt zu weit – das war eine andere Zeit.

AF Was war denn so wesentlich anders?

HS Damals hat man dem Ingenieur auch räumliche Kompetenz zugetraut, heute wird ihm diese abgesprochen – aufgrund der Ausbildung.

AF   Hängt es nicht vor allem auch damit zusammen, dass diese Konstrukteure selber auch als Unternehmer funktioniert haben, die Konstruktionen als Unternehmer perfektioniert haben, um so überhaupt ökonomisch konkurrenzfähig zu werden?

TP   Das war wesentlich. Der Herstellungsprozess war für die Unternehmer Nervi, Isler etc. zentral für die Formfindung. Heute hat dieser aber nicht mehr die gleiche Bedeutung.

HS   Der Herstellungsprozess hat auch heute noch eine zentrale Bedeutung, ist aber anders gelagert: Früher konnte ein Herstellungsprozess durchaus arbeitsintensiv sein, musste aber stets auf Materialsparsamkeit abzielen. Heute kann ein Herstellungsprozess materialverschwenderisch sein, muss aber zwingend arbeitseffizient sein. Darin ist der Grund für den Wandel zu finden: Gefragt sind nicht mehr leichte, feine Strukturen, sondern «Klötze» die aufeinander gebeigt werden können.

SB   Dazu kommen natürlich auch erhöhte normative Anforderungen, eine immens gesteigerte interdisziplinäre Komplexität (wie etwa Haustechnik und Bauphysik), die es verunmöglicht, als Einzelfigur alle Kenntnisse in genügender Tiefe zu erwerben.

AF   Arbeitet ihr mit Konstruktionshypothesen und wenn ja, wie entstehen diese, wo knüpfen sie an? In welcher Beziehung stehen Idee und Konzept zueinander? *Entwurfsmethodik*

TP   Aus einer Idee versuchen wir, ein Konzept zu erarbeiten, wobei Konstruktionshypothesen die notwendigen Werkzeuge dazu sind. Konstruktionshypothesen können beispielsweise auch Aussagen über die Auswirkungen verschiedener Materialien beinhalten.

HS   Tragkonzept und Material müssen aber immer zusammen betrachtet werden, die Verhältnisse sind nicht einfach übertragbar.

TP   Nehmen wir das Konzept «Kragarm» bei einer Balkonplatte – sozusagen tägliches Brot. Wir können diesen in Holz, in Stahl, in Stahlbeton, vorgefertigt übernehmen oder vor Ort entwickeln. Das Konzept bleibt aber «Kragarm».

HS   Meine Aussage bezieht sich auf Gesamttragwerkskonzepte. Diese sind doch immer auf einen spezifischen Baustoff geschneidert.

SB   Materialwahlen kristallisieren sich aus den Rahmenbedingungen und der Aufgabenstellung meistens relativ früh heraus.

HS   Beim Brückenbau beispielsweise ist eine Materialauslegung im Sinne von Konstruktionshypothesen vielleicht gängiger. Ich kann mir zum Beispiel überlegen, wie ein Stahlbogen im Gegensatz zum Betonbogen zu konstruieren wäre – oft nicht simple Denkprozesse.

TP Das gilt für den Hochbau genau so.

AF Ihr untersucht also parallel verschiedene Materialien, die euch sinnfällig erscheinen.

TP Ja, das gilt bis zur Stufe Bauprojekt. Spätestens bei der Ausschreibung sollte man dann wissen, welches Material man nehmen will.

AF Wie würdet ihr das Verhältnis zwischen Abschätzung und Berechnung eines Tragwerks, einer Konstruktion beschreiben? Welche Rolle spielt die Rechenleistung des Computers?

HS Bezüglich Arbeitsmethodik hat mir die Ausbildung interessante Erfahrungen beschert: An der Fachhochschule hatte ich gelernt, Tragstrukturen und deren Kräfteverlauf intuitiv zu erfassen. An der ETH wurde das etwas verunklärt, dort wurde man auf analytische Berechnung und Erfassung trainiert. Erst während meiner Assistenztätigkeit bei Professor Menn verstand ich, wie die zwei Zugänge einander überlagert werden können. Mein *approach* heute ist meist sehr intuitiv. Ich mache zuerst ein paar kleine Berechnungen von Hand, die ich dann am Computer überprüfen lasse. Meistens stimmt es nicht schlecht ...

SB Eine grosse Rolle beim Tragwerksentwurf spielt die Erfahrung. Nach zehn, fünfzehn Jahren hat man jede Lastkombination verschiedenster Geometrien und Dimensionen einmal berechnet und dabei ein gutes Gefühl für die Kräfte entwickelt. Deshalb hat ein erfahrener Entwurfsingenieur auch ein Gefühl für die Dimensionen und Proportionen. Den Computer ziehe ich nur ausnahmsweise bei, wenn ich unsicher bin, ob etwas funktioniert. Die Rechenleistung des Computers kommt vor allem bei der Ausführungsstatik zum Zuge, die meist von den jüngeren Ingenieuren gemacht wird. Falls da plötzlich beispielsweise ganz andere Bewehrungsquerschnitte errechnet werden, hinterfragen wir diese aber natürlich nochmals mit unserer Erfahrung und Intuition.

HS Die Berechnungsmöglichkeiten am Computer sind heute wirklich erstaunlich vielfältig und potent. Führen wir uns vor Augen: Heinz Hossdorf noch konnte sich komplexen Problemen nur mit einem Modell annähern, das belastet und an welchem die Verformung gemessen wurde. Eine unserer Hauptherausforderungen heute ist die Tatsache, dass die Annahmen, die wir für die Computerkalkulationen treffen, eine hohe Unsicherheit in sich bergen. Es ist zentral, dass die jungen Ingenieure begreifen, dass der Computer also nicht per se richtig rechnet, da die Anfangsannahmen unsicher sind. Die Validität eines Resultats hängt immer von der

Sinnfälligkeit der anfänglichen Annahmen ab. Der Ingenieur muss deshalb fähig sein, das Resultat zu interpretieren.

TP Bei den Annahmen handelt es sich beispielsweise um Lagerungsmethoden oder Materialeigenschaften. Wichtig ist tatsächlich, dass man nicht den vierstelligen Computerresultaten verfällt, sondern stets auch seinen eigenen Überlegungen im Kopf traut.

HS Diesbezüglich machte ich erst kürzlich beim grossen Saaldach der Elbphilharmonie Hamburg eine interessante Erfahrung: Die nachträglichen Messungen am Bau haben aufgezeigt, dass unsere Berechnungen richtig gewesen waren – ausser bei einem Auflager, bei dem unsere Lastannahme um dreissig Prozent daneben lag. In der Summe war das kein Problem, aber aufgrund des Herstellungsprozesses waren bei diesem einen Auflager höhere Lasten angefallen. Nach den ersten Rissen und nachdem die Betonstruktur schliesslich komplett abgesenkt worden ist, passt das nun wieder perfekt. Mit anderen Worten: Bei Strukturen stehen immer Gesamtheit und Verformbarkeit im Vordergrund.

AF So ähnlich wie Nervi in seinen Bauwerken eine demokratische Last- und Kraftverteilung etablierte.

HS Genau.

AF Wie viele Stufen durchläuft ein Projekt vom Wettbewerb bis zum ausgeführten Bauwerk und wie stark verändern sich dabei die Konstruktionen?

TP Chronologisch sind es fünf Stufen: Wettbewerb, Vorprojekt, Bauprojekt, Ausschreibung und Realisierung. Die Untersuchung der finanziellen Machbarkeit ist von Anfang an da und wird in jeder Planungsphase kontinuierlich verfeinert.

Während des Wettbewerbs entwickelte Leitideen versuchen wir mit allen Mitteln zu halten, da sie für einen Entwurf zentral sind. Kernideen müssen von Phase zu Phase gefestigt werden.

HS   Im Wettbewerb versucht man generell sehr reine, statisch schöne Strukturen zu entwerfen. Im weiteren Planungsprozess folgt dann ein stetiger Kampf, diese Strukturen bis zur Realisierung möglichst konsistent halten zu können.

AF   Korrigiert ihr nie Grundsatzentscheide?

SB   Das kann auch vorkommen. Dem Bauherrn gegenüber sind wir schliesslich auch verpflichtet, die für ihn idealste und effizienteste Lösung zu schaffen. Insofern müssen wir auch Variantenstudium und Auslegeordnung betreiben.

AF   Könnt ihr ein Beispiel anführen, bei dem von Anfang an bis zum fertigen Bau wesentliche Entscheide gekippt wurden?

HS   Der Roche-Turm ist so ein Fall. Die «Two Spirals» wurden kurz vor Ernst abgesagt. Konstruktive Gründe haben da mit eine Rolle gespielt – Geometrie und Herstellung wären sehr anspruchsvoll und damit kostenintensiv gewesen. Des Pudels Kern war aber sicher der Fakt, dass die Firma Roche ab einem gewissen Zeitpunkt sich selber nicht mehr in diesem Turm gesehen hat.

Tradition Innovation

AF   Inwiefern gibt es in euren Projekten Entwicklungslinien, also Zusammenhänge zwischen dem letzten Gebäude und dem folgenden? Strebt ihr nach *continuità* in euren Werken?

HS   Wir haben verschiedene «Baustellen». Eine davon ist zum Beispiel das Platten-Scheiben System, das wir kontinuierlich in verschiedenen Bauwerken weiterentwickeln. Auch beim Stahlbau arbeiten wir fortlaufend an Konzeptionsmethoden. Ausserdem fokussieren wir auf Entwicklungslinien von Hochhäusern und auf monolithische, tragende Fassaden.

TP   Um Entwicklungszusammenhänge in unserer Arbeit zu besprechen, muss man sicherlich in den Kategorien denken, die Heinrich erwähnt hat, also Tragwerksysteme, Baustoffe und Gebäudetypen. Uns interessieren aber vor allem strukturelle Innovationen. Zum Beispiel erforschen wir zurzeit bei einem Industriebau für Ricola gerade das Fügen von vorfabrizierten, vorgespannten Bauteilen.
Bei aktuellen Projekten von hohen Häusern untersuchen wir die Möglichkeiten verschiedener Typologien, etwa Anordnungen mit exzentrischen Kernen. Natür-

lich interessieren uns auch neue Baustoffe – Gebäude aus Glas oder aus Carbonfasern sind aber eher die Ausnahme und eher als Materialinnovationen zu bewerten.

HS   Unsere Arbeit ist nicht auf «ein» Thema ausgerichtet, vielmehr arbeiten wir mit einem Büro von fünfzig Mitarbeitern an verschiedenen Themen. Ausserdem gibt es auch Bauten ohne spezifisches Thema, Bauten ohne Anspruch auf Entwicklung.

AF   Kontinuitäten scheinen also auf, ebenso seid ihr auch von Experimentierfreudigkeit geleitet. Sind eure Experimente innerhalb des Bestehenden angeordnet oder seht ihr euch dabei in der Tradition des Pionierdaseins von Heinz Hossdorf?

HS   Unser Ansatz unterscheidet sich stark von demjenigen Hossdorfs. Bei ihm standen stets elastische Betrachtungen und Risslosigkeit im Vordergrund. Wir haben heute ein «besseres» Verständnis von Stahlbeton, können daher auch andere Bauten entwerfen. Die Experiment-Themen können nicht auf uns als Gesamtbüro verallgemeinert werden. Die Experimente sind sehr unterschiedlicher Natur und hängen mit dem jeweils leitenden Ingenieur und seinen Interessen zusammen. Natürlich beeinflussen wir uns aber durch unseren gegenseitigen Austausch.

TP   Die Experimente, die Hossdorf noch an physischen Modellen gemacht hat, finden bei uns an digitalen Modellen statt. Heutige Versuche sind nicht mit damaligen Experimentanordnungen vergleichbar. Wir machen kleinere Materialuntersuchungen oder untersuchen das Komfortverhalten im obersten Stock eines Hochhauses in Bezug auf Schwingungen. Dabei handelt es sich aber um heute gängige Untersuchungen und nicht um pionierhafte Experimente.

SB   Mein persönliches Interesse gilt alten, teilweise sehr filigranen Betonrippenkonstruktionen mit schlanken Bauteilen. Bei Gebäuden ohne Brand- oder Schallschutzanforderungen reizt mich das Herantasten an diese schlanken Dimensionen.

HS   Um das Verhältnis zwischen Entwicklungslinien und Experiment zu beleuchten, möchte ich eine Erfahrung beim Forum 2004 in Barcelona skizzieren: Beim Dach handelt es sich um ein Dreieck mit ungefähr 200 Metern Seitenlänge, das auf 18 Punkten steht – eine circa 4 Meter hohe Verbundstruktur. Beim Entwerfen tauchte die Frage auf, ob es sich beim Bereich zwischen den Punkten um Träger handelt, oder die Punkte als Pilzstützen gedacht werden sollten. Im Konzept entschloss ich mich zur Betrachtung als Träger. Im Nachhinein, also nach dem Bauprozess, stellte ich aber fest, dass eine Auffassung als Pilzkonstruktion besser gewesen wäre. Dieses grossmassstäbliche Experiment führte im Endeffekt dazu, bei der Caixa Madrid eine Schirmdecke, also eine umgekehrte, punktgestützte Decke zu konzipieren. Erfahrungen aus Experimenten wirken sich aufs nächste Projekt aus und beeinflussen Entwicklungslinien.

AF Guy Nordenson spricht in seinem Text «Constellations» davon, dass Bauinge-
nieurskunst zwingend typologisch sei.[1] Ist Entwerfen für euch typologisch?

TP Typologien gibt es seit jeher in der Ingenieurbaukunst. Für eine Gebäudestabili-
sierung beispielsweise brauchen wir drei Wandebenen. Das ist eine grundsätzliche
Typologie, die besteht und die man weiter entwickeln kann.

HS Es gibt Entwicklungen der Art und Weise, wie man Elemente zusammen baut und
wie diese gegenseitig zusammen wirken. Platten-Scheiben-Systeme sind beispielsweise viel verbreiteter als noch vor 15 Jahren. Das hängt damit zusammen, dass
Vorspannung im Hochbau in der Schweiz heute problemlos eingesetzt wird. Bereits in Deutschland stösst man aber mit einem Vorspannungsvorschlag auf grosse
Widerstände. Was man nicht gewohnt ist, schürt Angst. Die Schweiz ist, was Konstruktionen anbelangt, weniger konservativ – auch die Baumeister sind hier bei
uns durchaus gewillt, Neuland zu beschreiten.

AF Ein überreguliertes Umfeld verhindert die Umsetzung neuer Ideen und damit
Innovation.

HS Gerade in den USA und in Deutschland ist das heute eine gut spürbare Entwicklung.

TP Nochmals zu den Typologien: Im Brückenbau kann man sicher von Typen sprechen. Das drückt sich auch im Entwurfszugang aus, indem man diese auslegt und
sich überlegt, welcher Brückentyp, etwa Bogen- oder Schrägseilhängebrücke, Sinn
macht. Im Hochbau betreffen die typologischen Entscheidungen Kategorien wie
Skelettbau oder Massivbau. Natürlich gibt es auch hybride Strukturen, aber den
Ingenieur freuen die sogenannt «reinen» Strukturen am meisten.

AF Sind denn alle möglichen Typologien schon erfunden?

SB Die Grundtypologien sicherlich. Aber es gibt natürlich mannigfaltige Möglichkeiten der Durchmischung, unzählige hybride Strukturen. Bei monolithischen
Fassaden haben wir Weiterentwicklungen und Durchmischungen, bei denen beispielsweise einmal die innere Schale, das andere Mal die Fassade trägt.

HS Ob alle Typologien erfunden sind, ist eine interessante Frage. Beim Brückenbau
haben neue Baumethoden oder neue Baustoffe zu neuen Typen geführt. Das Nachdenken über Herstellung und Baustoffe kann also zu neuen Typologien führen.

1   Vgl. Guy Nordenson, «Constellations», in: ders. (Hg.),
Seven Structural Engineers: The Felix Candela Lectures,
New York 2008, S. 8–28.

Der Ingenieur entwirft mit

Daniel Meyer

Das neue, spektakuläre Dienstleistungsgebäude der Firma Actelion in Allschwil besteht aus 34 prismatischen Körpern, die über eine Fläche von etwa 80 mal 80 Metern und bis zu einer Höhe von 22 Metern übereinander gelegt sind. Das Gebäude ist ikonisch und widerspiegelt das Bedürfnis nach Selbstdarstellung. Obwohl die Volumina zwangslos und anscheinend unstrukturiert gestapelt sind, erscheinen sie als präzise gesetzt und vermitteln den Eindruck, sicher, stabil und ohne forcierte Anstrengungen zu stehen. Spätestens bei dieser Feststellung muss man sich mit dem Wirken von Schnetzer Puskas Ingenieure auseinandersetzen.

Die gemeinsam mit den Architekten weiterentwickelte Idee des Stapelns von bis zu 40 Metern weit gespannten Bürotrakten verlangt nach einer Tragstruktur mit einer systemspezifischen Logik. An dieser Stelle beginnt sich die Zusammenarbeit zwischen Tragwerksplaner und Architekten zu intensivieren: Der Entwurf wird zur gemeinsamen Herausforderung. Dabei geht es aber um mehr als die blosse Ermöglichung einer architektonischen Idee. Durch das bei Schnetzer Puskas Ingenieure vorhandene Verständnis für räumliche Absichten und durch ihr spürbares Interesse an Architektur entsteht eine Identifikation mit der Aufgabe, die ermöglicht, den mitunter spannenden Herausforderungen mit begeistertem, innovativen Können begegnen zu können. Fragen der Raumbildung, des Öffnungsverhaltens und der Wahrnehmung des Tragwerkes werden gleichermassen wie die vielen Fragen der technischen und wirtschaftlichen Anforderungen behandelt und diskutiert. So erhält der Entwurf seine strukturelle Klarheit allmählich und prozessiv – diese offene und prozesshafte Haltung Entwurfsproblemen gegenüber zeichnet die Arbeiten von Schnetzer Puskas aus.

Beim betrachteten Bauvorhaben handelt es sich um statische Herausforderungen, wie man sie heute vor allem auf dem internationalen Parkett antrifft. Die digitalen Technologien etablieren sich auch allmählich in der Architektur als nützliche Entwurfsinstrumente und haben mittlerweile einen massgeblichen Einfluss auf die Form und die Erscheinung der Gebäude. Komplizierteste Geometrien von Volumen und Oberflächen werden beherrschbar und bleiben dank Parametrisierung stets verform- und anpassbar. Als Antwort auf den stets verformbaren Entwurf braucht der Tragwerksplaner adäquate Lösungsansätze. Diese findet er aber nicht nur in den scheinbar alles lösenden elektronischen Tragwerkstools, sondern vielmehr in der Strategie, den Entwurf auf einen bestimmenden und generierenden Kern hin zu entflechten, der auf einfachen und klaren Strukturen beruht. Diese können dann mit den grundlegenden Gesetzen der Mechanik begreifbar beschrieben und erklärt werden. Diese Lösungsstrategie der Systematisierung ist beim Tragwerksentwurf des Actelion Gebäudes erkennbar. Die vertiefte Auseinandersetzung mit seiner Tragstruktur offenbart folgendes:

Das Trägersystem ist ausgeklügelt, effizient und ökonomisch. [1]

Aufgrund nutzungsbedingter und ökonomischer Anforderungen wurde ein aufeinander getürmtes Trägersystem, welches aus hybrid gestalteten Trägern besteht, entworfen. Bei den Trägern handelt es sich um eine gekonnte Symbiose zwischen einem Virendeel- und einem Fachwerkträger. In den Bereichen hoher Schubkräfte, also vorwiegend bei den Trägerauflagern, wo die einzelnen Träger auch funktional miteinander verbunden sind, wurden kreuzförmige Ausfachungen entsprechend eines Fachwerkes angeordnet. Gegen die Trägermitte hin, wo zum einen die Biegemomente allmählich zunehmen und die Querkräfte kleiner werden und zum andern von der Nutzung her grösstmögliche Transparenz erwartet wird, kommen ausschliesslich vertikal stehende Pfosten zur Anwendung, die zusammen mit den Gurten der Träger ein Rahmentragwerk ergeben. Der

Tragwerksentwurf wurde dahingehend weiter optimiert, dass mit verschiedenen Abständen der Füllelemente die Beanspruchung in den Gurten über ihre gesamte Länge konstant gehalten wurde und somit die Profilquerschnitte voll ausgenutzt sind.

Das statische Gesamtkonzept überzeugt durch eine klare vertikale und horizontale Lastabtragung.

Die aufeinander getürmten stählernen Träger leiten in der Regel über ihre Berührungspunkte die gravitationsbedingten vertikalen Lasten auf dem direktesten Wege, also ohne aufwendige Kraftumleitungen von oben nach unten. Dies wurde durch eine Optimierung der lokalen Geometrie der Ausfachungen und der globalen Lage der Träger erreicht. Bei den wenigen Punkten, wo diese direkte Art der Lastabtragung nicht möglich war, wirken die raumhohen Träger als leistungsstarke Abfangträger. Ausgesteift wird das Gebäude, nicht wie in der Regel üblich, über die steifen Wände der vertikalen Gebäudeerschliessungen, sondern primär über die Ausfachung der gestapelten Träger. Die horizontal auftretenden Erdbeben- und Windkräfte und die horizontal wirkenden Ablenkkräfte der schrägen, am vertikalen Lastabtrag beteiligten Stützelemente werden über die Fachwerke zusammen mit den steifen Dach- und Bodenkonstruktionen abgetragen. Die aufeinander gestapelten Tragröhren, die aus den beiden vertikalen, ausgefachten Träger, der Dach- und Bodenscheibe bestehen, wirken so als stabiles Faltwerk, das ohne weitere aussteifende Elemente in der Lage ist, das gesamte Lastspektrum abzutragen. Die ansonsten immer starren Erschliessungskerne können somit frei im Gebäude angeordnet werden und erhöhen im Sinne der Nachhaltigkeit die Flexibilität und Vielfalt.

Das stählerne Tragwerk ist verkleidet, bleibt aber als solches spürbar.

Interessant erscheint auch der Umgang mit dem Konstruktionsmaterial Stahl. Der immer wieder aufkommenden Diskussion, den Stahl in seiner vielfältigen Lesbarkeit und seiner Tektonik zu zeigen, entgegnet man beim Actelion Gebäude mit einer konträren und durchaus pragmatischen Haltung, ihn konsequent einzupacken. So wird der Brandschutz auf einfachste Weise sichergestellt und zudem eine wirtschaftliche Fügung der Konstruktion erreicht. Trotzdem bleibt das Konstruktionsmaterial Stahl spürbar: Insbesondere die gewagten Auskragungen, die grossen Spannweiten und der hohe Öffnungsanteil des Gebäudes verweisen nach wie vor auf die stählerne Bauweise.

Die vertiefte Betrachtung des Tragwerkes zeigt deutlich, dass Schnetzer Puskas Ingenieure sich mit der gestellten Herausforderung intensiv und mit allen Facetten des Tragwerkentwurfs auseinander gesetzt haben, und dass bezüglich der strukturellen und statischen Wirkungsweisen profunde und weitreichende Analysen gemacht wurden. Als ein Akteur eines grossen interdisziplinären Planerteams haben sie deutliche, aber zurückhaltende Spuren und Akzente gesetzt. So wirkt letztendlich das einfache Prinzip der Stapelung von Raumkörpern zusammen mit der entwickelten Tragstruktur als ein vielfältiges, vielschichtiges und funktional differenziertes Raumgebilde, das, wie eingangs erwähnt, ausgewogen, selbstverständlich und ruhig wahrgenommen wird.

Schnetzer Puskas Ingenieure verstehen sich im Bereich des konstruktiven Hochbaus primär als gleichwertige Partner und Co-Autoren des Architekten, die zum einen in der Lage sind, einen architektonischen Entwurf zu lesen und nachzuvollziehen, und zum anderen, diesen auch aktiv zu einem erfolgreichen finalen Konzept mit zu gestalten. Ihre Herangehensweise ist geprägt von einer grossen Offenheit. Strenge dogmatische Verpflichtungen gegenüber Konstruktionsprinzipien sind ihnen fremd. Eine klare Lastabtragung, materialgerechtes Konstruieren und Einhalten von ökonomischen Anforderungen sind aber in ihren Projekten, auch in den etwas ungewohnteren wie das Gebäude von Actelion, immer auszumachen. Schnetzer Puskas verkörpern mit ihrem Werk den modernen Tragwerksplaner, der offen ist für Neues und sich entsprechend der Aufgabe als Autor zurücknehmen respektive hervortun kann. Das Wirken und Tun von Schnetzer Puskas kann daher durchaus in der Tradition der spannenden Zusammenarbeiten zwischen Tragwerksplaner und Architekt, wie sie beispielsweise von Pier Luigi Nervi mit Gio Ponti oder von August E. Komendant mit Louis I. Kahn gepflegt wurde, gelesen werden.

1   Für die drei folgenden Abschnitte vgl. H. Schnetzer, Wirkungsvoll kombiniert, in: *Tec21* 136 (2010), H. 3–4, S. 2–6.

Entwicklung von Tragkonzepten

Heinrich Schnetzer

Die Entwicklung von Tragkonzepten erfolgt immer kontextuell. Für den Ingenieur sind dabei Kräfteverlauf, Materialbeanspruchung und -verteilung des gewählten Baustoffs sowie Herstellungsvorgang von grosser Bedeutung. Diese für den Tragwerksplaner grundlegenden Eigenschaften eines Tragwerks stehen in enger Wechselwirkung zur Nutzung und zur Form der zu entwerfenden Gebäudestruktur.

Im Hochbau wird die Nutzung vom Architekten definiert, der die Bedürfnisse der Bauherrschaft in ein Raumprogramm und in eine Hülle umsetzt. Im Rahmen des Entwurfsprozesses vermittelt er diese Vorstellungen dem gesamten Planerteam, woraus sich eine rudimentäre Gebäudeform herauskristallisiert. Für den Architekten ist das Tragwerk ein mögliches Mittel, Räume zu definieren oder zu bilden. Manchmal stört jedoch das Tragwerk den Entwurfsprozess, weil es mit dem gestalterischen Konzept, der Raumabfolge oder der Raumbildung vermeintlich nicht abstimmbar ist. In solchen Fällen «kollidieren» Raum- und Tragstruktur – es offenbart sich ein grundsätzliches Problem, das sich nur durch eine vertiefte Auseinandersetzung und durch eine Analyse des Entwurfskonzeptes lösen lässt. Verweigert der Architekt oder der Tragwerksplaner den erforderlichen Dialog und gibt es keine Bereitschaft, Lösungsansätze grundsätzlich zu reflektieren, kann sich ein Entwurf nicht weiterentwickeln. Das Tragwerk wird nicht Bestandteil des gestalterischen Gesamtkonzeptes, der Bauingenieur wird in diesem Fall zum reinen «Problemlöser», der kaum ein für das architektonische Gesamtkonzept schlüssiges Tragsystem entwickeln werden kann. Dies ist meist der Fall, wenn Tragwerksplaner zu spät in den Entwurfsprozess einbezogen werden, wenn bereits getroffene, gestalterisch wichtige Entscheide nur ungern hinterfragt werden.

Im Gegensatz zum Architekten, der das Tragwerk vor allem als raumbildendes Element wahrnimmt, verstehen es die Ingenieure eher als Maschine: Weniger die Raumbildung steht im Vordergrund, als vielmehr das Zusammenspiel der Tragelemente wie Stützen, Decken und Scheiben – der Gesamtkomplex der Tragelemente als funktionierender Mechanismus oder Maschine. Dabei strebt der Tragwerksplaner immer eine innere Ordnung des Tragwerks im Sinne eines harmonischen Ganzen an. Dieses muss einfach und effizient funktionieren, das Material soll den Anforderungen gerecht werden und die Tragstruktur verhältnismässig ausgewogen und wirtschaftlich herstellbar sein. In diesem Sinne hat der Ingenieur sehr wohl auch einen gestalterischen Anspruch. Er fokussiert dabei weniger auf die Räume oder die Oberflächen des Tragwerks als vielmehr auf dessen innere Qualitäten: Funktionsfähigkeit, Effizienz und Proportionen.

Geometrische Randbedingungen sind oftmals Grundlage für den Entwurf von Tragwerken. Dabei können geometrische Abhängigkeiten bei bestehenden Bauten, geometrische Abhängigkeiten aus der Bauwerksform oder statische Zusammenhänge den Tragwerksentwurf wesentlich beeinflussen oder bestimmen. Dies veranschaulichen folgende drei Tragwerksentwürfe.

Actelion Business Center, Allschwil 2010

Die Entwicklung der Tragkonstruktion für den Büroneubau der Firma Actelion in Allschwil erfolgte in enger Zusammenarbeit mit den Architekten Herzog & de Meuron. Die Gebäudestruktur besteht aus 34 übereinander gelegten und ineinander verzahnten, balkenähnlichen Baukörpern, die 30 bis 100 Meter lang und, abhängig von der Büronutzung, 5 beziehungsweise 7 Meter breit sind. Auf einer Grundrissabmessung von etwa 80 mal 80 Meter stapeln sie sich 22 Meter hoch. Sie bestehen im Wesentlichen aus den Boden- und Deckenplatten sowie zwei raumhohen Trägern, die verglast

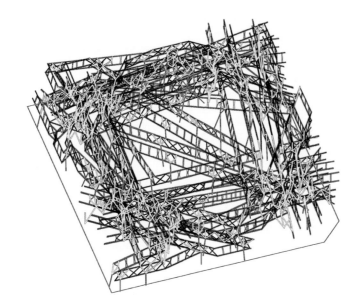

1 Stabmodell der Stahl-konstruktion des Actelion Business Center, bestehend aus Fachwerkträgern und Stützen. Die direkt am Lastabtrag beteiligten Stäbe sind gelb gezeichnet.
2 Darstellung der direkt am Lastabtrag beteiligten Stäbe
3 Statisches System eines Fachwerkträgers (Fachwerk-deel-Träger) mit Belastung und Reaktionen, Normal-kräften, Biegemomenten und Verformungen

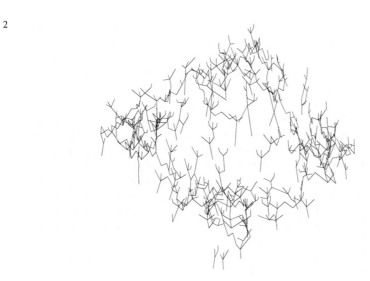

sind und die Fassade bilden. Jeweils fünf bis sieben prismatische Körper bilden im Grundriss ein Bürogeschoss. Jede Geschossebene hat ihr eigenes Trägerlayout und liegt nicht deckungsgleich über dem unteren Geschoss, sondern trägt ihre Lasten über wenige einzelne Punkte in die untere Ebene ab.

Um für die Büroräumlichkeiten grosse Fensteröffnungen ohne störende Diagonalen zu ermöglichen, entwickelten wir ein Trägersystem, das die Eigenschaften des Fachwerkträgers mit denjenigen des Vierendeelträgers kombiniert. Dies ermöglichte die Kombination der Vorteile beider Tragsysteme: Fachwerkstäbe sind lediglich auf Zug und Druck beansprucht; die Profile können darum materialsparend ausgebildet werden. Weil die Knoten ausserdem als gelenkig wirkend, das heisst

ohne Biegebeanspruchungen zu erfahren, betrachtet werden, können sie einfach konstruiert werden. Allerdings sind raumhohe Fachwerkträger im Bürobau meist nicht erwünscht, da die Diagonalen die Sicht durch die Fenster beeinträchtigen. Vierendeelträger hingegen, die nur aus Gurten und Pfosten bestehen, lassen rechteckige Fensteröffnungen zu, sind jedoch nicht sehr wirtschaftlich: Die Schnittkräfte der Pfosten und Gurte bestehen nicht nur aus Normalkräften, sondern auch aus Querkraft und Biegung. Ausserdem wirkt nur der statische Hebelarm der Profilhöhe – die statische Höhe der Träger kann nicht effizient ausgenutzt werden. Dies führt zu einem weichen Tragsystem, mit einem relativ hohen konstruktiven und materialspezifischen Herstellungsaufwand.

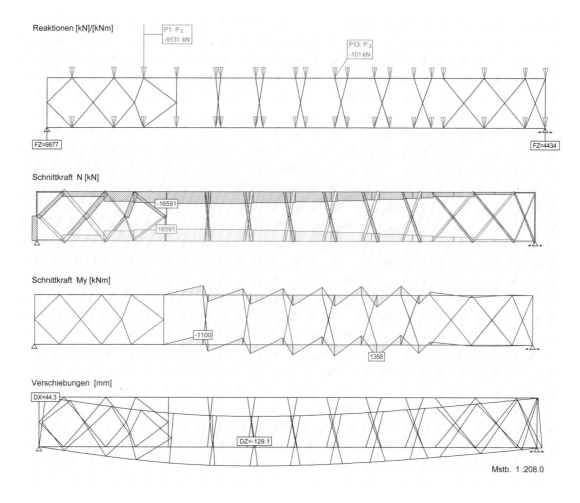

Reaktionen [kN]/[kNm]

P1: P z
-9131 kN

P13: P z
-101 kN

FZ=9877

FZ=4434

Schnittkraft N [kN]

-16591

16591

Schnittkraft My [kNm]

-1100

1358

Verschiebungen [mm]

DX=44.3

DZ=-129.1

Mstb. 1 :208.0

Um tiefe Herstellungskosten zu erreichen, wird eine möglichst einfache Konstruktion vorausgesetzt. Die Tragkonstruktion für Actelion sollte also trotz komplexem Bau eine gewisse Einfachheit und Systematik aufweisen. Wirtschaftliche Trägersysteme bedingen eine hohe und kontinuierliche Ausnutzung der eingesetzten Profilquerschnitte bei möglichst reduziertem Arbeitsaufwand in der Herstellung. Mit der optimierten Kombination von Vierendeel- und Fachwerkträgern können die Schnittkräfte in den Gurten nun dahingehend gesteuert werden, dass die Profilquerschnitte über ihre gesamte Länge voll ausgenutzt sind: In Trägerbereichen mit grosser Querkraft, insbesondere bei den Auflagern, ist die Beanspruchung und damit auch die Verformung von Vierendeelträgern sehr hoch. Bei Fachwerkträgern ist sie hingegen dort hoch, wo das Moment am grössten ist – insbesondere in Feldmitte –, denn die Zug- und Druckkräfte der Gurte folgen dem Momentenverlauf des Balkens.

Um nun einen Ausgleich dieser gegenteiligen Trägerbeanspruchungen zu erreichen, variierten wir die Ausfachung. Anstatt die Streben des Kreuzverbands regelmässig an die Gurten anzuschliessen, wurden die Strebenansatzpunkte regelrecht «auseinander gezogen»: In den Auflagerbereichen, wo eine hohe Querkraftbeanspruchung besteht, wurde ein reines Strebenfachwerk ausgebildet. Gegen die Trägermitte schliessen sich die Strebenkreuze zu einem vertikalen Einzelpfosten, sodass dort ein reiner Vierendeelträger mit den gewünschten rechteckigen Öffnungen entsteht.

Forum 2004 Gebäude und Plaza, Barcelona 2004

Form und Lage des Dachs des Forum 2004 in Barcelona orientieren sich an städtebaulichen Achsen. Aus den architektonischen und städtebaulichen Bezügen resultiert eine fast dreieckförmige Dachfläche mit annähernd je 180 Metern langen Seiten. Die schiere Grösse ist kaum fassbar: Das Dach wird

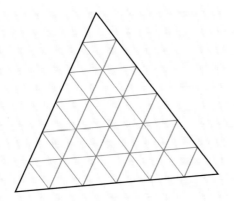

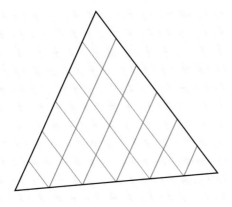

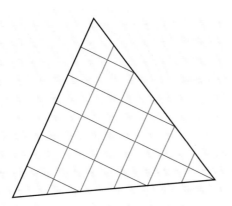

4–6 Grundsätzliche geometrische Fachwerkanordnung einer Verbundkonstruktion, bestehend aus zwei Betonplatten mit dazwischen liegenden Fachwerken zum Erreichen einer biaxialen Tragwirkung.
4 Drei Fachwerkscharen im Winkel von 60 bzw. 120 Grad
5 Zwei Fachwerkscharen im Winkel von 60 Grad
6 Zwei Fachwerkscharen im Winkel von 90 Grad
7 Berechneter Volumenkörper der Dachkonstruktion bei einem elliptischen Grundriss unter der Annahme, dass die Zug- und Druckkräfte an jedem Punkt unter einer gleichmässigen Belastung konstant sind.

auf nur 17 Punkten gelagert und weist Spannweiten von 60 Metern auf. Die Ecken des Dachdreiecks kragen bis zu 25 Metern aus. Die Ausstellungsebene ist an der Dachstruktur aufgehängt, welche das Konferenzzentrum und den Platz, der um das Forum gruppiert ist, überdacht. Die Stahl-Beton-Verbundkonstruktion hat eine statische Höhe von 4 Metern und ähnelt einem Sandwich: Zwischen der 30 Zentimeter dicken oberen und unteren Betonplatten, die als Druck- und Zugzone funktionieren, liegen Stahlfachwerke, die im Wesentlichen

die Verbindung respektive Schubverbindung der beiden Platten übernehmen.

Bei der Konzeption solch grosser, biaxial tragender Plattentragwerke stellt sich die Frage der geometrischen Anordnung der Fachwerke in Beziehung zur Lage ihrer Stützpunkte. Während Erschliessungskerne und Nutzungsvorgaben meist die Lage der Stützpunkte auf wenige Meter genau vorgeben, ist die Anordnung der Fachwerkträger grundsätzlich offen. Damit die biaxiale Tragwirkung aber tatsächlich funktioniert, sind min-

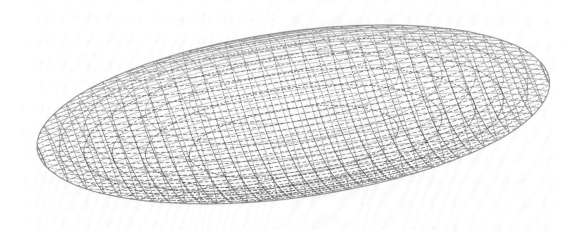

destens zwei Fachwerkscharen erforderlich, die vorteilhafterweise orthogonal zueinander liegen. Drei Fachwerkscharen wären für die Entfaltung der Tragwirkung und für die Flexibilität der Stützenstellung idealer, sind aber praktisch kaum umsetzbar, da die Herstellung der Knoten mit jeweils zehn Stäben – sechs anzuschliessende Profile in der Gurtebene, ein Pfosten und drei Diagonalen – viel zu aufwändig ist. Die Konstruktion mit zwei Fachwerkscharen ist nach wie vor aufwändig, denn in einem Knoten vereinigen sich immer noch sieben Stäbe – vier Gurtstäbe, ein Pfosten und zwei Diagonalen – die alle konstruktiv zusammengeführt werden müssen.

Die zwei Fachwerkscharen in der Dachkonstruktion des Forums sind orthogonal zueinander angeordnet und ihre detaillierte Lage orientiert sich an einer Seite der dreieckförmigen Dachform. Dort, wo Stützpunkte vorgesehen sind, liegt zugleich der Schnittpunkt zweier Fachwerke mit entsprechendem Pfosten. Bei der relativ grossen Anzahl Fachwerken auf nur wenigen Stützpunkten sind die meisten Fachwerke logischerweise indirekt gelagert.

Die Ausbildung der Tragstruktur wirft zudem eine zweite fundamentale Frage auf: Wie soll die Sandwichplatte tragen? Die Tragstruktur kann als «Pilzdecke» betrachtet werden, die hauptsächlich die Lasten über negative Momente direkt zum Stützenbereich trägt, oder sie funktioniert als «Trägerdecke», welche die Lasten mit Feldmomenten zu den Stützen leitet. Eine Kombination beider Tragstrukturen ist ebenfalls denkbar. Im Fall des Dachtragwerks ist dieses eher als «Trägerdecke» konzipiert. Dieses Konzept wird durch eine

zusätzliche Vorspannung verstärkt. Um die Verformungen zu reduzieren, ist eine Vorspannung ohne Verbund im Zwischenraum der beiden Betonplatten parallel zu Hauptfachwerken angeordnet. Aufgrund der gewählten Baumethode mit grossen vorgefertigten Stahlraumfachwerken hätte im Nachhinein allerdings ein Tragwerkskonzept als «Pilzdecke» dem Kräftefluss und dem Bauvorgang besser entsprochen.

St. Jakob-Arena, Basel 2002

Die Entwicklung der Dachgeometrie der Eissporthalle St. Jakob basiert auf statisch-geometrischen Zusammenhängen. Die formulierte, architektonische Absicht war ein körperhaft erfahrbares Dach, das als eigenständiges Gebilde über der Eisfläche schweben sollte. In diesem Sinne konzipierten wir ein Tragwerk, das einerseits geschickt und effizient das Dachvolumen bildet und andererseits durch ein rundumlaufendes Fensterband klar vom Tribünenbereich getrennt wird. Die Form des Eisfeldes und seiner ringsum angelagerten Tribünen führte zu einer im Grundriss annähernd elliptischen Dachform.

Das Tragwerk des Dachs ruht auf 24 Abstützpunkten und besteht aus 12 linsenförmigen Stahlbindern – sogenannten Fischbauchträgern, die in unregelmässigen Abständen von 7 bis 8,4 Metern quer zum Eisfeld spannen. Sie lagern an ihren Enden auf Stahlbetonstützen, die hinter der Tribüne auf dem Betonunterbau fussen. Der Fischbauchträger entwickelte sich aus der statischen Konzeption, dass die Zugkräfte in allen Gurten und über die ganze Länge unverändert bleiben. Dies ist der Fall, wenn die Trägergeometrie affin zur Momentenlinie verläuft. So konnten alle Untergurte mit demselben schlanken Querschnitt aus einem Doppelwinkel hergestellt werden. Da der Obergurt auf Druck beansprucht ist, wurde dort ein H-Profil gewählt und mit dem Dachblech als Dachscheibe respektive Dachschale ausgebildet. Des Weiteren verhindern die nach oben gewölbten Obergurte aufgrund der geometrischen Abhängigkeiten ein Ausbrechen der auf Zug beanspruchten Untergurte aus der Fachwerkebene. Die Stabilisierung des Systems erfolgt deshalb ausschliesslich in der oberen Dachfläche. In der unteren Ebene kann auf zusätzliche Längsverbindungen und Diagonalen weitgehend verzichtet werden.

Die statische Vorgabe der gleichbleibenden Zug- und Druckkräfte über die ganze Gurtlänge ist selbstverständlich nur für eine gleichmässige Belastung bestimmbar. Sie führt allerdings dazu, dass die Diagonalen- und Pfostenkräfte sehr klein ausfallen, da das Fachwerk aus diesen Pfosten und Diagonalen im Wesentlichen nur bei asymmetrischen Lasten beansprucht wird. Deshalb können diese Stäbe sehr schlank ausgebildet werden; wie die Untergurte wurden sie ebenfalls mit einem Doppelwinkel konstruiert.

Actelion Business Center
Allschwil 2010

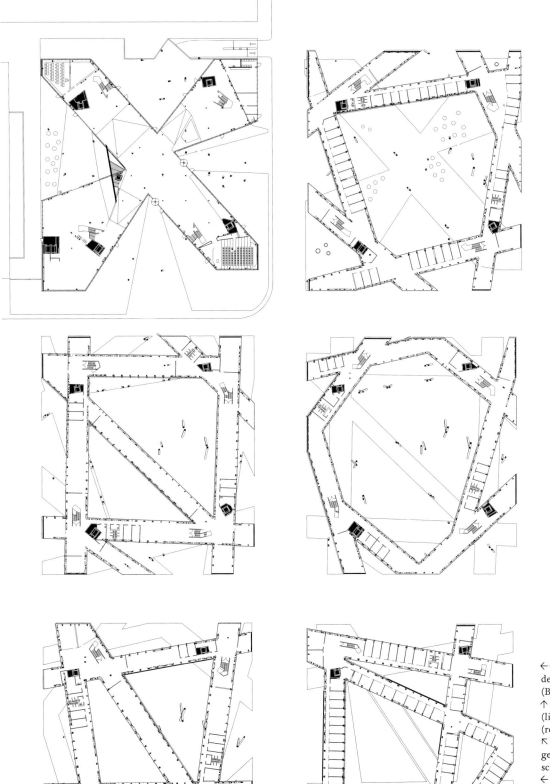

← ← Montage der Träger
des zweiten Obergeschosses
(Baustellenaufnahme)

↑ Grundriss Erdgeschoss
(links); 1. Obergeschoss
(rechts)

↖ Grundriss 2. Ober-
geschoss (links); 3. Obergeschoss (rechts)

← Grundriss 4. Ober-
geschoss (links); 5. Obergeschoss (rechts)

→ Grundriss 5. Oberge-
schoss mit den Bodenträgern
des 5. und den Decken-
trägern des 4. Obergeschosses

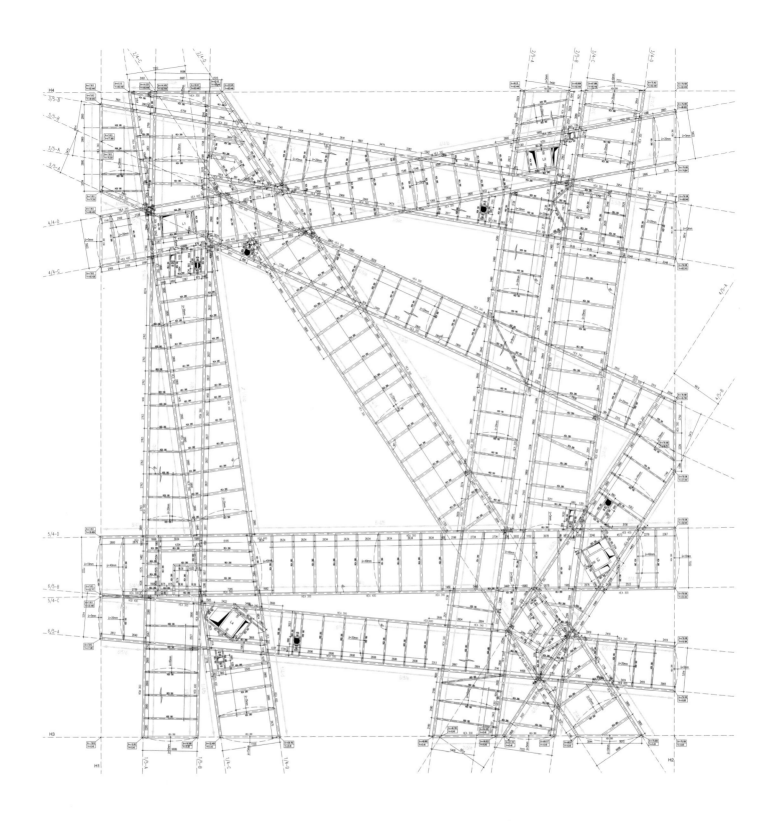

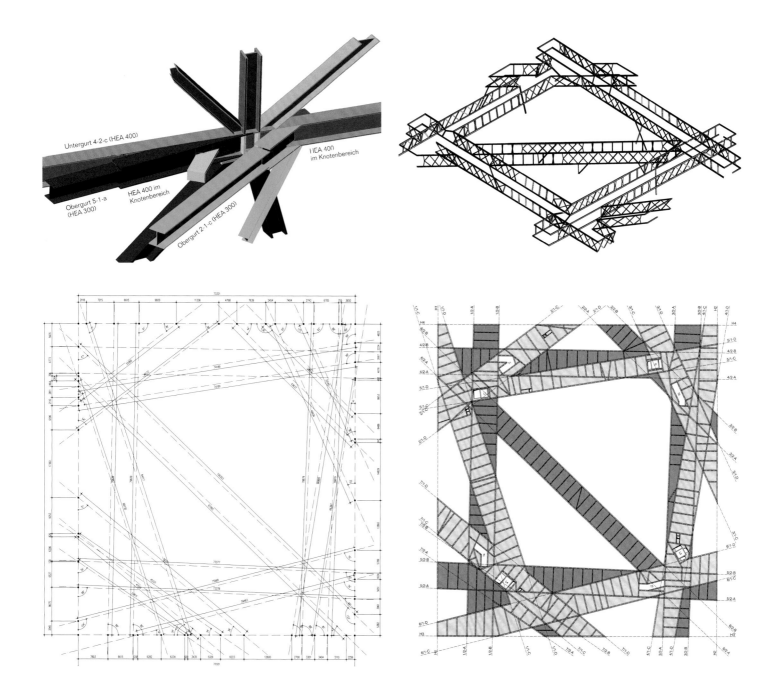

Untergurt 4-2-c (HEA 400)

Obergurt 5-1-a (HEA 300)

HEA 400 im Knotenbereich

Obergurt 2-1-c (HEA 300)

HEA 400 im Knotenbereich

↖↖ Darstellung eines Fachwerkknotens mit Herstellungsabfolge in Farbe

↑↑ Isometrie des 2. Obergeschosses

↖ Geometrie der Decke des 1. Obergeschosses und des Bodens des 2. Obergeschosses

↑ Trägerlayout der Decke des 1. Obergeschosses und des Bodens des 2. Obergeschosses

←　Abgeplattetes Knoten-
detail (Baustellenaufnahme).
Die Abplattungen entstanden
auf Vorschlag eines Unter-
nehmers.
↑　Fassade
→　Blick durch den
Innenhof

Forum 2004 Gebäude und Plaza
Barcelona 2004

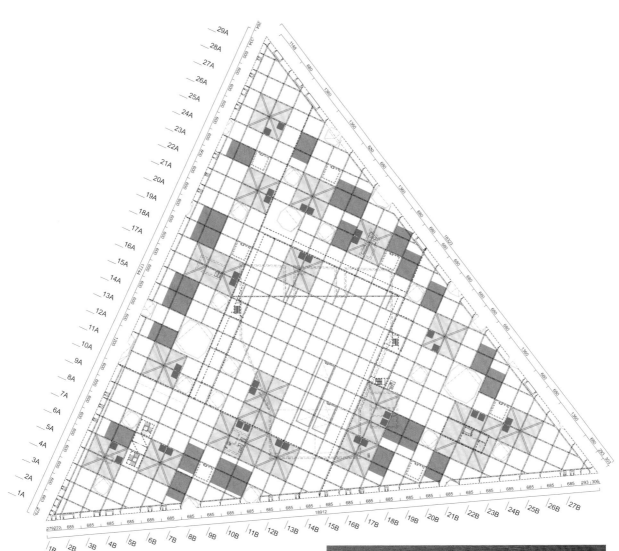

← Montage der Stahl-
konstruktion. Grosse
Stahlelemente werden auf
temporären Stützen mitei-
nander zum Raumfachwerk
verschweisst. Diese dienen
danach auch als Gerüst für
die Herstellung der oberen
und unteren Verbundplatte.
↑ Grundriss der
Strukturebene mit den Stüt-
zenkapitellen und den Voids
(Löcher)
→ Das Forum kurz vor
der Fertigstellung

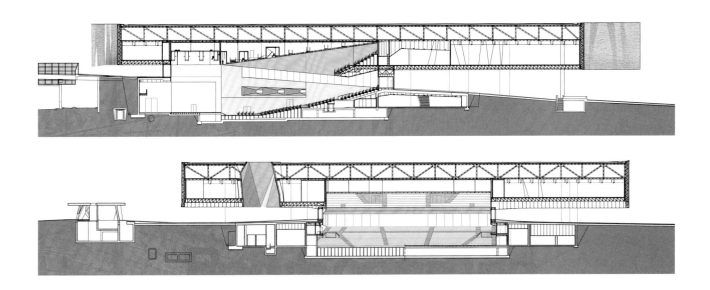

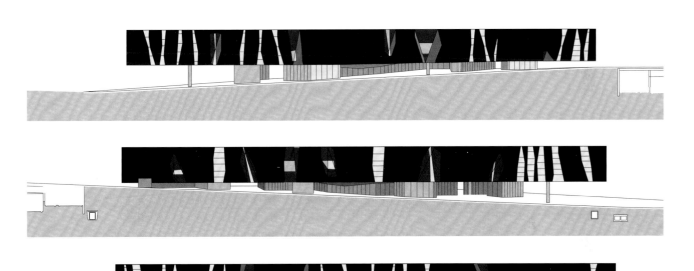

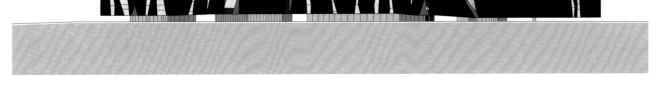

↑↑ Längsschnitt 1-1
durch die Dachkonstruktion,
angehängter Ausstellungs-
ebene und Auditorium. Das
Auditorium wird durch die
Struktur überdacht (oben);
Längsschnitt 2-2 durch die
Dachkonstruktion, ange-
hängter Ausstellungsebene
und Auditorium (unten)
↑ Südwestfassade (oben);
Nordfassade (Mitte); Südost-
fassade (unten)

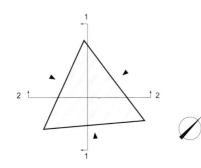

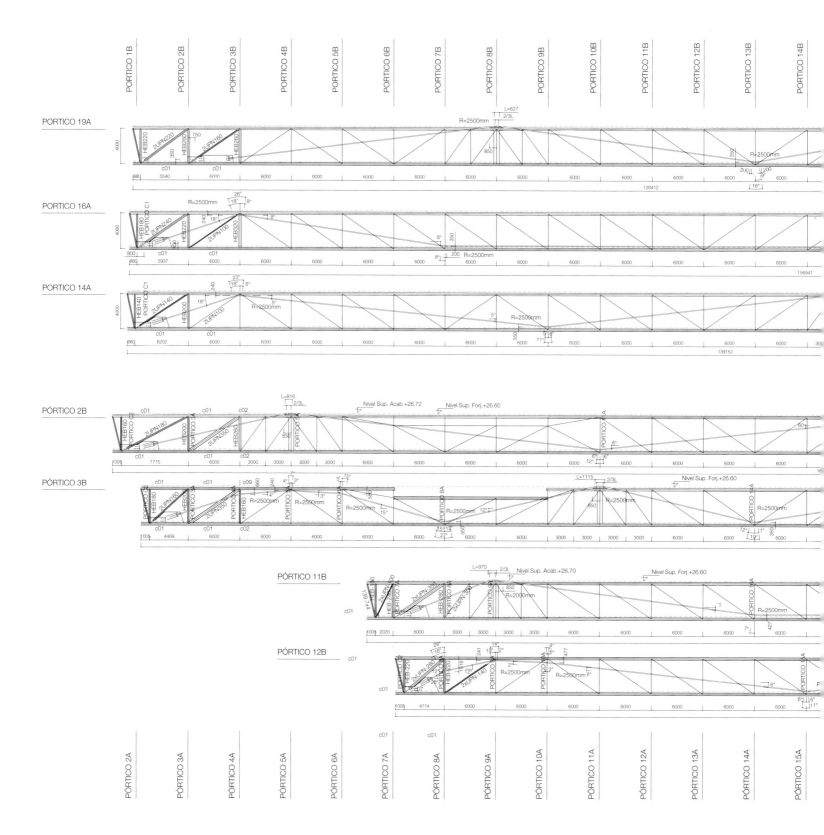

PORTICO 19A

PORTICO 16A

PORTICO 14A

PÓRTICO 2B

PÓRTICO 3B

PÓRTICO 11B

PÓRTICO 12B

↑ Kabelführung der
Vorspannung ohne Verbund
in der Dachkonstruktion

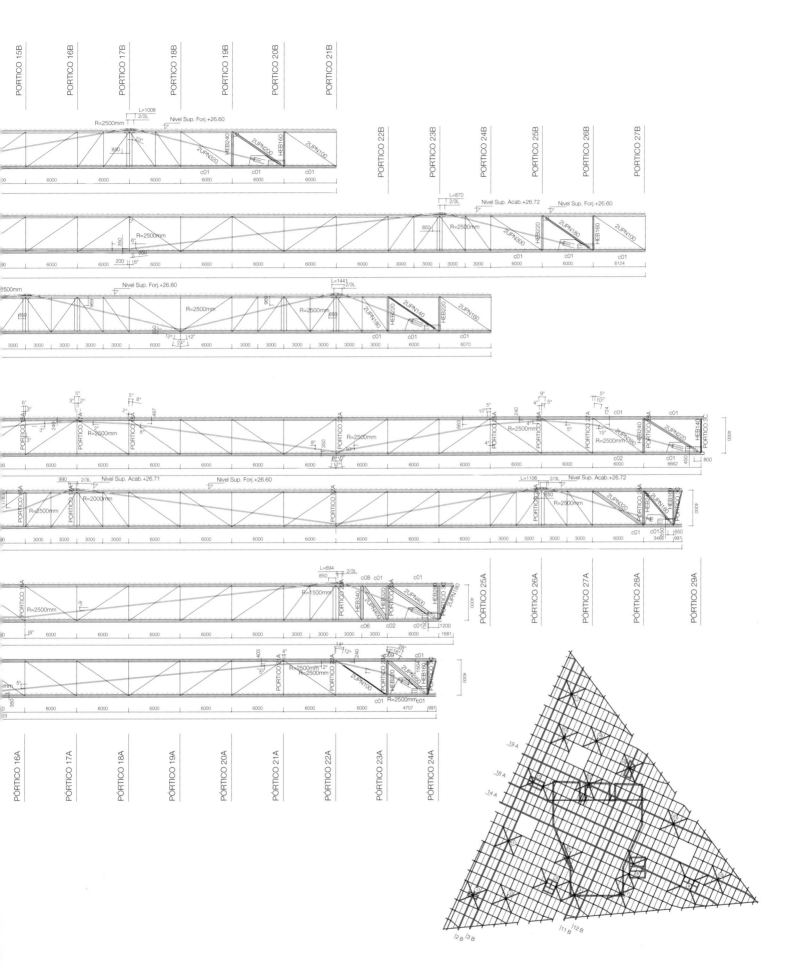

↘ Generierte Oberflächenstruktur der Aussenraum- und der Auditoriumdecke. Die Wasserstruktur wurde mit mathematischen Gleichungen unter Verwendung von Zufallsvariablen erzeugt.
→ Detailansicht der generierten Oberflächenstruktur
↓ Aussenraumdecke (Baustellenaufnahme)
→→ Die 27 Meter auskragende, nördliche Gebäudeecke mit den verkleideten Kernen und der Aussenraumdecke

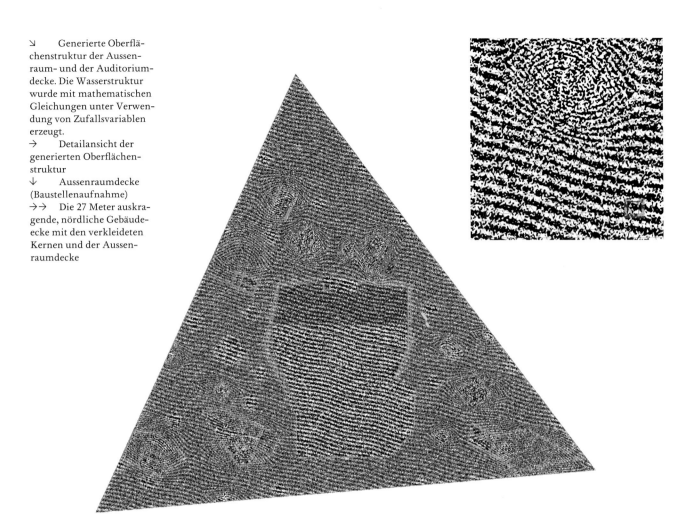

90

St. Jakob-Arena
Basel 2002

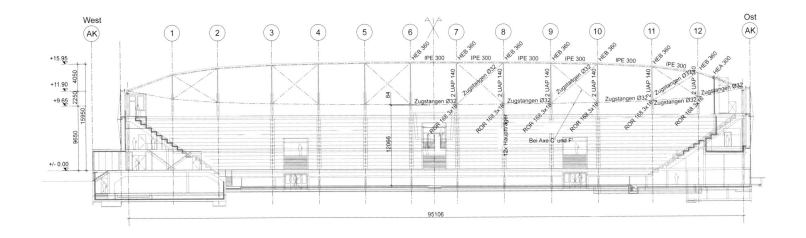

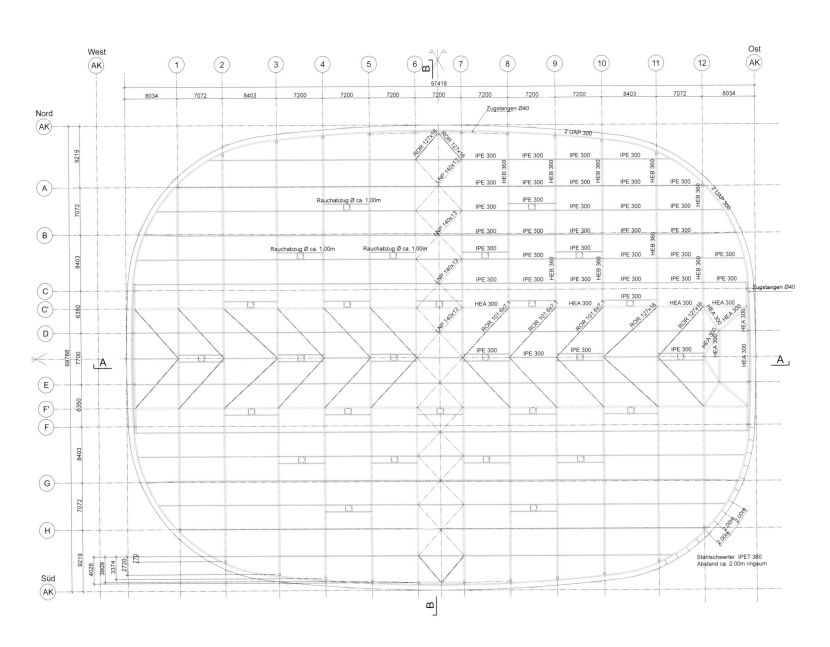

94

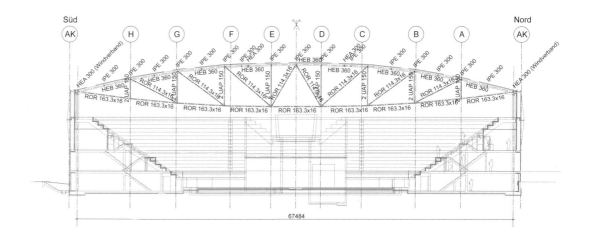

←← Montage der Dach-
struktur (Baustellenauf-
nahme)
↖ Längsschnitt durch die
Eissporthalle mit Dachstruktur und Tribünen
← Grundriss der Dach-
struktur
↑ Querschnitt durch die
Eissporthalle mit Dachbinder
und Tribünen
↗ Aufnahme in Hallen-
querrichtung auf Höhe der
Fachwerkuntergurte
→ Aufnahme in Hallen-
längsrichtung mit umlau-
fendem Fensterband

3 Struktur und Raumordnung

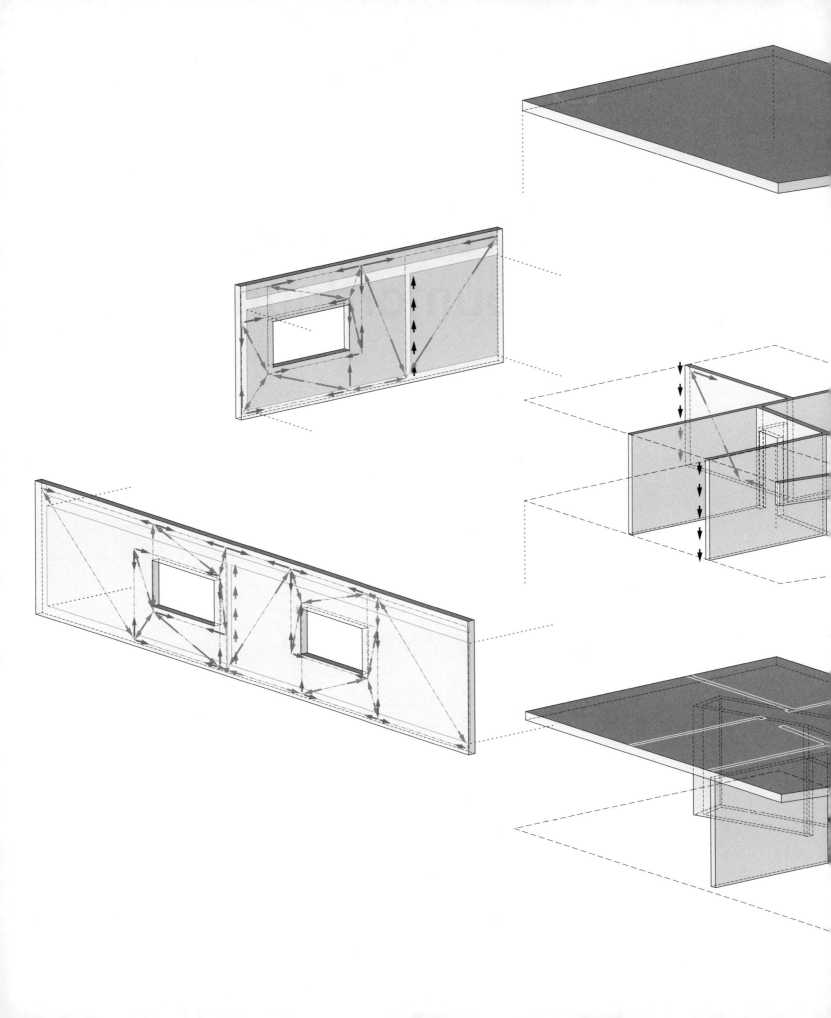

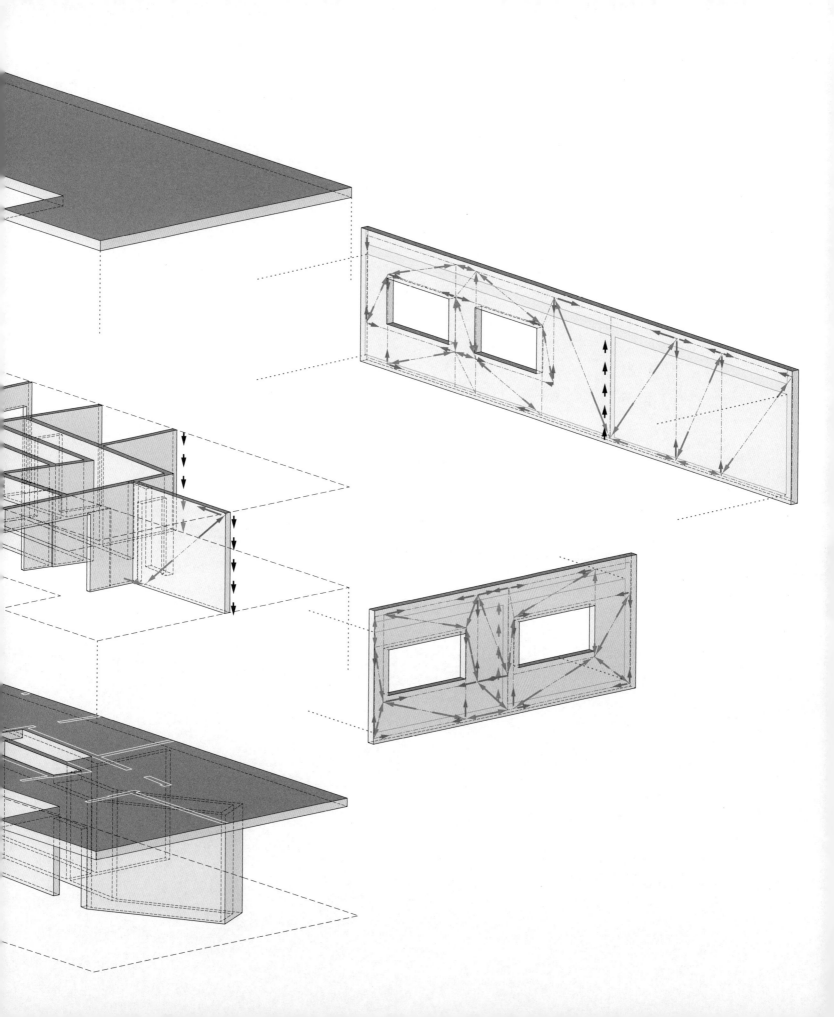

←   Fügung von Wand-
und Deckenstrukturen zu
Raumstrukturen

AF Reden wir über das Verhältnis zwischen architektonischem Projekt und struk- Architektonisches
turellem Projekt. In welcher Beziehung stehen Raum und Tragwerk? Projekt –
Strukturelles
Projekt

TP Bei einem guten Projekt fallen architektonisches und strukturelles Projekt in ein
Ganzes zusammen. Raum und Tragwerk als Einheit zu begreifen, ist eines unserer
Anliegen.

HS Unser Ziel ist es, das zum Raum gehörende, ideale Tragwerk zu finden, das weder
austausch- noch optimierbar ist.

AF Also strebt ihr raumbildende Statik an.

TP Ja. Das Zusammenschmelzen von Struktur und Raum ist eine wichtige These.

AF Ich formuliere es mal plakativ-provokativ: Alle eure Projekte müssten dann
Scheiben-Platten-Konstruktionen sein, da die Schnittmenge zwischen Struktur und Raum dort am grössten ist. Bei einem Skelettbau ist die Struktur weniger raumbildend, das Skelett eher separabel.

HS Ein Scheiben-Platten-System ist aber nicht immer optimal. Vielleicht ist ein Skelettbau, bei dem man an bestimmten Orten auch noch nichttragende Wände ein-
ziehen kann, genauso raumbildend und gleichzeitig eben auf den Herstellungs-
und Bauprozess optimiert.

TP Eine Skelettstruktur lässt vor allem eine Raumnutzungsflexibilität zu. Bei einigen
Projekten verfolgen wir sicherlich raumbildende Strukturen. Aber bei Industrie-
bauten etwa ist die Nutzungsflexibilität prioritär, sodass dort eher Skelette zum
Zuge kommen.

AF Raum und Tragwerk sollen also in ein dialogisches Verhältnis zueinander treten. Manchmal ist das Tragwerk präsenter, je nach Nutzung kann es aber auch
weggespiegelt werden.

TP Viele Programme – etwa Alterszentren, Spitäler, Industriebauten – bedürfen einfach einer flexibleren Nutzungsstruktur, was meist mit Skeletten und Kernen besser erreicht werden kann.

AF Trotzdem lässt sich heute auch ein architektonischer Trend hin zu dreidimensionalen Tragstrukturen feststellen, also Raumkonzeptionen, bei denen nicht alles brav übereinander liegt. Solche dreidimensionale Lösungsfindungen forcieren die Schnittstellen zwischen Ingenieur und Architekt und interessieren euch ja sicher auch.

TP Sobald man tragende Strukturen stapelt, ist eine sehr enge Zusammenarbeit gefragt. Die Kräfte nehmen in diesen Konzepten nicht immer den direkten Weg nach unten, sie machen Umwege und das kann sehr reizvoll sein, wie im Leben selbst. Der kürzeste Weg ist nicht immer der anregendste und deshalb, ja, natürlich sind wir an solchen Strukturen interessiert, die eben auch die Schnittstellen zum Architekten vergrössern.

HS Der indirekte Kraftfluss – wie er durch den modernen Trend der Stapelung provoziert wird – interessiert uns, aber weniger in dem Sinne, dass wir versuchen, ihn zu optimieren, sondern vielmehr als Suche nach einem Kraftfluss innerhalb der Struktur, der doch wieder eine gewisse Direktheit hat, ökonomisch und verhältnismässig ist.

Programm AF Eine sehr grosse Bandbreite an verschiedensten Projekten zeichnet eure Arbeit aus. Habt ihr Präferenzen oder Spezialisierungen für bestimmte Programme? Wie wirkt sich die Nutzung, das Programm ganz allgemein auf euren Tragwerks- und Konstruktionszugang aus? Seid ihr an der Analyse der räumlichen Ansprüche des Programms beteiligt?

TP Wir sind immer gefordert, die richtige Struktur zum Programm zu entwickeln.

HS Natürlich hinterfragen wir die Programme auch nach deren Sinnhaftigkeit. Bei der Diskussion, wo welche Räume angeordnet werden, ist der strukturelle Ansatz natürlich ein wesentlicher Bestandteil: Sind die Räume mit den grossen Spannweiten zuoberst oder zuunterst? Diese gemeinsame Auseinandersetzung ist eine wichtige Weichenstellung, sowohl für das architektonische als auch für das strukturelle Projekt.

TP Bei Schulhausbauten beispielsweise ist die Lage der Turnhallen wichtig. Bei Hochhäusern betrifft die Frage die Auditorien, die Versammlungsräume. Hier fragen wir uns, ob wir alle Nutzer über die Lifte hoch bringen etc.

SB Teilweise gibt es grosse Widersprüche zwischen Raumprogramm und Tragstruktur: Betriebliche Aspekte führen zur Anordnung der öffentlichen Nutzungen mit den grossen Spannweiten möglichst unten in Eingangsnähe. Vom Kraftfluss her wäre es allerdings einfacher, die grossen Spannweiten oben anzuordnen und nach unten zu verästeln. Das sind Fragestellungen, denen wir sehr oft begegnen. Sicherlich gibt es Ausnahmefälle wie das Schulhaus Leutschenbach, bei dem vielleicht aus betrieblicher Sicht gewisse Kompromisse in Kauf genommen worden sind, das statisch gesehen aber eine «richtige» Raumanordnung zeigt. Weil solche aber nicht immer möglich sind, stellt sich uns dann oft die Herausforderung von Abfangungen, Scheiben oder dergleichen, um eine Turnhalle eben «unter» den Schulräumen anzuordnen.

TP Auch das sind interessante Fragestellungen und wir können beispielsweise genauso in die Raumordnung eingreifen, indem etwa Trennwände zwischen Schulräumen als versetzte Scheiben wirksam werden: Eine Turnhalle kann mittels eines darüber liegenden Tragwerks sehr elegant überspannt werden, wie dies bekannte Beispiele von uns und anderen Ingenieuren schön vorführen.

AF Welche Aspekte interessieren euch im Hochbau am meisten?

SB Mich fasziniert vor allem das Interdisziplinäre, das Berücksichtigen aller Faktoren und anderer Fachbereiche.

TP Die Zusammenarbeit mit den Architekten beim Entwurf eines Tragsystems.

HS Spannend ist für mich das Herausschälen einer Lösung, die sowohl raumbildend, einfach baubar als auch kostengünstig ist.

AF Für die Architekten ist Raum bekanntlich in erster Linie Erscheinungsraum, Raum Sinnesraum, Empfindungsraum. Seht ihr in eurer Tätigkeit ein sinnliches

Tun, oder inwiefern spielen räumliche Wirkungsweisen für eure Konstruktionen eine Rolle, inwiefern wollt ihr über die Konstruktion die Wahrnehmung bedienen?

HS Wir wollen zuerst die Wahrnehmung und das Ziel des Architekten verstehen. Teilweise werden Strukturen gebaut, die einen gewissen Aufwand und Effort erfordern, obwohl einfachere Lastabtragungen möglich wären. Deshalb ist es wichtig, die sinnliche Wahrnehmung des Architekten nachzuvollziehen.

TP Sinnhaftigkeit liegt ja in der Natur des Ingenieurs, dass es dann aber auch noch sinnlich sein soll, ist ein anderer Aspekt ...

HS Sinnlichkeit muss nachvollzogen werden können, um der Arbeit Sinnhaftigkeit zu verleihen!

SB Entscheidend ist, ob die Tragkonstruktion am Schluss sichtbar ist. Wenn sie verkleidet wird und somit eine reine Tragfunktion hat, bin ich da emotionslos. Wenn man die Tragstruktur zeigen oder gar inszenieren kann, hat dies eine massiv andere Bedeutung.

AF Du kämpfst also für die Aufmerksamkeit für die Struktur?

SB Es hängt immer von der Aufgabenstellung ab.

AF Mit Sinneswahrnehmung meinte ich eigentlich, dass eine Konstruktion ja auch den psychischen Bedürfnissen der Benutzer entgegen kommen muss, beispielsweise Halt und Sicherheit versichern. Ist optische Stabilität für euch kein Thema?

TP Schwierige Frage. Auch wir Ingenieure bauen ja für den Menschen respektive für die Benutzer und im gemeinsamen Interesse mit den Architekten.

AF Würdet ihr denn statisch jemals etwas überdimensionieren, nur damit es optisch hält?

SB Das ist gar nicht nötig – es liegt in der Natur der Sache, dass die Proportionen stimmen, wenn die Dimensionierung stimmt.

HS Ich würde es als Wechselwirkung beschreiben: Es gibt eine Grenze nach oben und eine nach unten, also eine Grenze der Schlankheit und eine der Massivität. Dazu müssen Ingenieur und Architekt eine gemeinsame Haltung finden.

Struktur und Raumordnung

Tivadar Puskas

«[...] denn aller Schmuck versteckt das Geschmückte.»[1] *Friedrich Nietzsche*

Peter Behrens reflektierte 1910 in seinem Vortrag zum Thema Kunst und Technik: «Es ist nicht wahrscheinlich, daß sich ein besonderer Beruf, den man mit Ingenieur-Architekt bezeichnet, ausbilden wird, vielmehr glaube ich, daß die Zukunft ein enges Nebeneinander von Künstler und Ingenieur nötig macht. Dabei soll weder der Baukünstler noch der Ingenieur der Untergeordnete vom andern sein.»[2]

In einem zeitgemässen Dialog zwischen Architekt und Bauingenieur, in dem die Planungspartner auf gleicher Augenhöhe operieren, entstehen Bauten, deren Raum- und Tragstruktur sich gegenseitig bedingen. Erst durch den intensiven Austausch können architektonische und tragwerkspezifische Prioritäten und Absichten herausgeschält werden.

Der Wunsch nach Nutzungsflexibilität und Leichtigkeit in der Erscheinung kann beispielsweise zu Skelettbauten führen, die erst in Kombination mit den inneren nichttragenden Wänden und der äusseren nichttragenden Haut den Raum bilden. Der Wunsch nach einem Rohbau, bei dem statische und räumliche Elemente zusammenfallen, kann in einem anderen Fall zu Scheiben-Platten-Systemen führen.

Eine raffinierte Interpretation eines dreidimensionalen statischen Systems, das beispielsweise auf einem Stapelungsprinzip basiert oder aus brückenartigen Elementen wie Fachwerken oder Vierendeelträgern entwickelt wird, stellt für den Ingenieur eine besonders anspruchsvolle Aufgabe dar. Diese Fälle erzeugen automatisch auch die grössten Berührungspunkte zwischen Architekt und Ingenieur. Bei den drei folgenden, teilweise gebauten Beispielen unterschiedlicher Nutzung und Grösse verbinden sich Struktur und Raum auf je eigene Art und Weise miteinander.

Einfamilienhaus, St. Gallen 2012

Das Wohnhaus auf dem Rosenberg in St. Gallen zeigt eine starke Verwobenheit zwischen Raum und Tragwerk. Die zusammen mit dem Architekten Daniele Marques entwickelte Gebäudestruktur des unprätentiösen Baukörpers überrascht auf den ersten Blick, denn das Innere ist von aussen nicht direkt ablesbar. Die Sichtbetonfassade, die geschossweise unterschiedliche Farbtöne zeigt, und die Innenwände prägen den architektonischen und strukturellen Ausdruck des Wohnhauses – beide sind tragend ausgebildet. Die Aussenhaut wurde in den Brüstungsbändern mittels einer innenliegenden Spannvorrichtung vorgespannt, die an die Technologie von Silobauten anlehnt. Da die äussere Schale als tragendes Element mitwirkt, können im Inneren des Hauses grosse Spannweiten stützenfrei überbrückt werden. Ermöglicht wird diese grosszügige, stützenfreie Raumorganisation durch kreuzweise wirkende Scheibentragwerke im Obergeschoss.

Die Dämmebene befindet sich durchwegs zwischen der Aussenhaut und den inneren Wand- oder Deckenebenen, was eine bauphysikalisch und bautechnisch anspruchsvolle Konstruktion zur Folge hat. Einzelne Anschlüsse koppeln das innere Tragwerk an die tragende Aussenhaut, sodass das Bauwerk mit nur einer tragenden Schale konzipiert werden konnte. Schubsteife und schubweiche Dorne sowie vertikale, kraftschlüssige und gleitend ausgebildete Lager gewährleisten den Kräftefluss von innen nach aussen. Das Wechselspiel der Tragebenen von innen und aussen mit dem entsprechenden Kräftefluss durch die Dämmebene hindurch war in diesem Fall die tragwerkspezifische Herausforderung schlechthin.

Fachhochschule Nordwestschweiz FHNW, Muttenz (in Planung)

Mit dem Neubauprojekt für die Fachhochschule Nordwestschweiz sollen die bisher auf 36 Standorte in den Kantonen Basel-Landschaft und

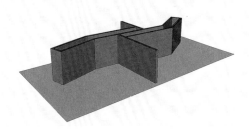

2

3

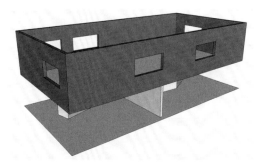

4

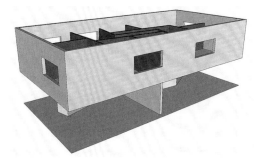

5

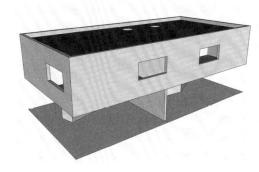

Basel-Stadt verteilten Hochschulen für Architektur, Bau und Geomatik, Life Sciences, Soziale Arbeit sowie die Pädagogische Hochschule an einem einzigen Standort in Muttenz zusammengeführt werden. Pool Architekten gewannen den Wettbewerb mit einem markanten, zeichenhaften Baukörper.

Die programmatischen Teile werden vertikal gestapelt – Sockelgeschoss, Eingangsgeschoss, Unterrichtsgeschosse, Bibliothek und Fakultätsgeschosse sind von aussen deutlich ablesbar und geben dem Gebäude seine räumlich-strukturelle Identität.

Ein zentraler, zweigeschossiger Erschliessungsraum bildet innerhalb der hoch konzentrierten Nutzungen einen Leerraum, der sich nach oben zu zwei Lichthöfen entwickelt, um welche die Fakultäten geschossweise angeordnet sind. Im Sockelbau sind Labore, Sporthallen und Technikräume platziert. Das Eingangsgeschoss fasst Foyer, Aula, Mensa und Rektorat. Über den Unterrichtsräumen liegt das offen gehaltene Bibliotheksgeschoss, das zusätzliche Arbeitsbereiche für studentisches Arbeiten aufweist. Darüber liegen die flexibel unterteilbaren Geschosse. Das oberste Stockwerk bietet nebst einem grandiosen Rundblick eine vielfältig nutzbare, windgeschützte Dachterrasse.

Um die Raumeinteilung flexibel zu halten sind die oberen Geschosse als Skelettbau mit einem Stützenraster von 14 Metern konzipiert. Entlang der Deckenränder werden die Deckenspannweiten halbiert, sodass einachsig vorgespannte Flach- oder Rippendecken mit einer Stärke von 48 Zentimetern möglich sind. Aufgrund ihrer Masse erübrigen sich zusätzliche Trittschallmassnahmen.

Das vierte Obergeschoss umfasst umlaufende, geschosshohe Abfangscheiben, die auf den Erschliessungskernen lagern. Im darunter liegenden Bibliotheksgeschoss sind die vertikalen Tragelemente auf die Fassadenstützen und die Kernwände reduziert. Die inneren Stützen aus dem vierten

Obergeschoss und die Bibliotheksdecke werden dadurch abgefangen. Dasselbe Prinzip ermöglicht es, das Erdgeschoss weitgehend frei zu spielen: Die Lastabfangung erfolgt über doppelgeschossige, umlaufende Wandscheiben sowie zwei zusätzliche, durch Unterzüge verbundene Hauptstützen im ersten und zweiten Stockwerk. Die vorgespannten Decken ermöglichen hier grosszügige, auskragende Gänge um den Treppenhof. Die Randbrüstungen gewährleisten die Lastverteilung bei den Verbindungstreppen, welche die Eingangshalle raumgreifend durchkreuzen und dadurch sinnbildlich Fakultäten und Studierende miteinander verbinden.

Alterswohnungen Im Büel, Cham
(in Planung)

Durch seinen zurückspringenden Sockel wirkt der Ersatzneubau für Alterswohnungen in Cham als schwebender Baukörper. Dieser bezieht sich auf die Umrisslinien des Schulhauses Kirchbüel und des alten Spitals und akzentuiert den Aussenraum des Hügelzugs, der vom Schulhaus Kirchbüel bis zum Schulhaus Röhrliberg führt. Im Norden steht das Volumen nahe am freigehaltenen Verkehrskorridor. Die perforierte Fassade, die Wohnungstrennwände, die Decken und der Kern bilden Tragstruktur und Raum in einem und erheben respektive klären den Bau dadurch.

Der Auftrag ging aus einem Architekturwettbewerb hervor, den Schneider Schneider Architekten für sich entschieden hatten. Um Tragwerksvarianten für den freischwebenden Körper über dem transparenten Erdgeschoss zu erhalten, wurde im Nachgang zum Architekturwettbewerb ein Ingenieurwettbewerb veranstaltet. Wir präsentierten dazu vier Tragwerkskonzepte: Die erste Option bestand darin, die sechs Obergeschosse auf einen Abfangtisch zu stellen, die zweite sah vor, die Decken an einem Dachtragwerk aufzuhängen, die dritte Variante stellte den Versuch dar, die beiden ersten Konzepte miteinander zu kombinieren. Das vierte und von uns favorisierte Tragwerkskonzept schliesslich basierte auf der Idee, die umlaufende Fassade als tragende und raumbildende Struktur zu lesen. Die Perforationen und die ausladenden Loggien in der Fassade mit ihren Brüstungen evozierten das Bild einer umlaufenden Vierendeelstruktur, die im Innenraum über vier Stahlbetonwandscheiben in den Erschliessungskern abgetragen werden

kann. Die Wandscheiben sind radial und windradförmig an den Kern angeschlossen und bilden gleichzeitig die Wohnungstrennwände. Infolge unterschiedlicher Normallastverteilung in den Stahlbetonkästen trägt der Kern zugleich auch die differentiellen Horizontallasten in den Stahlbetonkasten im Untergeschoss ab.

1   Friedrich Nietzsche, *Unzeitgemässe Betrachtungen,* Leipzig 1873–1876, S. 329 f.
2   Peter Behrens, Kunst und Technik, in: *Elektrotechnische Zeitschrift* 31 (1910), H. 22, S. 552–5, hier S. 554.

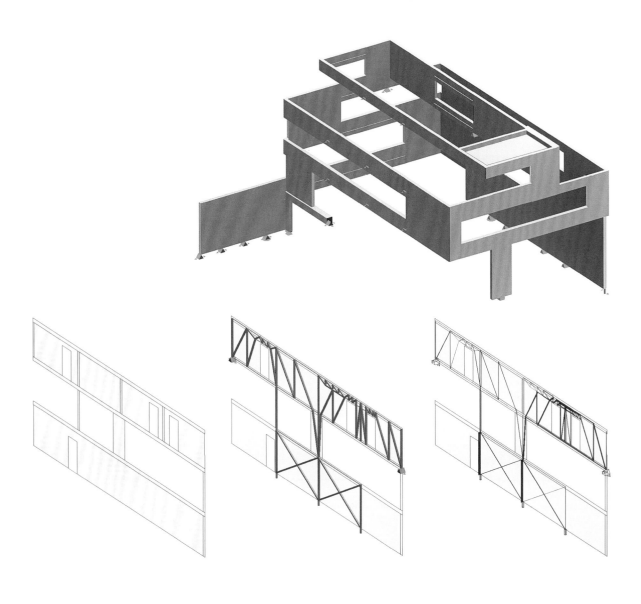

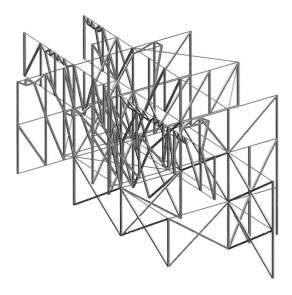

← Südansicht
↑↑ Dreidimensionales
verschachteltes, scheiben-
artiges Tragsystem
↑ Parallele dreigeschos-
sige Wandscheibenmodelle
→ Dreidimensionale
Fachwerkanalogie
→→ Stützenfreie Raum-
situation über Eck im Attika-
geschoss

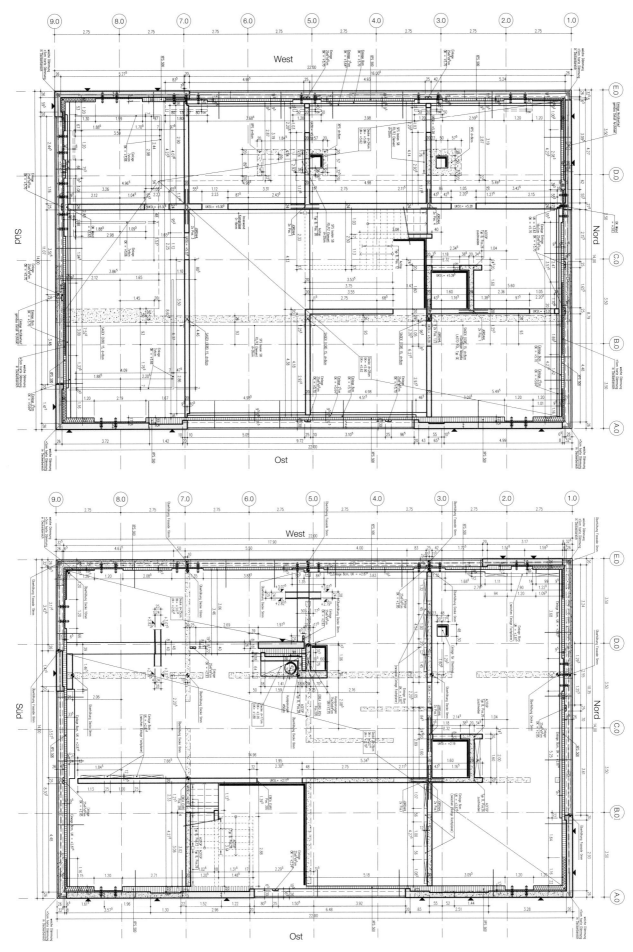

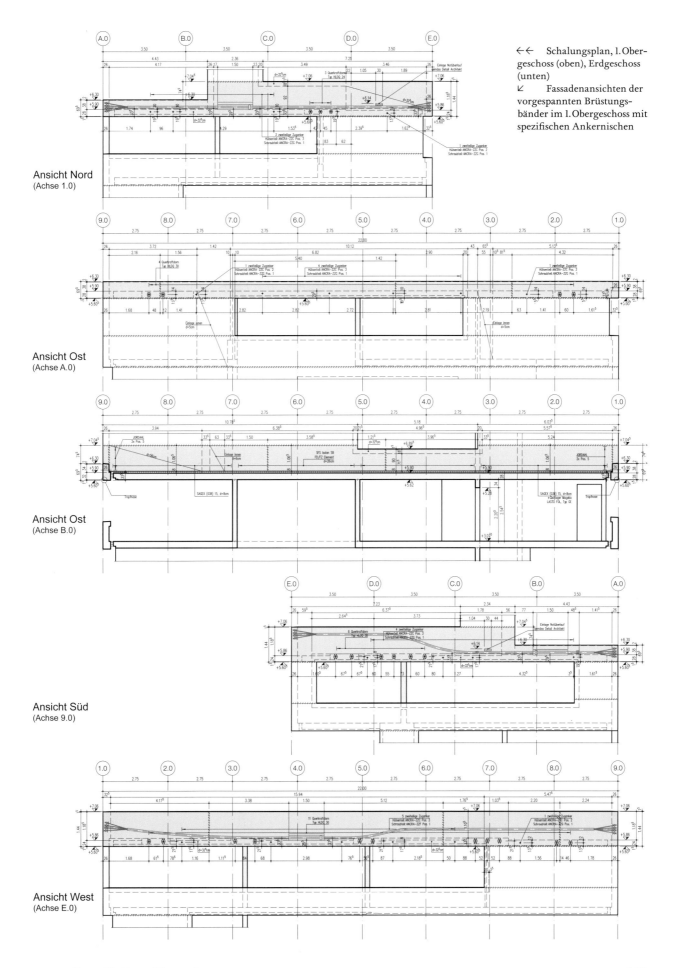

Ansicht Nord
(Achse 1.0)

Ansicht Ost
(Achse A.0)

Ansicht Ost
(Achse B.0)

Ansicht Süd
(Achse 9.0)

Ansicht West
(Achse E.0)

←← Schalungsplan, 1. Obergeschoss (oben), Erdgeschoss (unten)

↙ Fassadenansichten der vorgespannten Brüstungsbänder im 1. Obergeschoss mit spezifischen Ankernischen

3   Struktur und Raumordnung
    Einfamilienhaus

Fachhochschule Nordwestschweiz FHNW
Muttenz (in Planung)

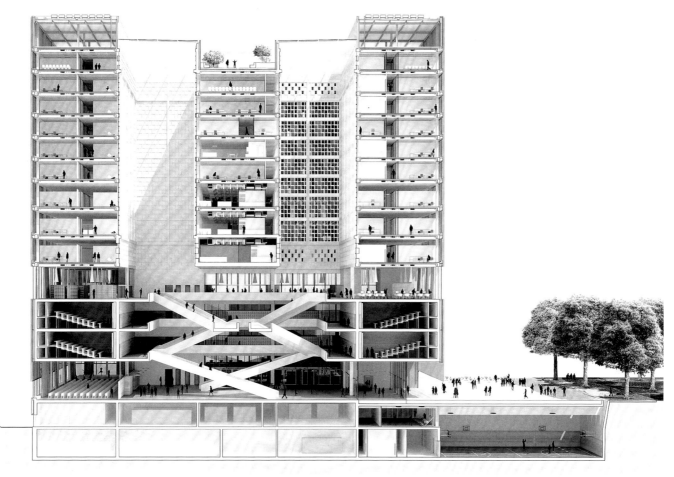

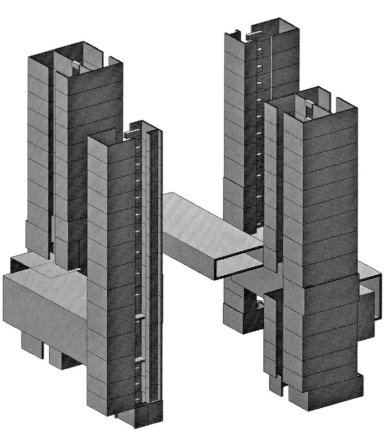

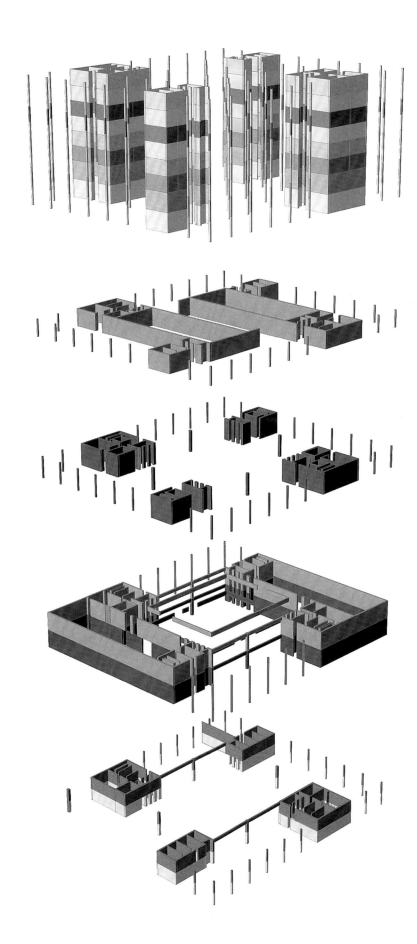

←← Innenansicht Foyer-
bereich (Visualisierung)
↖ Innenansicht Er-
schliessungsraum (Visualisierung)
← Vier röhrenförmige,
stabilisierende Erschlies-
sungszonen mit verbin-
dendem Bibliotheksgeschoss
(Computermodell)
→ Isometrie der
vertikalen Stapelung der
tragenden Elemente

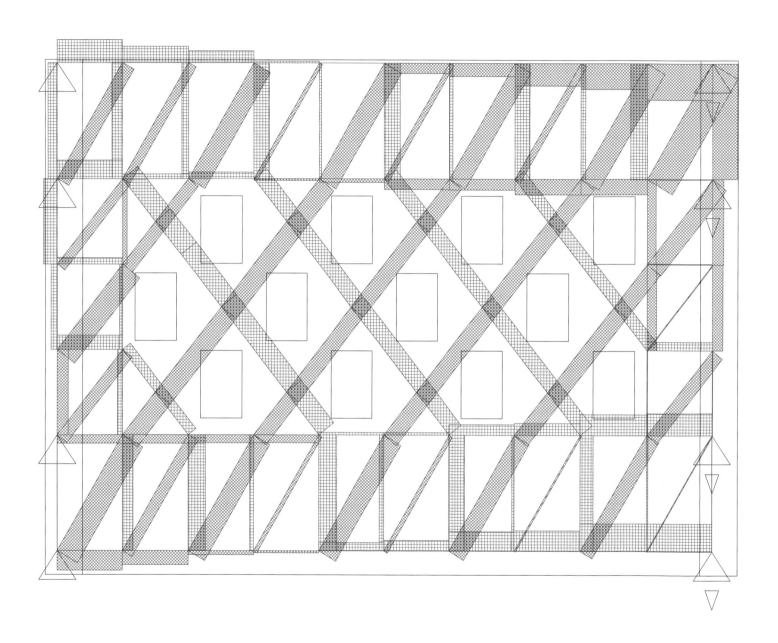

↑   Kräfteverlauf in einer
ausladenden, perforierten
Tragscheibe
→   Aussenansicht (Visualisierung)

Alterswohnungen Im Büel
Cham (in Planung)

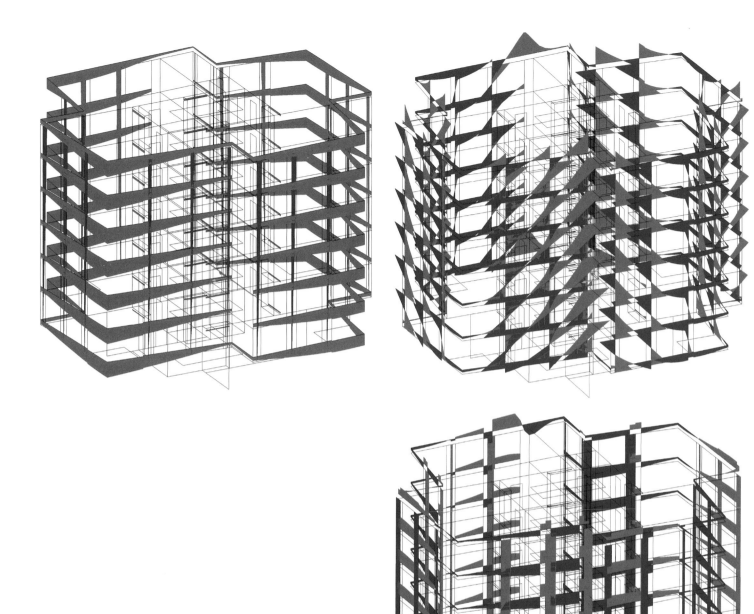

← Aussenansicht
(Visualisierung)
↑ Verformungsfigur der
tragenden Vierendeelfassade
↗ Biegemomentenver-
lauf in der Vierendeelstruktur
→ Querkraftverlauf in
der Vierendeelstruktur

122

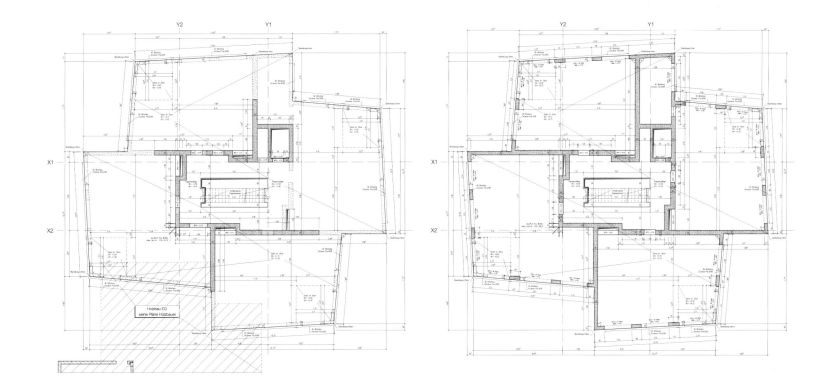

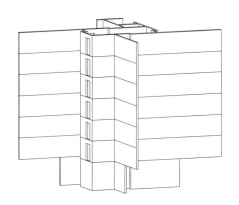
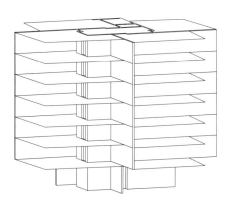

↑↑ Schalungsplan Erdgeschoss (links); Obergeschoss (rechts)
↑ Kern mit vierseitig ausladenden Wohnungstrennwänden als Kippscheiben
↗ Kern, Wohnungstrennscheiben und Decken
↗→ Tragende Vierendeelfassade
→ Gesamtes Tragsystem mit Kern, Trennwänden und Vierendeelfassade

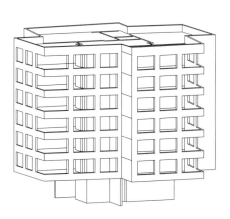

4 Struktur und Dach

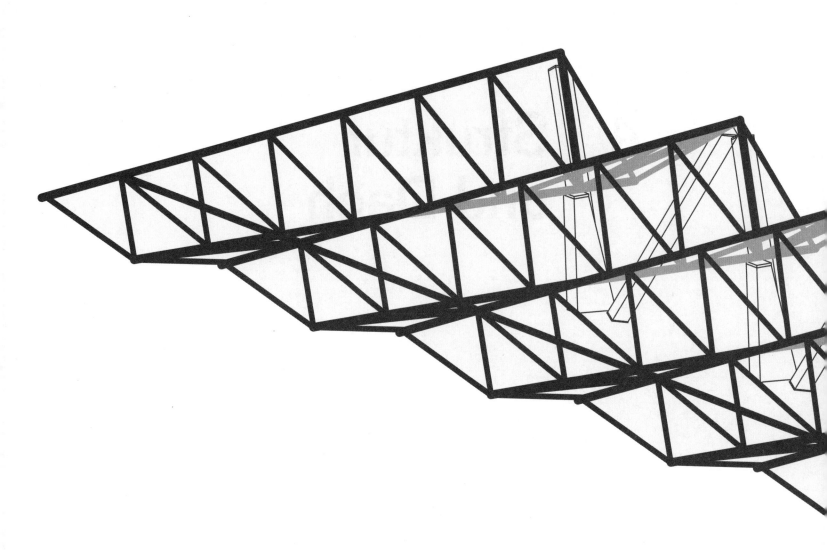

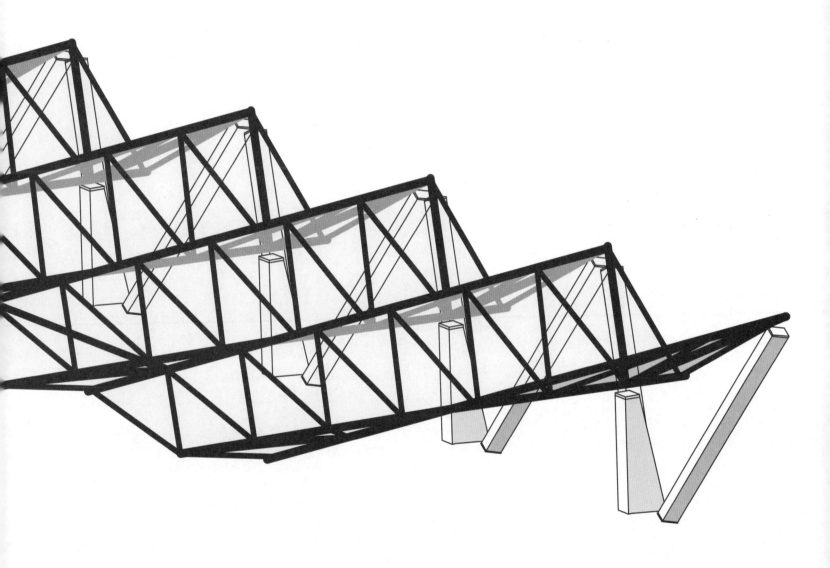

←   Dachkonstruktion
Stadion Zürich (Hardturm)
(Visualisierung)

Konversationen IV

AF Welche Vorstellungen verbindet ihr mit starken Strukturen? Welche Rolle Starke Strukturen
spielt dabei die Reinheit des Materials, der Massivität der Konstruktion, des
Tragwerks? Oder sind starke Strukturen an erster Stelle effiziente Strukturen,
die auch hybride Hightech-Systeme und verkleidet sein können?

HS Grundsätzlich haben starke Strukturen nichts mit verkleideten Strukturen zu tun.
Bei der Entwicklung, die bis heute bei grösseren Spannweiten stattgefunden hat,
sind Hybridstrukturen allerdings effizienter als reine Strukturen. Dort wird der
Reinheitsgrad zur Frage der Effizienz. Eine starke Struktur ist eine Struktur, die
effizient ist, eine klare Geometrie hat, geometrisch auf die Gesamtheit ausgeformt
ist, eine strenge innere Logik hat, materialgerecht und gut baubar ist. Insofern
kann eine starke Struktur auch verkleidet sein.

SB Starke Strukturen zeichnen sich über grosse Spannweiten aus. Sie werden auch
erst ab einer gewissen Spannweite nötig und sichtbar. Klare Materialisierung und
sichtbarer, ablesbarer Kraftfluss sind weitere Aspekte einer starken Struktur.

AF Ablesbarkeit des Kraftflusses ist also eine Grundbedingung für eine starke
Struktur?

SB Ja.

TP Ich würde es als Sowohl-als-auch definieren. Es gibt natürlich starke Strukturen,
die sichtbar sind, deren Kraftverlauf ablesbar ist, die sehr rein sind. Auf der anderen Seite können auch Strukturen mit kleineren Spannweiten – die sogar verkleidet sein können – stark sein, wenn es sich um ausgeklügelte Systeme handelt.

AF Die Meinungen scheinen disparat – mögt ihr jeweils ein Beispiel anführen?

SB Die Aarebrücke ist ein Paradebeispiel: Eine Bogenbrücke, bei der die Kräfte klar
ablesbar sind. Der Bogen mit seiner relativ kräftigen Dimension, seinen Betonwi-
derlagern, in denen der Druck spürbar wird, dazu die filigranen Zugstangen, an
denen die Fahrbahn aufgehängt ist – ein sehr klares System.

HS   Genau diese Brücke ist in ihrer Wirkungsweise nicht voll erfassbar. Den Beitrag der Fahrbahnplatte an die Torsion der ganzen Brücke erkennen die wenigsten. Oder das Beispiel Prada Tokio – da sieht man die Struktur zwar auf den ersten Blick und meint, sie zu verstehen. Aber auch dort ist der Beitrag der Decken zentral, was wahrscheinlich nicht auf Anhieb erkannt wird. Beides sind Strukturen, die man nur vermeintlich auf den ersten Blick versteht.

AF   Ist denn raffinierte Einfachheit der Konstruktion ein Thema?

HS   Sicher. Einfache, raffinierte Tragstrukturen faszinieren mich. Eine Zündholzschachtelbox auf zwei Auflagerlinien gestellt ist bereits eine raffinierte, einfache Struktur.

AF   Gibt es eine *crisis of scale* – aus dem Massstab geratene Strukturen? Überspitzt formuliert: Häuser, die zu Objekten wie Schwimmringe, Autoreifen oder Vogelnester werden. Ist der Massstab einer Struktur beliebig skalierbar?

SB   Es gibt die rein wissenschaftlichen Modellfaktoren, die da Limiten setzen.

AF   Das ist eine naturwissenschaftliche, mathematische Begründung, wieso nicht grenzenlos skaliert werden kann. Aber die Bilder scheinen ja doch herstellbar, wie beispielsweise verschiedene Stadien beweisen.

TP   Durch die zu fassende Menschenmenge provozieren Stadien regelrechte Massstabssprünge, vor allem in Relation zu ihrem Kontext. Und natürlich kann man nicht aus einem Korbgeflecht auf ein Stadion schliessen. Generell stellt sich für mich durchaus die Frage, ob es Verwirrungen des Massstabs gibt, etwa bei diesem Burj Khalifa Turm in Dubai.

HS   Aber die Frage lautet, ob es legitim ist, Analogien aus dem Objektbereich in eine Fassade hoch zu skalieren.

TP   Meiner Meinung nach ist das zulässig. Wenn wir beispielsweise in einem Geflecht die Möglichkeit einer Stabilisierung durch rautenförmig angeordnete Stäbe erkennen, können wir dieses Prinzip in eine grössere Struktur transportieren.

Dimensionen Spannweiten AF   Bedachungen, Überdachungen tragen immer die Aspekte der Herausforderung der Dimensionen und der Spannweiten in sich.

SB   Dachkonstruktionen sind für den Ingenieur der Brückenbau vom Hochbau. Da hat man am wenigsten Rahmenbedingungen, keine Brandschutzanforderungen und keine Haustechnik-Erschliessungen. Bei einem offenen Stadion gibt es weder thermische noch – mehrheitlich zumindest nicht – dynamische Anforderungen, wenn das Dach nicht genutzt ist. Das erlaubt eine grosse Gestaltungsfreiheit. Eine weit gespannte Dachkonstruktion hat insofern einen sehr speziellen Stellenwert in unserer Tätigkeit.

AF Der Stahlbau hat bei grossen Spannweiten eine singuläre Stellung. Die Feingliedrigkeit der Tragstruktur wird zum raumprägenden Motiv; das manifestiert sich auch in euren Projekten.

TP Aufgrund seiner Festigkeit lässt Stahl viel schlankere Konstruktionen zu. Damit kann in einer Decke beispielsweise auch eine hohe Transparenz erreicht werden. Ausserdem ist Stahlbau vorfertigbar.

HS Bei grossen Spannweiten ist Stahl wegen seinem Eigengewicht Betonstrukturen überlegen, für die zuerst ein Gerüst gebaut werden muss. Das wird ab vierzig Metern Spannweite sehr aufwendig, da die Struktur sehr schwer wird. Andere Aspekte können trotzdem wieder nach einer Betondecke verlangen, weswegen man dann schnell auch bei Verbundkonstruktionen, sogenannten *composite structures* landet. Bei Dächern ist die Geometrie am interessantesten – hier liegt sie wirklich in der Hand und in der Kompetenz des Ingenieurs!

AF Gerade bei grossen Dächern ist die Faszination der Baustelle spürbar. Der Austausch mit den Unternehmern, technischen Leitern und Handwerkern vor Ort ist zweifellos zentral. Wie hoch schätzt ihr das Potential einer solchen engen Zusammenarbeit ein? Inwiefern kann eine Konstruktion scheitern, wenn dieser Austausch nicht möglich oder eingeschränkt ist? Baustelle

SB Der Vorteil von grossen Dächern liegt in den kleineren Abhängigkeiten zu den anderen Disziplinen. Hauptaspekte sind die Machbarkeit, die Elementgrössen, ihre Transportierbarkeit, oder die Montagegewichte. Das sind die im Auge zu behaltenden Faktoren. Der Bauablauf selber gestaltet sich dann eigentlich oft relativ einfach.

TP Bei der Erweiterung des Fussballstadions in Basel war der Bauablauf beispielsweise aber zentral, weil wir das neue Dach unter Betrieb aufgebaut haben. Da war eine enge Zusammenarbeit mit dem Stahlbauer und dem Generalunternehmer notwendig. Aber das gilt allgemein: Bei anspruchsvollen Tragstrukturen findet meist ein sehr intensiver Dialog zwischen dem Ingenieur und den Unternehmern statt.

HS Dazu möchte ich zwei Bemerkungen anfügen. Die erste ist, dass wir als Büro darauf angewiesen sind, zu bauen und umzusetzen. Nur mit genügend Erfahrung in der

Ausführung kriegen wir die Rückkoppelung für den Entwurf. Einem Ingenieur müssen Bau- und Herstellungsprozess ständig präsent sein. Der zweite Punkt ist, dass jeder Entwurf, jede Konstruktion schliesslich dem Markt unterworfen wird. Um den Auftrag zu erhalten, muss ein Stahlbauer zu einem möglichst günstigen Preis anbieten können und er bietet dementsprechend konstruktiv möglichst billige Lösungen an. Wenn wir unsere Ideen halten wollen, müssen wir bereits in der Planungsphase selber überlegen, wie die Details kostengünstig ausgebildet werden können, sonst gelangen wir nicht zum Gewünschten. Das ist sehr wichtig, denn wir Ingenieure werden schliesslich an der Ausführung gemessen.

AF   Du hast einmal bemerkt, dass der Ausführung von der Entwurfsseite, also von den Architekten, zu wenig Gewicht beigemessen wird.

HS   Ja, dieser Aspekt spielt da mit rein. Wenn der Architekt keine Ausführungserfahrung hat, wird auf der praktischen Seite ganz anders umgesetzt und er verliert eine gewisse Kompetenz.

TP   Der Unternehmer wird meist über den Preis ausgewählt.

HS   Natürlich versuchen wir aber, etwas zu steuern. Bei der Vergabe wählen wir möglichst lösungsorientierte Unternehmer, ähnlich wie die Architekten sich diejenigen Fachplaner aussuchen, mit denen sie gut entwickeln können.

Verborgene Anstrengungen

AF   Die verborgenen Anstrengungen des Bauablaufs – interessieren und erregen diese den Ingenieur gleichermassen wie der fertige Bau?

TP   Einen Bauablauf clever zu denken, befriedigt den Ingenieur, das ist klar. Ich denke hier etwa an die Spitze des Tadao Ando Buildings bei Novartis, die etwa sechs Tonnen wiegt. An dieser Spitze wurden die Decken angehängt, die wir dann mit Überzügen nach hinten gespannt haben – ein sehr spannender Ablauf, den man heute selbstverständlich dem Gebäude nicht ansieht. Natürlich interessieren mich auch die fertigen Räume, aber als Ingenieur ist in erster Linie der Rohbau, die Erstellung des Rohbaus, interessant.

HS   Oder die im Freivorbau erstellte Rheinbrücke, die wir vor der Schlussfuge noch mit Pressen auseinandergedrückt haben – das sind sehr eindrückliche Momente. Interessant ist der Herstellungsprozess auf jeden Fall als Teil des Ganzen. Besonders freut es uns natürlich, wenn der Rohbau so gut ist, dass ihn niemand mehr verkleiden möchte!

Struktur und Dach

Stefan Bänziger

Entwurf und Planung von Dachkonstruktionen mit grossen Spannweiten stellen für den Ingenieur eine besonders reizvolle Aufgabe dar, da viele bei anderen Konstruktionen einschränkende Rahmenbedingungen nicht von Relevanz sind: Meistens entfallen Schall- und Brandschutzanforderungen komplett, bei ungenutzten Dächern sind oft auch Durchbiegung und Schwingungsverhalten aus tragwerkplanerischer Sicht problemlos. Die vertikalen Belastungen sind verhältnismässig klein, wenn, vom Eigengewicht abgesehen, keine Nutzlasten, sondern ausschliesslich Schnee- und Windlasten zu berücksichtigen sind; bei sehr filigranen Konstruktionen können allenfalls Windsogkräfte für die Dimensionierung massgebend werden. Diese «freie» Ausgangslage schafft einen grossen Gestaltungsspielraum und liefert in Bezug auf Materialaufwand und Bauvorgang Optimierungspotenzial, was sich schliesslich auch in der ästhetischen Erscheinung niederschlagen kann.

Bei Spannweiten bis knapp 40 Meter ist die Auswahl von Tragwerken aus wirtschaftlichen Überlegungen eingeschränkt. Meist stehen einachsige Systeme mit Brettschichtholzträgern, vorgespannten Betonunterzügen, vorfabrizierten Betonträgern oder Stahlträgern im Vordergrund. Bei Spannweiten über 40 Meter öffnet sich der Fächer zu aufgelösten, oft räumlich wirkenden Konstruktionen, die von Fachwerken, Unterspannungen, Rahmen oder Druckbögen gebildet werden.

Anhand zweier Fussballstadien und einer Markthalle sollen nachfolgend verschiedene Dachkonstruktionen vorgestellt werden.

Erweiterung St. Jakob-Park, Basel 2008

Für die Fussball-Europameisterschaft 2008 erweiterten wir zusammen mit Herzog & de Meuron das Fussballstadion St. Jakob-Park in Basel. Mit einem neuen, dritten Tribünenrang auf der nördlichen Längsseite wurden rund 7000 zusätzliche Sitzplätze geschaffen. Da weiterhin alle Plätze ge-

deckt sein sollten, musste das bestehende, rund 26 Meter breite Tribünendach im Bereich der Erweiterung zuerst zurückgebaut und anschliessend durch eine neue, rund 38 Meter auskragende Konstruktion ersetzt werden – alles unter uneingeschränkt laufendem Fussballspielbetrieb.

Die Tragstruktur der Erweiterung fügt sich aus tragwerkspezifischer und architektonischer Sicht in die bestehende Konstruktion ein. Wie ein Stuhl mit Schirm schliesst sie hinten an die bestehende Bausubstanz an und überdacht Alt wie Neu durch eine weit auskragende Dachstruktur. Diese schliesst über einen geneigten Zwischenbereich seitlich an das bestehende Dach an. Die neue Fassade aus 24 Metern weit gespannten, ausleuchtbaren Luftkissen, die alle 8 Meter an die hintere Stützenreihe befestigt sind, schliesst das ganze Volumen einheitlich ein. Form und Dimensionierung der gesamten Tribünenkonstruktion inklusive der Fundation sind massgeblich durch die Einwirkungen aus der Dachkonstruktion bestimmt – die Belastung der Tribünen durch die Zuschauer spielt nur eine untergeordnete Rolle.

Die Dachkonstruktion besteht aus fachwerkartigen, im vorhandenen Achsraster von rund 8 Metern angeordneten Hauptbindern und dazwischen gespannten Pfetten, welche die Dachbleche tragen. Entlang des vorderen Dachrandes und etwa in der Mitte der Fachwerkbinder verläuft ein Längsfachwerk zur Stabilisierung und zur Erreichung einer gewissen Redundanz. Während ein Grossteil der Pfettenprofile und Bleche der alten Dachkonstruktion entnommen werden konnten, mussten die vorhandenen Fachwerkbinder ihrer Geometrie wegen komplett entsorgt werden. Die Hauptbinder des vollständig neu konstruierten Fachwerks liegen jeweils auf einer leicht geneigten Stahlstütze, deren Fuss auf einem sägezahnförmigen Tribünenträger steht. Dieser bildet formal die Verlängerung der bestehenden unteren Tribünenkonstruktion. Eine Zugabspannung verankert

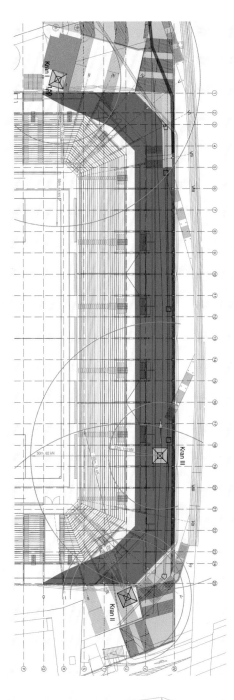

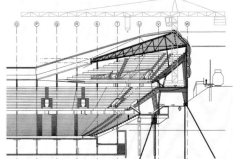

den Hauptbinder am kurzen Ende auf der Rückseite. Vertikale Spannkabel in der ergänzten Betonkonstruktion leiten diese Zugkräfte vom Dachrand hinunter in die Pfahlfundation.

Funktionale, architektonische und tragwerkspezifische Aspekte beeinflussen sich nicht immer positiv. In diesen Fällen gilt es, sinnvolle, raffinierte und wirkungsmächtige Kompromisse zu finden. Einen solchen stellt bei diesem Projekt die Position der Dachabstützung dar: Die Dimensionierung der gesamten Konstruktion ist wesentlich durch die Lage und Neigung der Abstützung auf den Tribünenrängen bestimmt. Je weiter unten diese positioniert ist, desto wirtschaftlicher wird die Konstruktion. Im Gegenzug nimmt die Sichtbehinderung zu und damit die Qualität der neuen Sitzplätze ab. Die gewählte Disposition ist insofern ein sinnfälliger Kompromiss zwischen Statik und Raumwollen, dank dem überdies der vorgegebene, enge Kostenrahmen eingehalten werden konnte.

Markthalle Im Viadukt, Umnutzung Viaduktbögen, Zürich 2010

Im aufgehenden Spickel zwischen Wipkinger- und Lettenviadukt befindet sich die erste geschlossene Markthalle Zürichs, die wir zusammen mit dem Architekturbüro EM2N für die Stiftung PWG entwickeln und realisieren konnten. Während an den Wänden das rohe Zyklopenmauerwerk der Ende des 19. Jahrhunderts erstellten Bahnviadukte in Erscheinung tritt, wird der Hallenraum durch eine gefaltete Dachkonstruktion aufgespannt, die geometrisch zwischen den Viaduktbögen vermittelt.

Das hybride Tragwerk des Daches aus Holzelementen und einem integrierten Stahlfachwerkskelett ermöglicht die Optimierung der Bauteilabmessungen sowie elegante Lösungen der Auflagerdetails in den Bereichen der konzentrierten Kräfte beim Bruchsteinmauerwerk. Die Holz-

1 Baustellenübersicht Stadion St. Jakob-Park mit drei Turmdrehkranen
2 Querschnitt des Stadions mit mobilem Kran auf Schienen auf dem neuen Umgang

elemente der Dachflächen spannen zwischen den Fachwerkbindern. Sie bestehen aus 40 Zentimetern hohen, mit Mineralwolle ausgedämmten Brettschichtholzrippen, die oben mit Dreischichtplatten und unten mit OSB schubsteif beplankt sind. Die Elemente wirken im Endzustand auch als Scheiben, welche die Dachflächen horizontal aussteifen und die Stahlfachwerke seitlich stabilisieren. Die vertikalen Flächen zwischen den Fachwerken wurden an Ort mit Mineralwolle gedämmt und beplankt.

Eine wichtige Anforderung bestand in der Eliminierung der Erschütterungsübertragung aus dem Bahnbetrieb. In Kombination mit den unterschiedlichen Temperaturausdehnungen der beiden aufgehenden Viadukte und des aus verschiedenen Baustoffen konstruierten Daches stellte deshalb das Lagerungskonzept eine besondere ingenieurspezifische Herausforderung dar.

Grundsätzlich ist nur die Stahlkonstruktion punktuell mit dem bestehenden Bruchsteinmauerwerk verbunden. Der Wipkingerviadukt steht nach wie vor unter Bahnbetrieb, sodass keine vertikalen Kräfte auf seine Pfeiler abgegeben werden durften. Weil nur geringe Horizontalkräfte für die Stabilisierung des Hallendaches zulässig waren, wurde die Konstruktion dort selbsttragend zwischen die Viaduktpfeiler gestellt. Beim stillgelegten Lettenviadukt hingegen liegen alle Fachwerke über eingemörtelte Stahlhülsen auf, wobei Gleitlager verwendet wurden, die nur vertikale Kräfte übertragen. Auf der Innenseite des Wipkingerviadukts wurden erschütterungsdämmende Zuganker in die Pfeiler gebohrt, die den Fixpunkt in Querrichtung der Halle bilden. In Längsrichtung ist eine schwimmende Lagerung vorhanden, indem das Dach beim Wipkingerviadukt auf V-förmigen Stahlabstützungen liegt, die zusammen mit einem durchlaufenden Dachträger und mit dem Trägerrost der Galerie einen biegesteifen Rahmen bilden. Die Stahlstützen wiederum sind mit erschütterungsdämmenden Lagern unterlegt.

Wettbewerb Stadion Zürich (Hardturm), Zürich 2012

Ein Fussballstadion lebt in einer Woche 90 Minuten vom Spiel und die restlichen 9990 Minuten von der Architektur und somit auch von der Trag- und Raumstruktur. Da die Tragstruktur das architektonische Erscheinungsbild hier wesentlich prägt und nach dem Rohbau sichtbar bleibt, sollte sie bei unserem Projektvorschlag im Wettbewerb für das neue Stadion Zürich lesbar und damit für den Zuschauer auch erlebbar sein – eine spezielle Aufgabe für den Bauingenieur. Neben den statischen Rahmenbedingungen beeinflussten bei diesem Wettbewerbsprojekt somit auch gestalterische Aspekte den Tragwerksentwurf massgeblich mit.

Das Tragwerk des Dachs ist gefaltet und gegen die Stadionmitte geneigt, was zur Erzeugung einer Kesselwirkung und damit zur Steigerung der Stimmung dient. Die Tragwirkung entsteht durch raumhaltige, zum Dachrand hin verjüngte Fachwerke aus Stahl, die Kragarme bilden. Die Einspannung erfolgt über die vertikale Verlängerung des Tribünenträgers und zwei seitlich angeordnete, gespreizte Stützen. Beide Tragelemente zusammen nehmen den Hebelarm auf, der für die Einspannung notwendig ist: Die Tribünenträger wirken als Druckelement und die Stützen nehmen die Zugkräfte auf. Aneinander gereiht und leicht verwunden bilden die verkleideten Fachwerke die für das Projekt typische, gefaltete Dachebene, die dem Bauwerk seine unverkennbare Silhouette und Identität verleiht und deren Eigenschaften in der Fassaden-Vertikalen thematisch weitergeführt werden.

Die Auskragung beträgt im Regelfall knapp 19 Meter bei einer wirksamen Trägerhöhe zwischen 1 (beim vorderen Dachrand) und 3 Metern (bei der Einspannung). Der Abstand der Fachwerke richtet sich nach dem Achsraster der Tribünenträger von 10,6 Metern. Durch eine spielfeldseitige Überhöhung mit einer Neigung des Untergurtes von etwa 3 Prozent ist die Entwässerung des Daches mit jeweils einer Rinne in der unteren Faltung «natürlich» gelöst. Ein umlaufender, horizontaler Aussteifungsträger im zweiten Knoten an der Spitze der Fachwerkträger kompensiert die durch die Faltung entstehenden Horizontalkräfte. Gleichzeitig liegt hier der umlaufende Servicesteg des Dachs auf. Bei der Einspannung der Kragarme nehmen die gespreizten Stützen die Horizontalkräfte aus der Faltung auf.

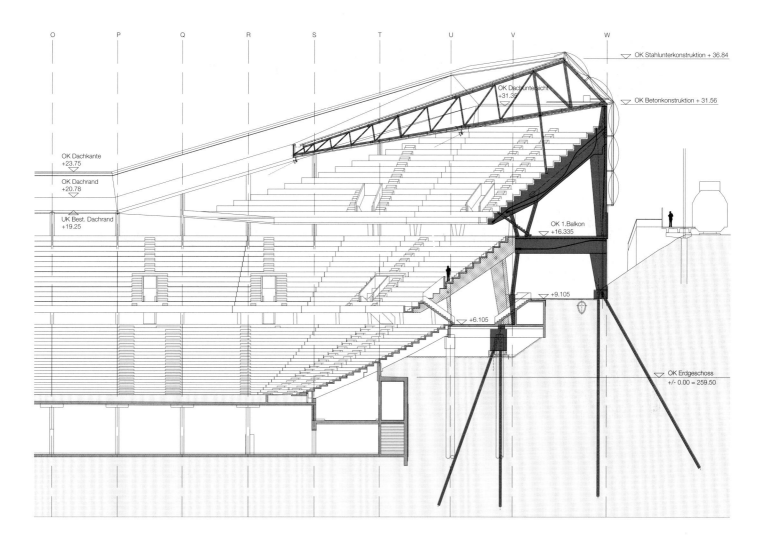

OK Stahlunterkonstruktion + 36.84

OK Dachuntersicht
+31.35

OK Betonkonstruktion + 31.56

OK Dachkante
+23.75

OK Dachrand
+20.78

UK Best. Dachrand
+19.25

OK 1.Balkon
+16.335

+9.105

+6.105

OK Erdgeschoss
+/- 0.00 = 259.50

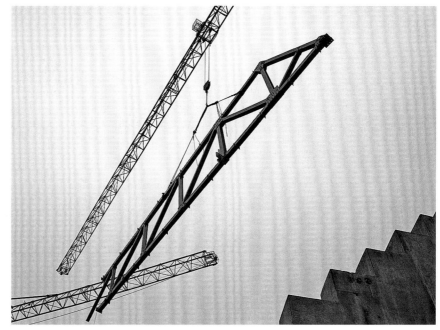

←← Der abgestufte Bau-
ablauf im Querschnitt mit
altem Dach als Lager- und
Arbeitsfläche
↖ Fachwerkbinder am
Boden liegend, vormontiert
← Spielbetrieb bei lau-
fender Baustelle
↑ Querschnitt mit neuen
Elementen (rot angelegt)
→ Montage eines Fach-
werkbinders mit dem Kran

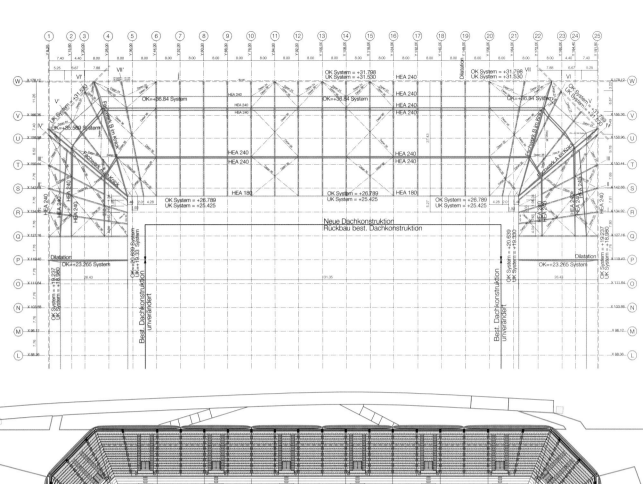

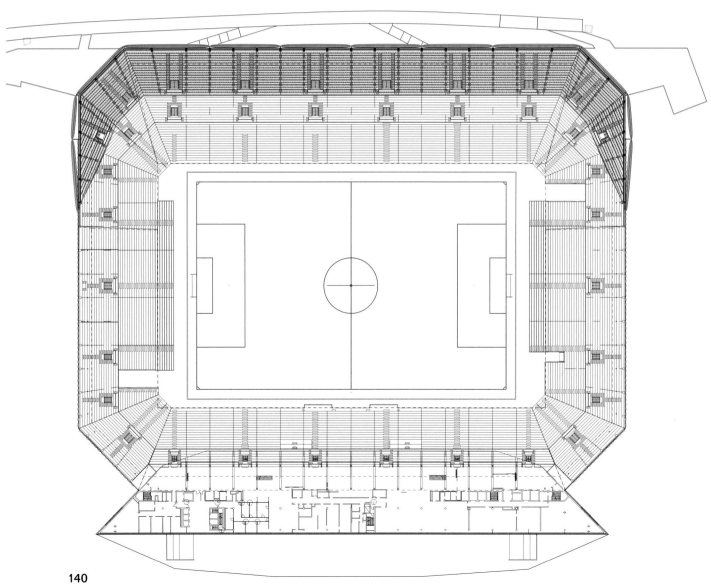

140

↖ Übersicht Stahlkon-
struktion Dacherweiterung
← Grundriss gesamtes
Stadion auf der Höhe der
erweiterten Galerie
↑ Knick beim Übergang
vom bestehenden zum neuen,
erhöhten Dach. Im Hinter-
grund der St. Jakob Turm
→ Aussenansicht bei
Nacht mit ausgeleuchteter
Luftkissenfassade

Markthalle Im Viadukt,
Umnutzung Viaduktbögen
Zürich 2010

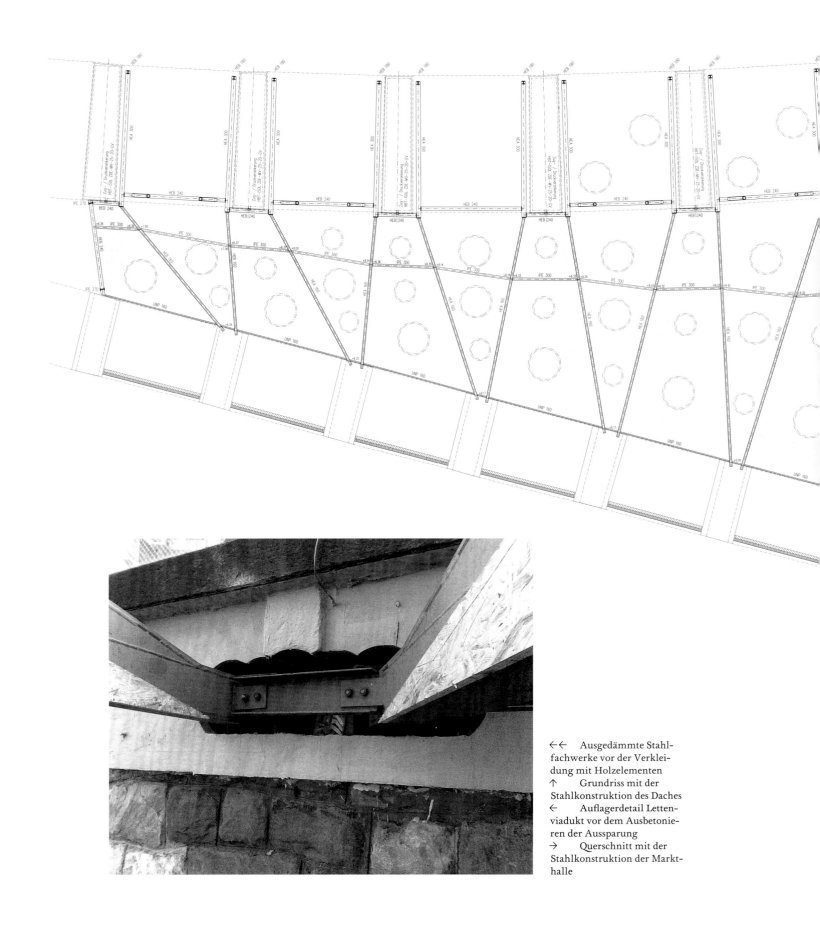

←← Ausgedämmte Stahl-
fachwerke vor der Verklei-
dung mit Holzelementen
↑   Grundriss mit der
Stahlkonstruktion des Daches
←   Auflagerdetail Lettenviadukt vor dem Ausbetonie-
ren der Aussparung
→   Querschnitt mit der
Stahlkonstruktion der Markthalle

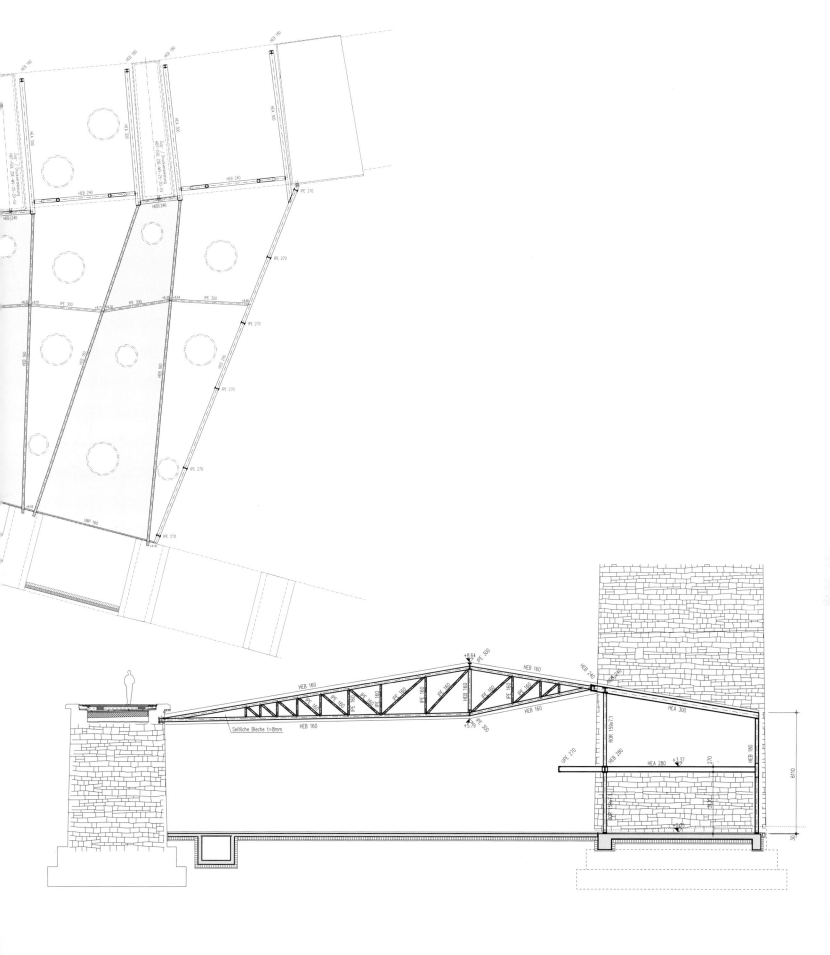

↑   Dachuntersicht im
Endzustand
→   Dachaufsicht mit
EPDM-Folie im Endzustand
→→   Abendliche Impres-
sion des ausgeleuchteten
Wipkingerviadukts

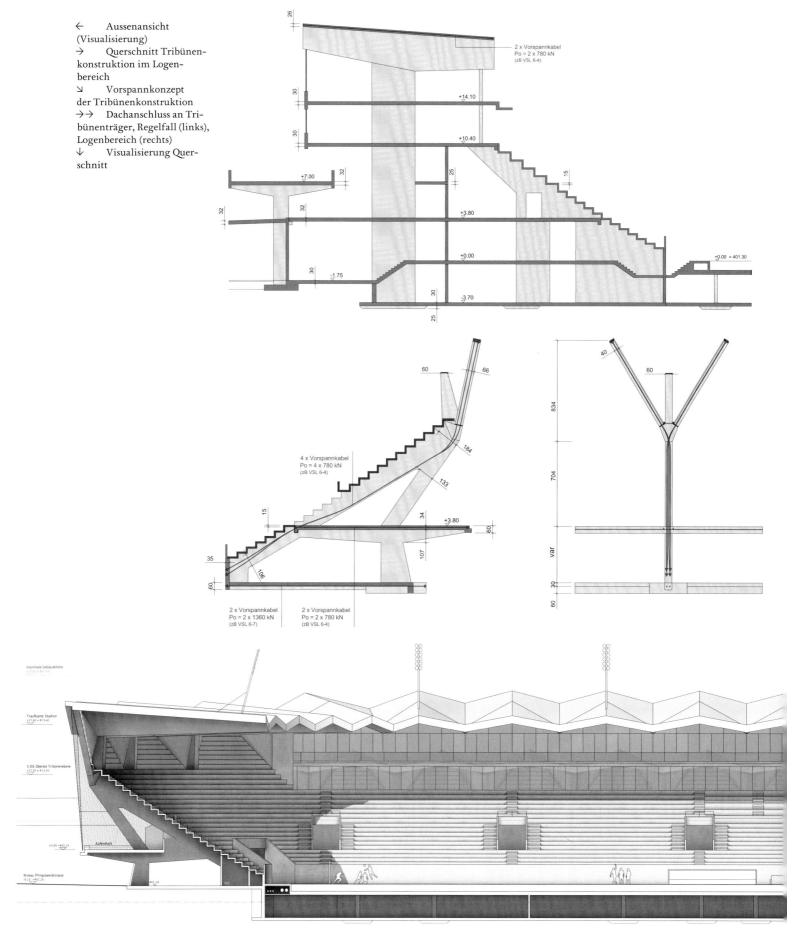

← Aussenansicht
(Visualisierung)
→ Querschnitt Tribünen-
konstruktion im Logen-
bereich
↘ Vorspannkonzept
der Tribünenkonstruktion
→→ Dachanschluss an Tri-
bünenträger, Regelfall (links),
Logenbereich (rechts)
↓ Visualisierung Quer-
schnitt

2 x Vorspannkabel
Po = 2 x 780 kN
(zB VSL 6-4)

4 x Vorspannkabel
Po = 4 x 780 kN
(zB VSL 6-4)

2 x Vorspannkabel
Po = 2 x 1360 kN
(zB VSL 6-7)

2 x Vorspannkabel
Po = 2 x 780 kN
(zB VSL 6-4)

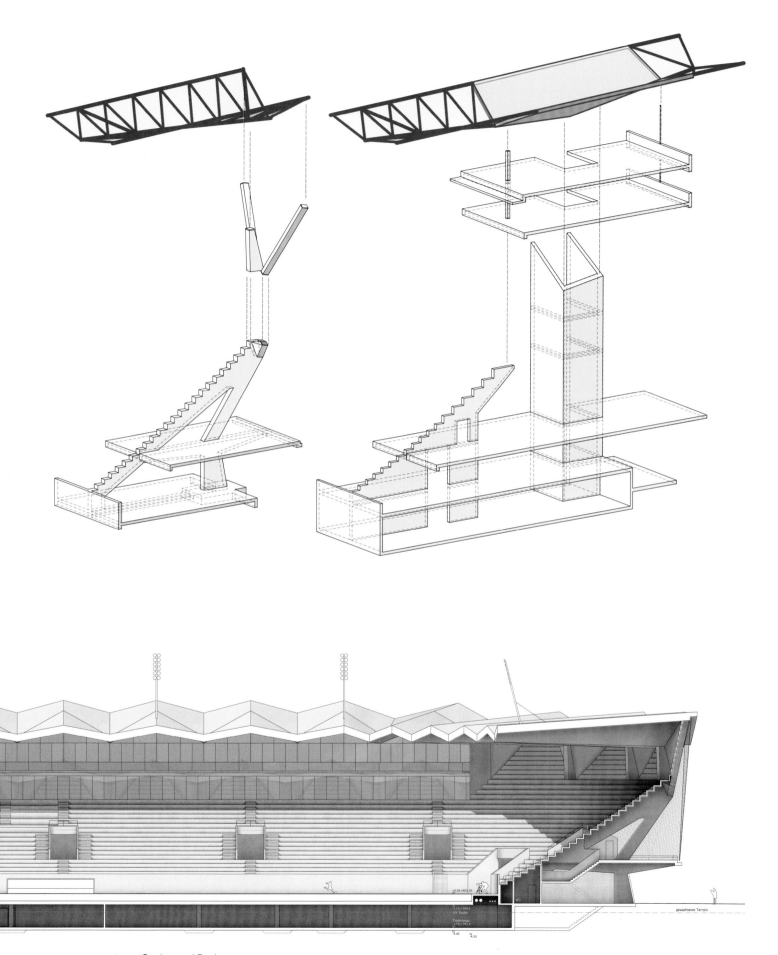

4   Struktur und Dach
       Wettbewerb Stadion Zürich (Hardturm)

5 Struktur und Fassade

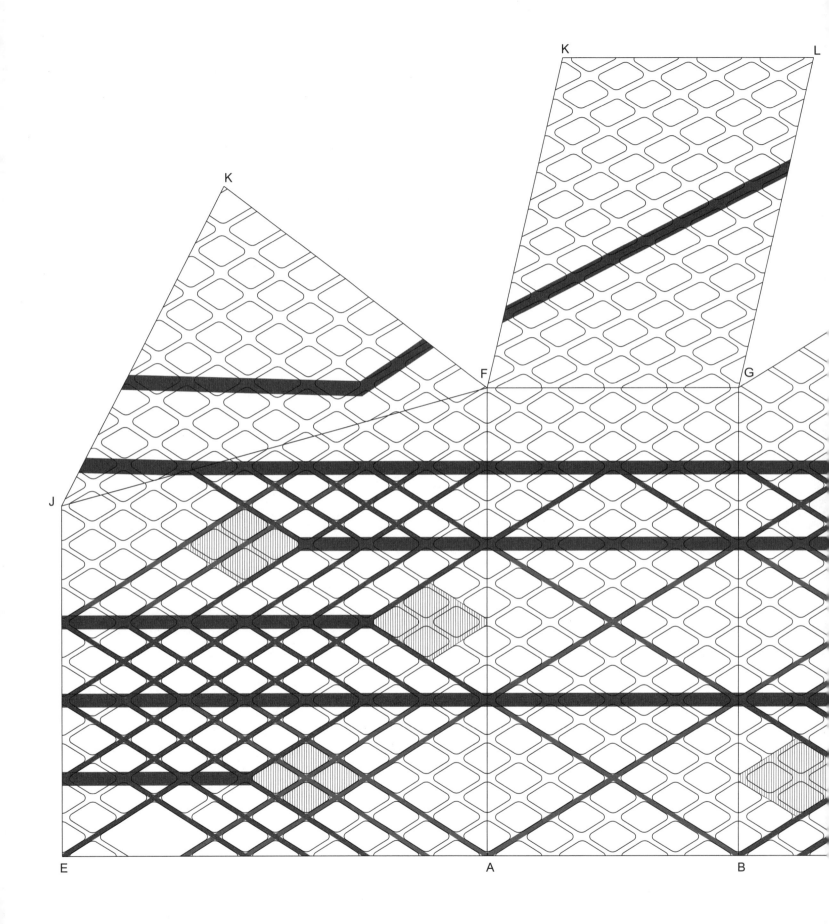

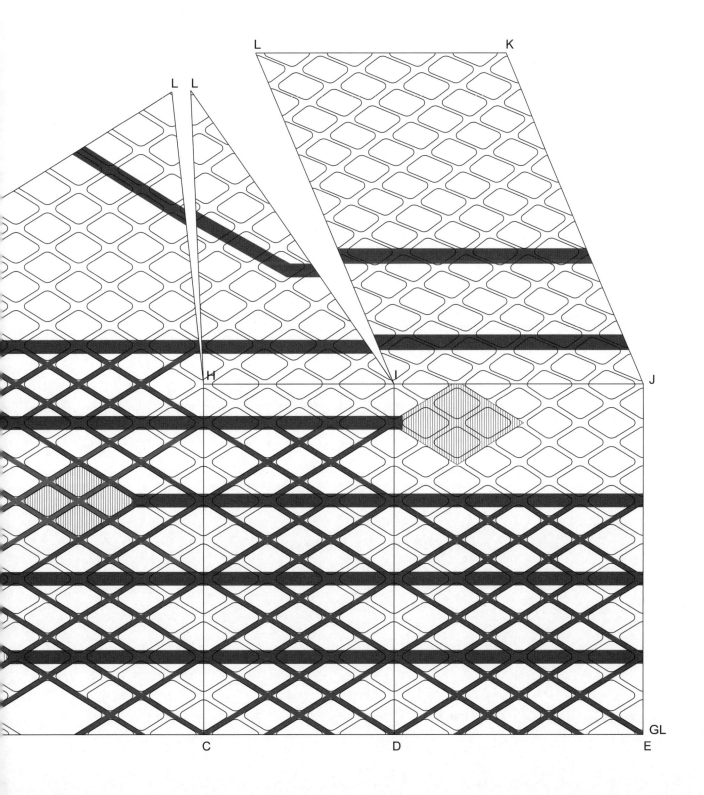

←   Fassadenabwicklung
Prada Aoyama, Tokio

Konversationen V

Learning from nature?

AF Durch die Architekturgeschichte hindurch diente die Natur immer wieder als Vorbild für Konstruktion und Entwurf. Inwiefern haben Tragwerkskonzeptionen oder Konstruktion allgemein etwas mit Nachahmung von Natur zu tun – *learning from nature?*

HS Das hängt davon ab, in welchem Massstabsbereich von der Natur gelernt wird. Ein Grashalm, der sich im Wind biegt und durch dessen Verformbarkeit kleinere Kräfte aufgenommen werden, verleitet mich sicherlich zum Vergleich mit Erdbeben und Wolkenkratzern – in diesem Gebiet wurde ein in der Natur gültiges Prinzip übernommen. Als weiteres Beispiel dient sicher der Knochenaufbau, das bekannte Modell der Spannungstrajektorien bei Hüftknochen, die allerdings viel komplexer als bei Bauwerken sind. Betrachten wir aber den Knochen selbst, stellen wir fest, dass dieser zwecks Leichtigkeit innen hohl ist – das sind wiederum Konstruktionsmerkmale oder -grundsätze, welche die Ingenieure übernommen haben. Eine Eins-zu-eins-Umsetzung solcher Prinzipien, wie sie beispielsweise Santiago Calatrava praktiziert, empfinde ich aber eher als Spielerei – wir Ingenieure sind noch lange nicht so gut wie die Natur! Auf welche Weise wir Natur-Analogien übernehmen, lässt sich vielleicht am Beispiel Actelion gut illustrieren. Das Gebäude besteht aus einzelnen, aufeinander geschichteten Trägern. Während des Entwicklungsprozesses suchten wir nach der optimalen Anordnung der Stäbe, wir überlegten uns, wie sie sich verformen und merkten, dass die Analogie des Baumes nicht schlecht auf die Struktur passt – ohne dass wir von Anfang an auf eine Baumstruktur losgesteuert wären. Der Prozess liess uns herausfinden, dass die Baumanalogie für das Prinzip taugt.

TP Sicherlich versucht der Ingenieur, Dinge von der Natur abzuleiten. Ich denke an Flecht- oder Baumstrukturen, wie sie beispielsweise Professor Jörg Schlaich verwendet hat, oder an Verästelungen bei leichten Tragwerken, die sich nach oben auflösen – Prinzipien, die früher – als das Material teurer war als die Arbeitskraft – vielleicht noch öfter verwendet wurden. Es gibt unterschiedliche Aspekte, bei denen wir uns an der Natur orientieren, seien es Wirbelablösungen, Kernanalogien oder eben das Schwingungsverhalten eines Gebäudes. All diese Dinge haben mit natürlichen Phänomenen zu tun.

HS Wie gesagt: Das Ganze hängt vom Massstab ab. Auf der Tragwerksebene zum Beispiel wird man auch durch die Physik gezwungen, der Natur ähnliche Lösungen zu suchen. Im kleinmassstäblichen Bereich sind wir aber mit Herstellung und Material konfrontiert – dort stossen wir sehr schnell an Grenzen, weil man die Möglichkeiten der Natur einfach nicht hat. Nehmen wir als Beispiel Spinnennetze – dieses Material hätten wir gerne als Baumaterial zur Verfügung!

AF Was haltet ihr von Analogien, die darauf abzielen, mit möglichst wenig Material und reduziertem Ressourcenaufwand einen hohen Wirkungsgrad von Strukturen, Tragwerkselementen oder Knotentypologien bewirken zu können?

HS Da sind wir in unserer Zeit eingebettet. Anlässlich des Brückenbauprojekts in Bhutan haben wir das Verhältnis zwischen Materialpreis und Stundenkosten untersucht. Dieses entspricht etwa der Situation bei uns um 1900, als die Ingenieure noch gezwungen waren, äusserst materialsparende Tragwerke zu entwickeln. Das zeigen Hallenbauten aus dieser Zeit oder Brücken von Maillart. Heute bedeutet bei uns effizientes Bauten tiefe Lohnkosten. Die Herausforderung Materialökonomie wird erst wieder aktuell werden, wenn die Relation von Material vs. Lohnkosten wieder kippt.

TP Bei der Konzeption von Rippendecken, Unterzugsdecken oder generell aufgelösten Strukturen schauen wir in einer abstrahierten Weise auch von der Natur ab. Wir bewegen uns aber immer im Spannungsfeld zwischen ökonomischer und materieller Effizienz. Heute können wir eine acht Zentimeter dicke Betonwand bauen, die zwei Mal soviel kostet wie eine fünfzehn Zentimeter starke Wand. Das ist ein Phänomen der heutigen Zeit – die Ressourcen sind zu billig!

HS Das ist ein grundsätzliches Dilemma, in welchem die Ingenieure stecken – sie werden nicht zu Materialökonomie angespornt, die eigentlich ein wichtiger Leitfaden für den Entwurf wäre.

TP Als wir junge Ingenieure waren, betrugen Deckenstärken sechzehn Zentimeter oder weniger. Heute sind die Decken vollgestopft mit Haustechnik; zusammen mit den Schallschutzanforderungen treibt das die Deckenstärke in die Höhe, so dass 28 Zentimeter üblich sind. Es ist paradox: Obwohl wir filigraner konstruieren können, leben wir in einer massigen Welt!

HS Gleichzeitig spricht man von Nachhaltigkeit.

Nachhaltigkeit
Hightech/Lowtech

AF Wie steht ihr zu High- und Lowtech – was liegt euch näher?

SB Ich bin ein Lowtech-Typ. Als Ingenieur kann man auf dem Papier die komplexesten Sachen planen, doch müssen diese auch ausgeführt werden können – das muss einem bewusst sein. Überlegungen zur Fehleranfälligkeit einer Konstruktion und deren Überprüfungsmöglichkeiten sind extrem wichtig. Da sind Hightech-Konstruktionen natürlich viel anfälliger. Persönlich befriedigt es mich am meisten, wenn ich einem statisch komplexen Problem mit einer möglichst einfach realisierbaren Lösung begegnen kann.

TP Ob Low- oder Hightech ist eine kontextuelle Frage, eine Frage der Aufgabenstellung. Low-Technologien sind wir nicht abgeneigt, die kommen eher in Gebieten wie Bhutan zum Einsatz. Ein temporärer Ausstellungspavillon kann im Gegenzug durchaus hightech gebaut sein. Grundsätzlich bin ich aber ebenfalls der Meinung, dass Lowtech nachhaltiger ist.

HS Unsere Baustellen stehen draussen im Regen und Wind. Dazu kommt die Ausbildung der Bauarbeiter – das Handwerk ist schlichtwegs lowtech. Wir können mit einer Hightech-Planung Ideen beisteuern – aber das ist nur die Vorbereitungsphase. Das Denken darüber, wie die Materialien zusammenwirken, könnte man als Hightech bezeichnen, den Herstellungsprozess und damit das Endprodukt selber als Lowtech.

AF Um das richtig einzuordnen – Actelion war somit eine Hightech-Planung aber eine Lowtech-Baustelle?

HS Ja – genau das war die grosse Herausforderung für den Unternehmer! Die Geometrie und die Berechnungen für Actelion konnten wir am Computer bewältigen; auch die Stäbe wurden in der Werkstatt per Computer abgelängt, gesägt und gebohrt. Dann mussten diese Stäbe aber im Lowtech-Verfahren zusammengesetzt werden. Das Aufeinandersetzen und das Aufrichten auf der Baustelle waren lowtech, hier stösst man schnell an Grenzen. Am Schluss entscheidet das Lowtech der Baustelle: Actelion war im Stahlbau an der Grenze der Machbarkeit!

TP Bei einigen Pavillons oder Anbauten haben wir auch hightech gebaut, etwa diese Carbon-Box als Erweiterung eines Einfamilienhauses. Da wurden Hightech-Verbindungen, spezielle Leime und geklebte Elemente verwendet – insofern handelte es sich auch beim eigentlichen Bau um eine hohe Technologie, obwohl auch hier das manuelle Zusammenfügen wieder low ist. Diese Klebeverbindungen werden in einem geschützten Raum ausgerichtet, um zu überprüfen, ob sie zusammenpassen. Das Material, auch das Fügungsmaterial, ist also sehr hightech, sobald aber der die Teile zusammenfügende Mensch ins Spiel kommt, entspricht das wieder lowtech.

SB Wir sind ja auch keine Maschinenbauer – wir bauen immer nur Prototypen. Das heisst, es muss auf Anhieb sitzen!

AF Entsteht die Ästhetik von Ingenieurbauwerken aus den Gesetzen der Natur und führt Effizienz zu Eleganz?

TP Auf jeden Fall. Wir versuchen zum Beispiel die Eleganz des Baumes mit seinen Verästelungen in eine Dachstruktur zu abstrahieren. Materialeffizienz ist immer mit Filigranität verbunden, was für mich mit Eleganz einhergeht.

HS Materialeffizienz kann, muss aber nicht zwingend zu eleganten Strukturen führen. Das Schulhaus Leutschenbach ist sicherlich sowohl elegant, als auch im Lastabtrag effizient – trotzdem würde die Natur wahrscheinlich nicht eine grosse Masse auf vier kleine Beine abstellen. Es handelt sich also sicherlich um ein effizientes Tragsystem, das aber nicht unbedingt «natürlich» ist.

Technik **AF** Wie würdet ihr euer grundsätzliches Technikverständnis und die Anwendung von Technologien umschreiben – ist die Technik für euch grenzenlos appropriierbar, ist sie dominierend oder *enabling,* ermöglichend?

HS Du stellst Fragen!

TP Die Technik ist in unseren Entwürfen eher ein dienendes Element, wir bedienen uns ihrer. Sie ist nur «ein» Faktor, daneben gibt es auch noch die Wahrnehmung und den Menschen. Wie Stefan bemerkt hat: Wir bauen ja keine Maschinen!

AF Aber als Ingenieure seid ihr sicher äusserst technikinteressiert?

HS Wir interessieren uns für Technik, aber wir sind nicht technikgläubig. Ich muss dazu sagen, dass sich mein Technikbild in den letzten zehn Jahren stark verändert hat – ich war um einiges technikaffiner, als ich es heute bin. Ich sehe die Grenzen der Technik heute in einem anderen Licht, die beginnen früher, als man denkt.

SB Durch die Digitalisierung hat im Planungsprozess eine grosse technische Entwicklung stattgefunden, da reizen wir die Technik bis ans Limit aus. Auf der Baustelle aber ist das Handwerk relativ archaisch geblieben. Dadurch hat sich der Gegensatz zwischen Planung, Projektierung und Baustelle verschärft.

HS Vielleicht nochmals ganz grundsätzlich: Die Natur ist mächtiger als die Technik und sie erobert sich ihr Terrain über die Zeit immer wieder zurück. Ein für mich starkes Bild ist die vor sechs Jahren geteerte Strasse vor meinem Haus, wo heute bereits wieder die ersten Grünpflanzen aus dem Teer herausspriessen. Dieses Bild habe ich auch in Bezug auf unsere Bauten vor mir.

AF Welche Rolle spielt für euch die Mathematik, abstrakt Axiomatisches? Seid ihr mathematisch denkende Ingenieure oder arbeitet ihr mit grafischer Statik?   Mathematik Mechanik

SB Als Ingenieur habe ich eine Entwicklung durchgemacht: In der Ausbildung war die Mathematik ein wichtiges Hilfsmittel für das Vorstellungsvermögen. Je länger ich im Beruf bin und je erfahrener ich werde, desto intuitiver wird der Zugang.

AF Für die Unterstützung meiner Vorstellung von Kraftwirkungen war das Cremona-Diagramm allerdings nützlicher als die Mathematik ...

HS Bei Dir steht Mathematik wahrscheinlich für analytische Statik. Bei der Statik verhält es sich etwa wie in der Musik: Man kann das Musikhören lernen, ein Verständnis für Musik entwickeln. In analoger Weise kann man lernen, ein Gefühl für die Kräfte, ein statisches Gefühl zu entwickeln. Stefan meinte wohl intuitives Annähern an die Statik im Gegensatz zum analytischen.

AF Ich glaube aber doch, dass ihr in der Mathematik ziemlich gut wart ... Was müsst ihr mathematisch beherrschen?

TP Wir müssen verstehen, was ein Integral, was ein Differential ist, wir müssen eine Gleichung mit mehreren Unbekannten lösen können und wir müssen die heutigen Hilfsmittel, also den Computer beherrschen. Das sind aber alles nur dienende Elemente: Die Mathematik ist ein wesentliches Hilfsmittel – der gute Mathematiker ist nicht zwingend ein guter Ingenieur!

SB Das wichtigste Hilfsmittel für uns ist die Mechanik. Diese ist natürlich mit der Mathematik verknüpft, ohne Mathematik kann man die Mechanik nicht verstehen. Der Mathematiker versteht allerdings nicht unbedingt die Mechanik.

TP   Genauso wenig ist der gute Mechanik-Ingenieur automatisch ein guter Bauingenieur. Letzterer muss nämlich primär ein grosses intuitives Verständnis für die Kräfte haben, um ein geschicktes Tragwerk zu konzipieren.

Ornament
New Organicity

AF   Kommt ein Tragwerk heute in den Aussenraum zu liegen, müssen auf einer bautechnischen und bauphysikalischen Ebene grosse Anstrengungen in Kauf genommen werden – das Zeigen der Struktur ist kein kleiner Akt. Beim Prada Projekt in Tokio wurden Fassade und Tragstruktur in einer Ebene zusammengelegt – ausschliesslich zur Erzeugung eines bestimmten architektonischen Ausdrucks?

HS   Ja, sicher. Das anfängliche Bild, das hinter der Konzeption stand, war eine japanische Nachttischleuchte – das Papier und die Stäbchen, die dem Papier eine Form geben, gehören da integral zusammen. Das führte zur Idee, Struktur und Fassade in einer Ebene zusammenzuführen, um das Bild eines solch leuchtenden Gebildes zu erzeugen.

AF   Besteht die Rolle des Ingenieurs in unserer dekorativen Welt einfach darin, alle Bilder zu ermöglichen?

TP   Sicher auch. Wenn das Ornament tragend ist, werden wir als Ingenieure stark beansprucht.

HS   Wir Ingenieure sind zusammen mit dem Planungsteam dazu da, unterschiedliche Systeme zu ermöglichen. Die Frage zielt ja eher darauf ab, ob es heute Sinn macht, eine integrale, tragende Fassade zu konzipieren. Für mich ist dies nach wie vor ein valabler, sinnvoller Ansatz. Er ist natürlich mit einer viel höheren Vernetzung von Komplexität in der Fassadenebene verbunden und damit einhergehend mit einem grossen Effort von unserer Seite.

AF   Professor Antoine Picon von der Harvard University ortete in einem kürzlich im Architekturforum Zürich gehaltenen Vortrag in den digitalen Technologien (nach der modernen Industrialisierung) einen erneuten Versuch einer Versöhnung zwischen Natur und Technologie: Digitale Technologien machten heute die Modulierung von natürlichen Phänomenen möglich. Dies als Klammerbemerkung und Überleitung zum Forum 2004 in Barcelona: Dort ist das von euch entwickelte Ornament nicht einmal mehr konstruktiv. Die Ingenieurleistung bestand in der Entwicklung einer Deckengeometrie, die ein zufällig wirkendes Muster suggerieren soll. Ist der Ingenieur heute ein Ornament-Dienstleister?

HS Das Bild war das einer Wasserfläche, der Wiederholungslosigkeit eigen ist. Ziel war ein Muster, das so wirkt, als ob es wie zufällig durch den Wind auf einer Wasserfläche entstanden wäre. Das Ornament wurde mit mathematischen Formeln entwickelt, die bei jedem Knopfdruck ein anderes Muster zeigen. Die Deckenidee ist aus einem Abfallprodukt meiner Dissertation entstanden. Darin ging es um zufällige Ereignisse beim Bruch von Beton. Meine damaligen Modelle für die Voraussagen über Bruchvorgänge im Beton konnten wir verwenden, um die gewünschte, zufällig wirkende Wasseroberfläche zu generieren. Das ist natürlich Mathematik, aber die Konstruktion selber ist auch interessant: Keines der 14'000 Dreiecke ist gleich, deren Anordnung und Herstellung ist sehr hightech, elaboriertes CAD-Design.

AF Dass die Ingenieure zu zentralen Figuren für die neue Ornamentbildung werden, ist eine interessante Entwicklung.

TP Wenn wir an Cordoba mit seinen mathematischen, sich wiederholenden und sich überlagernden Mustern denken, sind wir doch durchaus in der Tradition!

Bemerkungen zum Tragverhalten der Fassade von Prada Aoyama in Tokio

Jürg Conzett

Steht man vor dem Prada-Gebäude in Tokio könnte man meinen, eine zwar schöne, aber doch rein dekorative Fassade vor sich zu haben; schliesslich wirken die Gebäudeecken, an denen das Gitterwerk im Grundriss abgekantet wird, recht labil. Zum Tragen bräuchte es vertikale Eckpfosten, denkt man, denn ohne diese würde sich eine belastete Fassade nach aussen biegen. Doch was trägt hier eigentlich? Die wenigen kleinen Kerne allein können es nicht sein, die Auskragungen zu den Gebäudeecken wären zu gross. Trägt die Fassade also doch?

Die Erläuterungen der Ingenieure helfen weiter: Die Fassade ist kraftschlüssig mit den Decken verbunden und es gibt in jeder Fassade schräge «Streben» innerhalb des Gitters, die an mehrere Decken zugleich angeschlossen sind. Diese Streben nehmen Normalkräfte auf, sie tragen das Gewicht der Decken auf Druck, wie schräge Stützen. Da in der Regel benachbarte derartige Streben sich in entgegengesetzter Richtung an der Lastaufnahme beteiligen, entsteht ein Gleichgewicht der horizontalen Komponenten – die Anschlusspunkte der Streben an die Deckenränder werden dabei jedoch auseinandergedrückt. Die Decken müssen diese Auflagerpunkte zusammenhalten; mit einer entsprechenden Bewehrung ist dies gut möglich.

Um den Kräfteverlauf kontrollierbar zu halten, macht es Sinn, jeder Fassade zumindest «ein» Paar sich gegenseitig stützende Streben zuzuordnen. So besitzt die Fassade A-B drei derartige Paare (Abb. 1): Die zwei Kreuze in den unteren beiden Geschossen tragen die Decken in den jeweiligen seitlichen Ecken. Das darüber liegende halbe Kreuz als A-förmiger Bock stützt die dritte Decke in der Mitte der Fassade; die Ecken werden von den Nachbarfeldern gehalten.

Dieses simple Prinzip erzeugt eine geometrische Ordnung: Das Verhältnis von Fassadenbreite zu Geschosshöhe entspricht der Steigung der Streben. Eine schmalere Fassade würde bei gleich-bleibender Geschosshöhe keine tragenden Streben mehr ermöglichen. Und tatsächlich weist die um ein Rautenfeld schmalere Fassade C-D eine halb so grosse Geschosshöhe auf wie die Seite A-B, was die Ausbildung von vier Druckstreben pro Geschoss ermöglicht.

Es gibt in diesem Gebäude also eine konstruktive Bedingung, welche die Beziehung von Fassadenbreite und Anzahl Decken regelt. Diese Beziehung ist auch für den an solchen Fragen interessierten Betrachter nicht unmittelbar klar, sondern erfordert eine gewisse Denkarbeit. Umso interessanter ist es festzustellen, dass die vermeintlich dekorative Fassade in ganz grundlegender Form auch Regeln des Gleichgewichts folgt – es handelt sich um ein «konstruiertes» Gebäude.

Kann man dieser Fassade noch weitere strukturelle Eigenschaften zuordnen? Wenn wir das Fassadengitter als Konstruktionselement betrachten, erinnern die pfostenlosen Ecken an das Bild der sich kreuzenden Spannungsfelder eines torsionsbeanspruchten Kastenträgers. Wenn in einer Fassade in den Streben, die in einem Eckknoten zusammentreffen, gleich grosse Zug- und Druckkräfte wirken, ergibt sich daraus in der Ecke eine vertikal gerichtete resultierende Kraft. Diese vertikale Kraft kann in analoger Weise in die zwei zusammentreffenden Streben der Nachbarfassade zerlegt werden (Abb. 2 unten). Wenn man sich diesen Effekt auf viele Strebenpaare verteilt vorstellt, kann die pfostenlose Gebäudeecke einen sogenannten «Schubfluss» übertragen.

Wenn in einer horizontalen Ebene (einer fiktiven Dachtraufe) in jedem Knoten des Fassadengitters eine Kraft horizontal in Richtung der jeweiligen Fassadenebene wirkt, entsteht in allen in die eine Richtung laufenden Diagonalen eine Zugkraft, in allen entgegen gesetzten eine Druckkraft (Abb. 3). Die äussere Krafteinwirkung entspricht in diesem Fall einer kontinuierlichen, um das ganze Gebäude herumlaufenden Linienlast. Mit ande-

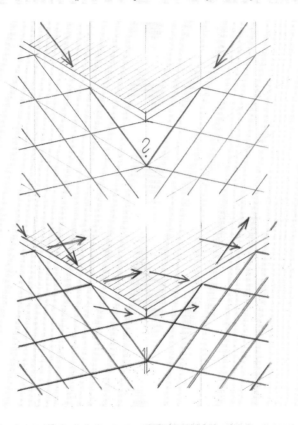

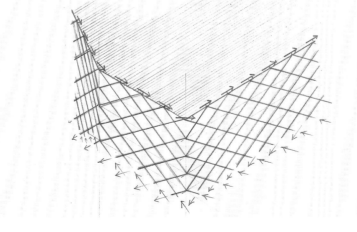

1 Fassadenabwicklung: Die farbig angelegten Streben wirken auf Druck und nehmen die vertikalen Lasten der Geschossdecken auf. Blau: Druckstreben über ein Geschoss; rot: Druckstreben über zwei Geschosse.

2 Gebäudeecke: unmögliches Gleichgewicht unter zwei sich treffenden Druckkräften (oben); mögliches Gleichgewicht unter sich abwechselnden Zug- und Druckkräften (unten).

3 Fassadenabwicklung unter horizontaler Kraftwirkung; Druckkräfte sind blau, Zugkräfte orange. Am Effizientesten würde die Fassade einem um eine vertikale Achse drehenden Moment widerstehen.

ren Worten: Ein Drehmoment um eine vertikale Achse, die das Gebäude auf Torsion beansprucht, erzeugt gleichmässige Zug- und Druckkräfte im Fassadengitter. Die Fassade wird für diesen Fall zu einem äusserst effizienten Tragwerk.

Nun wirken während eines Erdbebens neben derartigen Torsionseinwirkungen vor allem vergleichsweise grössere, parallel gerichtete, horizontale Kräfte. Unter diesen ist das Verhalten der Fassade komplexer als unter der Drehung, da diese Einwirkungen neben schiebenden auch vertikal wirkende, umkippende Kräfte erzeugen. Aber auch in diesem Fall ist die Fähigkeit der Fassade, einen Schubfluss um die Ecken zu übertragen, hilfreich. Sie ist die Voraussetzung für ein solidarisches Zusammenwirken der einzelnen Fassadenteile bei der Verteilung und Aufnahme der horizontalen Erdbebeneinwirkungen.

Das Fassadengitter von Prada Aoyama als bildhafte konstruktive Antwort auf die seismische Aktivität in Japan? Nicht das Bewältigen der vertikalen Krafteinwirkungen stünde demnach im Vordergrund (obwohl, wie erwähnt, der Gebäudeaufbau auch in dieser Beziehung interessant ist), sondern die horizontal wirkenden Erdbebenkräfte. Unter diesem Aspekt erhält der architektonische Ausdruck dieser Fassade eine hintergründige Bedeutung, die weit über ein dekoratives Muster eines Modehauses hinausreicht.

Struktur und Fassade

Stefan Bänziger

Ursprünglich waren Tragstruktur und Fassade in massiven Mauern vereint. Eine laufende Erhöhung der spezifischen Anforderungen bezüglich Wärmedämmung, Dichtigkeit und Transparenz führte zu einer dezidierten Trennung der Tragstruktur von der Gebäudehülle.

Holzelementbau, wärmedämmendes Einsteinmauerwerk und Dämmbeton sind zwar moderne Bausysteme und Baustoffe, die heute monolithische, einschalige Fassaden nach aktuellen Anforderungen ermöglichen. Sie sind aber bezüglich Statik nur beschränkt leistungsfähig und stossen in Sachen Dimension, Gestaltung und Komplexität einer Fassadenkonstruktion rasch an Grenzen. Grössere Bauten weisen heute demzufolge meist von der Gebäudehülle getrennte Tragwerke auf. Aus bauphysikalischer Sicht liegt dabei der Ansatz nahe, Gebäude mit einer innen liegenden, auf der warmen Seite angeordneten Tragstruktur und einer aussen liegenden Dämmebene zu konzipieren. Sobald eine solche Disposition den gestalterischen und nutzungsspezifischen Anforderungen nicht genügt, da eine zusätzliche Schicht oder Verglasung als Hülle erwünscht ist, stellt sich die Frage nach der geeigneten und optimalen Schichtenfolge. Für die Systemwahl ist zudem oft eine minimierte Konstruktionsstärke ausschlaggebend, weil dadurch mehr Nutzfläche generiert werden kann. Für jedes Bauwerk ist die ideale Schichtenfolge stets neu zu suchen: Ob die Tragkonstruktion auf der kalten Aussenseite, auf der beheizten Innenseite oder sogar innerhalb der Fassadenkonstruktion angeordnet werden soll, ist jedes Mal neu zu entscheiden.

Erweiterungsbau Gemeindehaus, Regensdorf 2010

Das Gemeindehaus in Regensdorf weist eine aussenliegende Tragkonstruktion auf. Das Gebäude liegt als markanter, kubischer Monolith im Zentrum des Ortes. Das Wettbewerbskonzept sah einen dreigeschossigen Skelettbau mit zentralen, stabilisierenden Erschliessungskernen und innenliegenden Fassadenstützen vor. Die geschlossenen Fassadenflächen sollten mit nichttragenden Betonelementen verkleidet werden. In Zusammenarbeit mit den Architekten verschob sich dieser Aufbau während des Projektierungsprozesses in Richtung einer einschaligen, tragenden Fassade aus lasiertem Ortbeton, welche den angestrebten architektonischen Ausdruck markant stärkt und gleichzeitig die Aufbaustärke der Gesamtkonstruktion minimiert.

Die gesamte Ortbetonhülle weist keine Dilatationsfugen auf und ist im Bereich der Deckenstirnen mit einer durchgehenden, acht Zentimeter starken Steinwolldämmung thermisch von der Innenkonstruktion getrennt. Die rund sieben Meter weit spannenden Geschossdecken lagern nur über seitlich verschiebliche Querkraftdornen auf der Fassade, die wiederum durch lokale Zuganker in den Deckenstirnen horizontal gesichert ist. Die monolithische Sichtbetonfassade steht im Erdgeschoss auf einem umlaufenden Gleitlager. Dieses erlaubt horizontale Bewegungen zwischen innerer und äusserer Konstruktion, die infolge unterschiedlicher Temperaturdehnungen und differentiellen Schwindverkürzungen entstehen. Dieses Lagerungskonzept ermöglicht eine weitgehend rissfreie Sichtbetonkonstruktion.

Zweiseitige Auskragungen in den Eingangsbereichen des Gebäudes und eine Überspannung der vorhandenen Tiefgarage in einigen Bereichen führen zu einer Vierendeelwirkung mit beachtlichen Biegebeanspruchungen des Fassadengitters. Entsprechende Bewehrungszulagen nehmen diese Kräfte auf. Mit einer angemessenen Bauteilstärke von 28 Zentimetern erreichte der Baumeister trotz bereichsweise kräftiger, sich in vertikaler und horizontaler Richtung kreuzender Bewehrungen eine einwandfreie Qualität der Sichtbetonoberfläche.

Fenster, Innendämmung und sämtliche inneren Verkleidungen der Fassadenflächen sind starr mit der Betonfassade verbunden. Nachgiebige Übergänge zu den Bodenbelägen, Innenwänden und Deckenverkleidungen nehmen die differentiellen Bewegungen auf, wodurch sich die Abdichtung der Fassadenflächen konstruktiv vereinfachte. Einzig Fensterbänke und Wandkronen wurden mit einer Beschichtung aus Flüssigkunststoff behandelt.

Administrativgebäude ABR Bau 5, Roche Diagnostics, Rotkreuz 2011

Beim rund 70 Meter hohen Administrationsgebäude der Firma Roche in Rotkreuz handelt es sich um einen klassischen Aufbau von innen liegender Tragstruktur und äusserer Fassade. Die Tragkonstruktion ist konstruktiv von der geschosshoch verglasten Fassadenhülle getrennt und dieser vorgelagert. Die geneigten, über vier Geschosse rautenförmig angeordneten, tragenden Fassadenstützen prägen den architektonischen Ausdruck des Gebäudes und leisten den Hauptbeitrag zu seiner horizontalen Stabilisierung. In Zusammenwirkung mit den Deckenscheiben bilden sie jeweils über zwei Geschosse stabile Dreiecke, die global ein steifes, röhrenartiges Geflecht ergeben. Dieses System ist so effizient, dass es rund 70 Prozent der horizontalen Einwirkungen infolge Erdbeben und Wind abträgt. Da die Kerne nur noch einen geringen Teil der Horizontallasten übernehmen müssen, können ihre Wandstärken minimiert und dadurch zusätzliche Nutzflächen generiert werden. Die Funktionalität der Tragstruktur und die wirkenden Kräfte sind unmittelbar ables- und erfahrbar. Der hoch beanspruchbare Baustoff Beton wird regelrecht in Szene gesetzt, was den Gebäudenutzern Sicherheit und optische Festigkeit vermittelt.

Aufgrund der hohen ästhetischen Anforderungen, der erforderlichen Festigkeiten und der geometrisch repetitiven Tragkonstruktion lag die Vorfabrikation der Stützen nahe. Die Fassadenstützen vom Erdgeschoss bis ins 13. Obergeschoss wurden als V- respektive A-förmige Doppelstützen vorgefertigt. Nur die zweigeschossigen Stützen im 14. und 15. Obergeschoss wurden aus ausführungstechnischen Gründen einzeln produziert und montiert. Als knifflige Aufgabe entpuppte sich die Detailkonstruktion: Um beispielsweise den Bewehrungsquerschnitt in den konstruktiv anspruchsvollen Kreuzbereichen der Bewehrungsstäbe möglichst klein zu halten, wurde dort Bewehrungsstahl mit höherer Festigkeit eingesetzt. Die Stützenkopplungen mussten neben Druckkräften auch Schub-

1

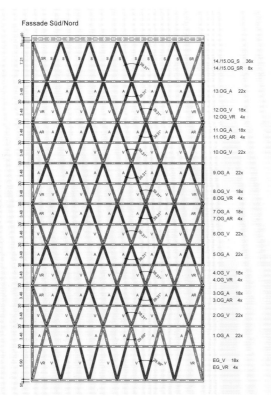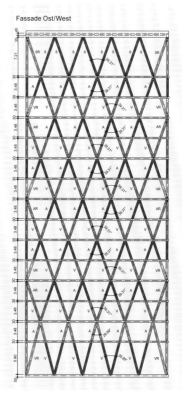

1   Typisierung der Fassadenstützen ABR Bau 5, Roche
Diagnostics
2   Variation der Knick-
längen bei Prada Aoyama in
und aus der Ebene

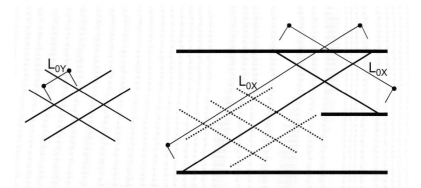

und teilweise sogar Zugkräfte aufnehmen, was statisch und bautechnisch diffizil ist.

Prada Aoyama, Tokio 2003

Das Prada Aoyama wirkt im dichten städtebaulichen Gefüge Tokios als kristallartiger Solitär. Sein mit der Raumstruktur verschmolzenes Tragwerk ist Bestandteil des Gesamtkonzeptes. In die feingliedrige Wabenstruktur, die das Gebäude gleichmässig umgibt, sind tragende Stahlprofile integriert. Die Konstruktion lässt auf den ersten Blick einen klassischen *curtain-wall* vermuten, also eine selbsttragend vorgehängte Fassade. Dieser Eindruck wird durch die liegend angeordneten Rauten verstärkt, die in vertikaler Ausrichtung die Schwerelasten deutlich effizienter abtragen würden. Dazu kommt, dass die Deckenscheiben zurückversetzt auf der Innenseite der Fassadenstruktur enden, obwohl erst diese das Tragsystem als integrierte Zugelemente zu einem Fachwerk vervollständigen.

Die tragende Wabenstruktur der Fassade besteht aus Walzprofilen mit Doppel-T-Querschnitt, die an den Knoten miteinander verschweisst sind. Die Aussenabmessungen der Stäbe sind konstant. Die Blechstärken variieren mit den unterschiedlichen Belastungen. Bei einzelnen Knoten mit sehr hoher Belastung wurde sogar Gusseisen eingesetzt. Einzelne Wabenreihen wurden zur leichteren und schnelleren Montage vorgefertigt und mit einem temporären Schraubanschluss versehen. Zwei Anschlussbleche seitlich der Profile ermöglichen die Fixierung mit Schrauben und lassen den erforderlichen Platz für die Schweissnähte. Nach dem Schweissen wurden die Schraubbleche wieder entfernt. Die Verbindung der Wabenstruktur zu den Decken – also zum Zugelement der geschlossenen Dreiecke – erfolgt über ein Hohlprofil, das in die

Knoten eingeschweisst ist. Als eigentliches Zugelement dient ein Stahlblech entlang der Deckenstirnen.

Die Geometrie und die um die Ecke laufende Tragstruktur gewährleisten die Stabilität der Fassade an den Eckpunkten des Gebäudes. In den geraden Bereichen sind die Stabilitätsprobleme der Fassade quer zu ihrer Ebene aber weitaus grösser. Hier helfen wiederum die Deckenscheiben, welche die Knicklängen der Stützen auf Geschosshöhe reduzieren. Ausserdem durchstossen drei Röhren, in denen Umkleidekabinen untergebracht sind, das innere Volumen des Gebäudes. Ihr Querschnitt umfasst jeweils vier Waben der Fassadenstruktur und bietet sich als aussteifenden Raumträger an.

← Montage der Stahl-
konstruktion im Dachbereich
↑ Erstellung der Ort-
betondecken Hand in Hand
mit der Stahlkonstruktion
der Fassade
↗ Verformungsbild
eines Fassadenausschnittes
→ Details Decken-
anschluss an Fassadenknoten

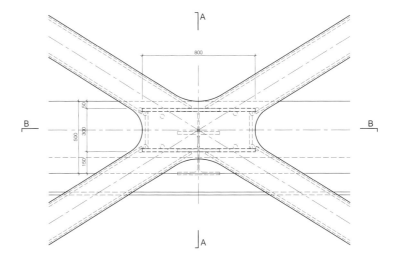

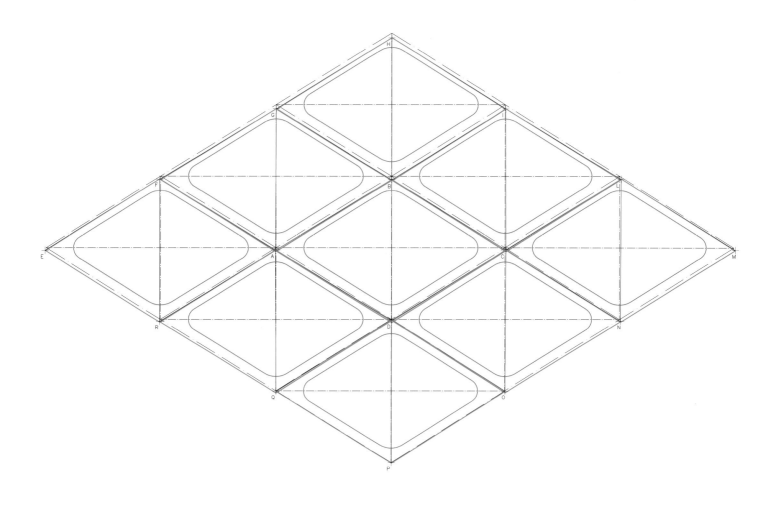

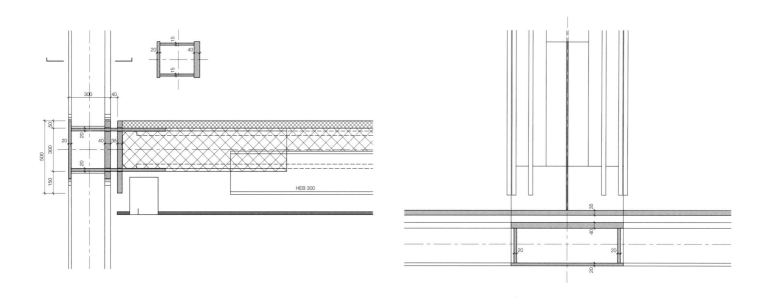

HEB 300

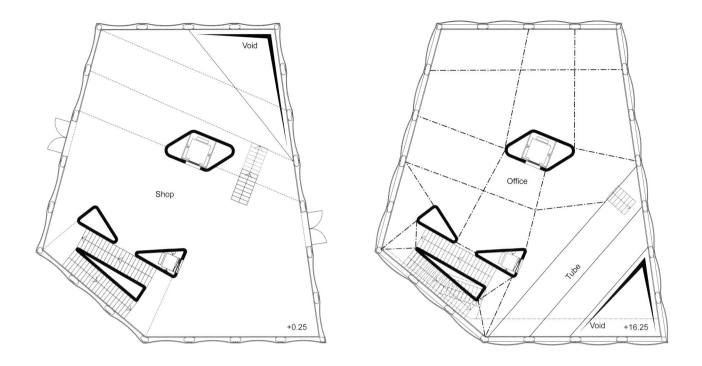

↑　　Grundriss Eingangs-
geschoss (links), Obergeschoss
(rechts)
→　　Blick durch die fertig
gestellte Fassade
→→　Aussenansicht

Erweiterungsbau Gemeindehaus
Regensdorf 2010

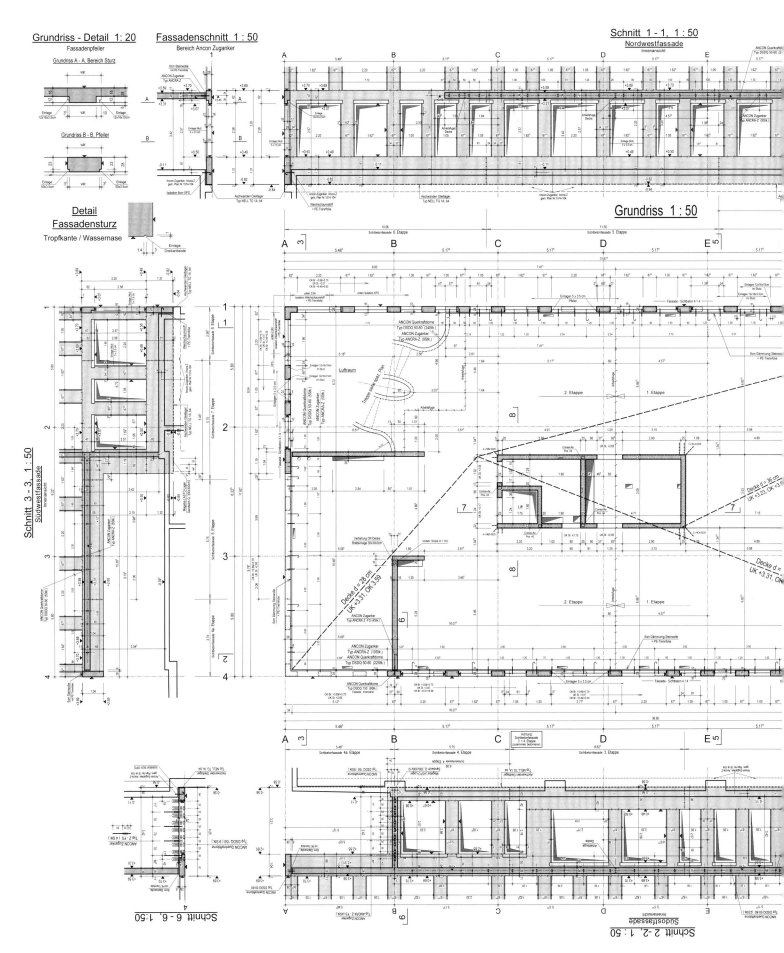

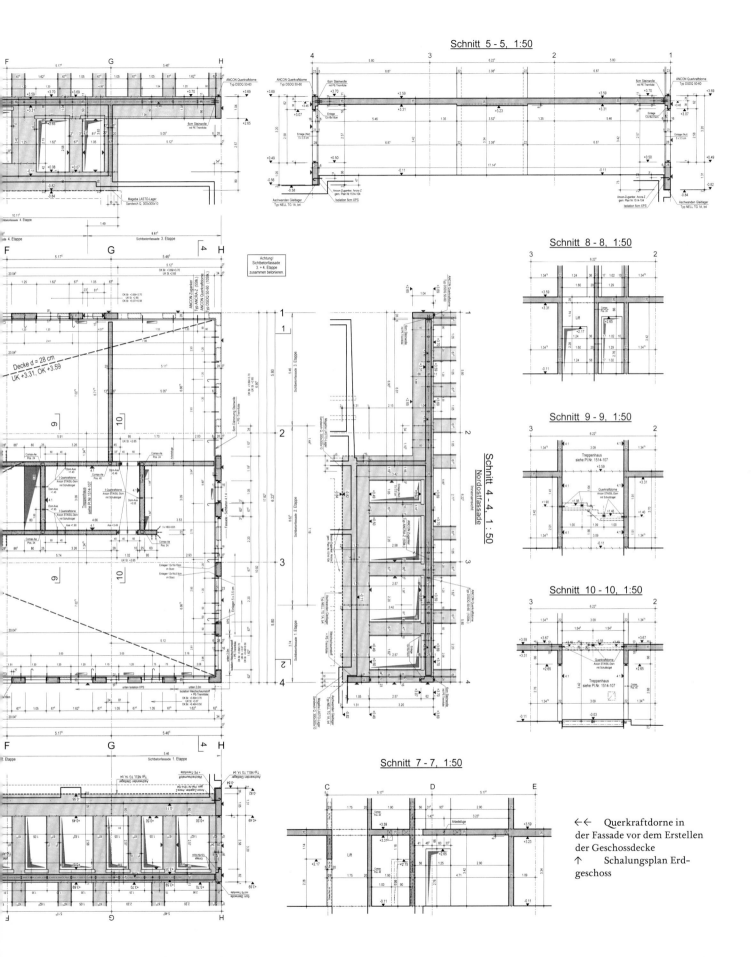

Schnitt 8 - 8, 1:50

Schnitt 9 - 9, 1:50

Schnitt 10 - 10, 1:50

Schnitt 7 - 7, 1:50

Schnitt 4 - 4, 1 : 50
Nordostfassade
Innenansicht

←← Querkraftdorne in
der Fassade vor dem Erstellen
der Geschossdecke
↑ Schalungsplan Erd-
geschoss

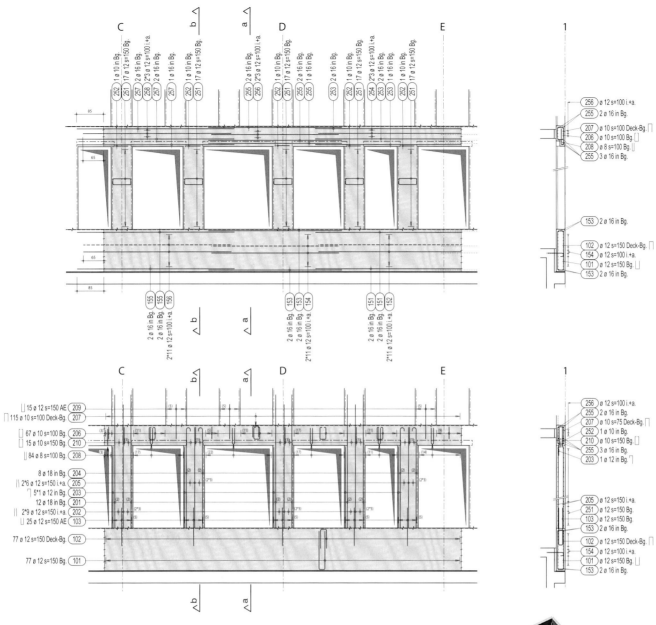

↑↑ Horizontalbewehrung
Fassade Erdgeschoss
↑   Vertikalbewehrung
Fassade Erdgeschoss
→   Struktur und Lage-
rungskonzept der Sichtbeton-
fassade
→→ Aussenansicht

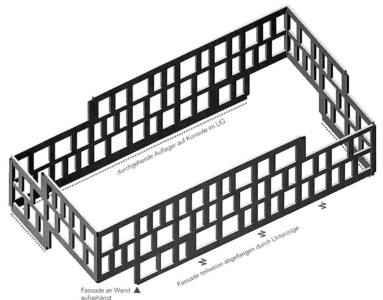

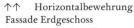

Fassade an Wand ▲
aufgehängt

180

Administrativgebäude
ABR Bau 5, Roche Diagnostics
Rotkreuz 2011

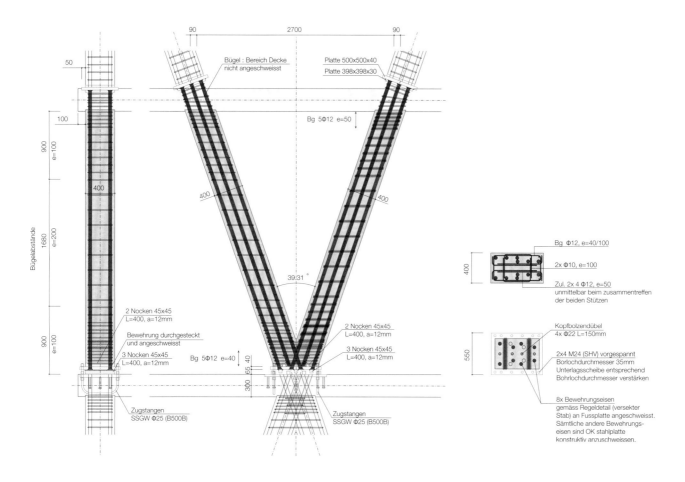

Bügel : Bereich Decke
nicht angeschweisst

Platte 500x500x40
Platte 398x398x30

90   2700   90

50

100

900
e=100

400

Bügelabstände

1680
e=200

400   400   400

Bg 5Φ12 e=50

39.31°

900
e=100

2 Nocken 45x45
L=400, a=12mm

Bewehrung durchgesteckt
und angeschweisst

3 Nocken 45x45
L=400, a=12mm

Bg 5Φ12 e=40

2 Nocken 45x45
L=400, a=12mm

3 Nocken 45x45
L=400, a=12mm

65 40

300

Zugstangen
SSGW Φ25 (B500B)

Zugstangen
SSGW Φ25 (B500B)

Bg Φ12, e=40/100

2x Φ10, e=100

Zul. 2x 4 Φ12, e=50
unmittelbar beim zusammentreffen
der beiden Stützen

400

Kopfbolzendübel
4x Φ22 L=150mm

2x4 M24 (SHV) vorgespannt
Borlochdurchmesser 35mm
Unterlagsscheibe entsprechend
Bohrlochdurchmesser verstärken

8x Bewehrungseisen
gemäss Regeldetail (versekter
Stab) an Fussplatte angeschweisst.
Sämtliche andere Bewehrungseisen sind OK stahlplatte
konstruktiv anzuschweissen.

550

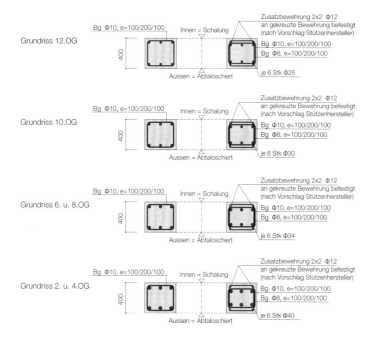

Grundriss 12.OG

Bg Φ10, e=100/200/100

Innen = Schalung

Zusatzbewehrung 2x2 Φ12
an gekreuzte Bewehrung befestigt
(nach Vorschlag Stützenhersteller)

400

Bg Φ10, e=100/200/100
Bg Φ8, e=100/200/100

Aussen = Abtaloschiert

je 6 Stk Φ26

Grundriss 10.OG

Bg Φ10, e=100/200/100

Innen = Schalung

Zusatzbewehrung 2x2 Φ12
an gekreuzte Bewehrung befestigt
(nach Vorschlag Stützenhersteller)

400

Bg Φ10, e=100/200/100
Bg Φ8, e=100/200/100

Aussen = Abtaloschiert

je 6 Stk Φ30

Grundriss 6. u. 8.OG

Bg Φ10, e=100/200/100

Innen = Schalung

Zusatzbewehrung 2x2 Φ12
an gekreuzte Bewehrung befestigt
(nach Vorschlag Stützenhersteller)

400

Bg Φ10, e=100/200/100
Bg Φ8, e=100/200/100

Aussen = Abtaloschiert

je 6 Stk Φ34

Grundriss 2. u. 4.OG

Bg Φ10, e=100/200/100

Innen = Schalung

Zusatzbewehrung 2x2 Φ12
an gekreuzte Bewehrung befestigt
(nach Vorschlag Stützenhersteller)

400

Bg Φ10, e=100/200/100
Bg Φ8, e=100/200/100

Aussen = Abtaloschiert

je 6 Stk Φ40

←← Bauzustand Regel-
geschosse
↑ Bewehrungsplan
einer typischen V-Stütze mit
Stützenfussdetails
← Bewehrung der V-
Stützen in Abhängigkeit des
Geschosses
↗ Untersicht Schalungs-
plan 8. Obergeschoss
→ Horizontale Verfor-
mungen nur mit Kern-
wänden (links), nur mit
Fassadenstützen (Mitte), mit
Fassadenstützen und Kern-
wänden zusammen (rechts)

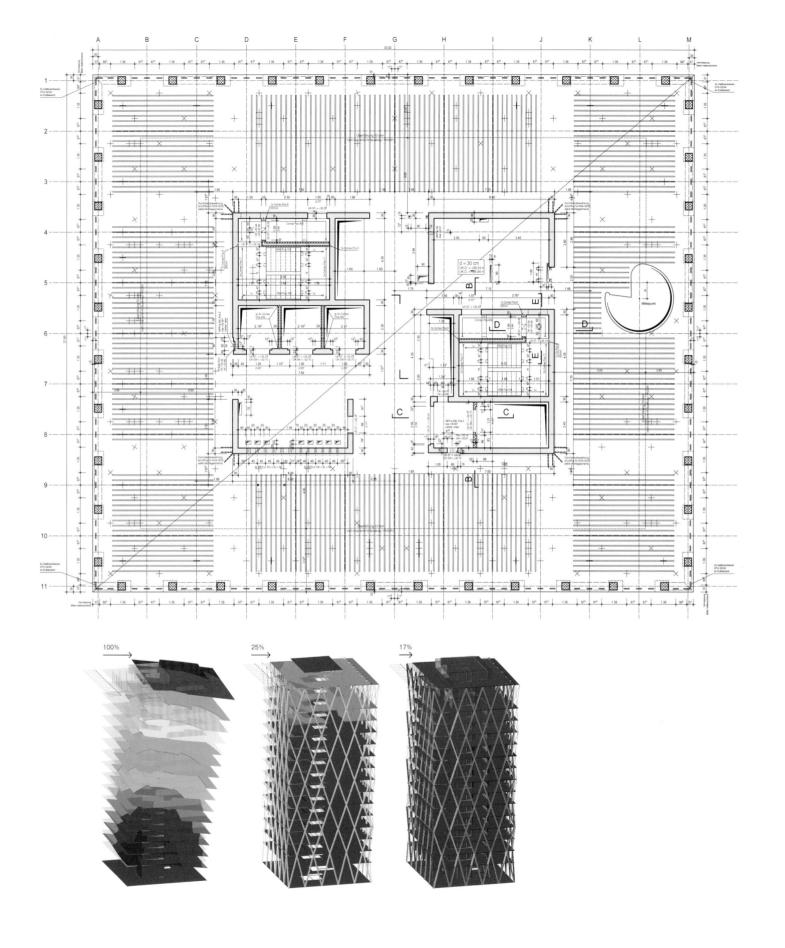

↑ Ecksituation im
obersten Geschoss
→ Erdgeschoss im Bau-
zustand
→→ Aussenansicht im
Endzustand

5   Struktur und Fassade
Administrativgebäude ABR Bau 5, Roche Diagnostics

6 Hohe Häuser

←   Modell des Claraturms
im Windkanal bei Wacker
Ingenieure in Birkenfeld (DE)

AF Wo liegen eure Interessen bei Hochhausprojekten? Highrise

TP An Hochhausprojekten ist einerseits, wie der Name es sagt, die Höhe der Bauten besonders. Andererseits reizen die anfallenden Wiederholungen von Bauteilen, wie zum Beispiel der Decken: Wenn ein Deckensystem dreissig Mal wiederholt wird, spielt die ökonomische und strukturelle Effizienz des Systems eine wesentliche Rolle. Andere interessante Themen sind etwa die Erschliessung, das heisst die Anordnung der Kerne, und die Stabilisierung, also die Frage, wie der vertikale Kragarm stabilisiert wird.

AF In den vergangenen Jahren sind die Strukturen leichter geworden. Damit einhergehend ist die strukturelle Dämpfung ein Thema: Gebäude (und hohe Gebäude exponentiell) sind für Schwingungen anfälliger geworden. Die Wichtigkeit dynamischer Antworten auf Windkräfte und Erdbebensicherheit ist gestiegen. Wie stark ist heute der Einfluss der Schwingungsdämpfung als Entwurfsparameter?

HS Je höher ein Gebäude wird, desto stärker treten die technischen Aspekte auf Kosten der gestalterischen in den Vordergrund. Bei hohen Gebäuden wird der architektonische Spielraum immer kleiner.

TP Das betrifft alle Aspekte wie Brandschutz etc. aber eben auch die Erschliessung. Erinnern wir uns an die Genese des Hochhauses in Chicago, die erst durch die Erfindung des Lifts möglich wurde, ist es doch interessant, dass auch heute noch die maximale Lifthöhe, 557 Meter, die Grenze nach oben vorerst festlegt. Die Erschliessung ist zentral und Frank Lloyd Wrights Traum des «Eine-Meile-Wolkenkratzers» bleibt vorerst eine Vision. Die Schwingungsdämpfung hat vor allem mit Komfortansprüchen zu tun, die Nutzer sollen nicht seekrank werden. Praktisch wird das aber erst ab 150 oder 200 Meter Höhe zum wirklichen Thema. In diesen Höhen sind wir – grad noch – nicht tätig ...

HS Wenn wir in der Schweiz von Hochhäusern sprechen, dann sprechen wir von «hohen Häusern». Es geht bei uns um Höhen von 120 Metern und somit ist das Bauen immer noch konventionell. Erst ab 200 Metern Höhe erfordern Erdbeben und Wind andere Antworten.

AF Ein hohes Haus zu bauen, scheint also nicht eine überragende Herausforderung zu sein?

TP So verallgemeinern möchte ich das nicht. Es ist natürlich immer wieder ein neuer Reiz. Aktuell arbeiten wir am Claraturm, der zwar nur 100 Meter hoch ist, aber quer zu den Windanfachungsrichtungen steht und sehr schlanke Kerne zeigt. Tatsächlich müssen wir uns hier dieser Schwingungsanfälligkeit bewusst sein. Man muss dann mit den Nutzern vereinbaren, dass die Mieter einen Zehn-Jahres-Wind spüren dürfen. Aber ich möchte unterstreichen, dass nicht die Grösse eines Hauses die Komplexität seines Tragwerks repräsentiert.

digitale Rechenleistung

AF In der Ingenieursarbeit ist es heute dank dem Computer möglich, die Komplexität der entworfenen Systeme zu dominieren. Dazu simuliert man das Verhalten mit Modalanalysen. Diese verlangen das Modellieren und die Übersetzung des Modells durch ein Set von Instruktionen für das Programm. Könnt ihr kurz beschreiben, wie ihr euch dem *structural behaviour* annähert und was euch befähigt, die daraus kalkulierten Resultate richtig einzuschätzen?

SB Am Anfang steht immer eine Abschätzung von Hand und eine überschlägige Dimensionierung. Computersimulationen sind zum Beispiel zur Überprüfung von Schwingungsverhalten, Erdbeben oder Wind wichtige Hilfsmittel.

HS Bevor ich den Computer herbeiziehe, habe ich meist eine Vorstellung von den Dimensionen. Es handelt sich dabei um eine Abschätzung der Dinge aus Erfahrung.

AF Und wie macht es der junge, unerfahrene Ingenieur?

HS Das ist natürlich ein Prozess. Heute können junge Ingenieure ihre Erfahrung aufbauen, indem sie die Annahmen der routinierten Ingenieure mittels Computer überprüfen.

TP Früher mussten wir teilweise auch drei oder vier Mal rechnen, bevor wir am Ziel waren. Heute leitet uns vielleicht so etwas wie künstlerische Intuition, die selbstverständlich auf Erfahrung basiert. Die getroffenen Annahmen werden verifiziert, indem wir das strukturelle System am Rechner modellieren. Entweder decken sich die Resultate, oder wir müssen die Modellannahmen prüfen. Wir können dann Parameter verändern, etwa die Materialeigenschaften, die Lastannahmen, die Einwirkungen etc. und beobachten, wie das System darauf reagiert. Dann müssen wir eingrenzen – wir befinden uns an der Stelle in einem Bereich unserer Disziplin, wo die Dinge nicht schwarz-weiss sind, sondern aus vielen Grauzonen bestehen.

HS Deine Frage zielt zum einen auf den Einsatz des Computers in der Planung ab, zum anderen willst du wissen, wie man konkret ein Problem im Computer modelliert, um zum richtigen Resultat zu kommen. Den ersten Aspekt haben wir bereits erläutert. Aus Erfahrung erkennt man bei der ersten Festlegung der Dimensionen bereits die neuralgischen Punkte, die mit dem Rechner überprüft werden. Das führt allenfalls zur Korrektur des Entwurfs. Wenn es dann in die Ausführung geht, werden sämtliche Detailabmessungen und Fügungen mit dem Computer berechnet. Die hohe Frage ist nun, in welcher Phase eines Planungsprozesses ein Problem moduliert wird. Hier spielt die Erfahrung eine ausschlaggebende Rolle, insbesondere bei der Entscheidung, von welchen Vereinfachungen ausgegangen werden soll. Wir müssen ja abstrahieren, können nicht die genaue Wirklichkeit modellieren. Am schwierigsten ist schliesslich die Interpretation der Resultate aus der Modellierung.

AF Wenn das Resultat nicht euren Vorstellungen entspricht, korrigiert ihr eure Vereinfachungen, verschiebt die Parameter?

HS Natürlich muss man hinterfragen, weshalb das Resultat nicht mit dem Erwarteten übereinstimmt, ob ein grundsätzlicher Denkfehler gemacht wurde. Da hilft dann wieder eine einfache Einschätzung von Hand. Oder man erkennt so, dass der Fehler eben bei der Modellierung passiert ist.

AF Wenn ich euch richtig verstehe, entscheidet somit die Intuition des Ingenieurs darüber, wann genug gerechnet worden ist.

HS Man kann beliebig lange und beliebig detailliert rechnen. Irgendwann muss man zu einem Schluss kommen, auch mit dem Bewusstsein, dass man nicht alles weiss. Man muss sozusagen die Wahrheit abschätzen.

TP Wir müssen mit einer 90 bis 95-prozentigen Wahrheit leben können – die absolute gibt es nicht.

AF Eure Disziplin ist also keine exakte Wissenschaft.

SB Man kann die digitalen Statik-Programme der Ingenieure mit den physischen Modellen der Architekten vergleichen. Anhand unserer digitalen Modelle können wir uns eine Struktur sehr genau vorstellen, ähnlich wie der Architekt vielleicht anhand eines eins zu zwanzig Modells einen Raum genau visualisiert. Die meisten Rückschlüsse zur Richtigkeit einer Struktur kriegt man über die Untersuchung der Verformungen. Diese sind auch beim physischen Architekturmodell meist schon gut zu erahnen, wenn sich etwa bereits die Kartonecke durchbiegt.

Normen

AF Eure Meinung zu den Normen interessiert mich: Sind diese schliesslich nichts anderes als eine Konvention, die auf intuitiven Erfahrungswerten basiert? Ist das Begriffspaar «Intuition» und «Berechnung» weniger als Gegensatz denn als Wechselwirkung zu sehen?

TP Die Norm ist nicht als Wechselwirkung von Intuition, Erfahrung und Berechnung zu verstehen. Die Norm ist eine festgelegte Berechnungsmethode.

AF Und die wurde nicht intuitiv entwickelt?

HS Interessante Frage. Professor Menn hat erst kürzlich in einer Veröffentlichung aufgezeigt, dass in den verschiedenen Betonnormen, die in den letzten 30 Jahren in der Schweiz gültig waren, Stahl- und Betoneigenschaften immer willkürlich festgelegt wurden. Wichtige Konstante dabei ist die Sicherheit von 1,8 zwischen dem Bruch eines Bauteils und seinem Gebrauch. Anders gesagt: Auch bei einer 1,8-fachen Last muss der Beton noch halten.

AF Sind die Normen also exakt oder nicht?

HS Nein. Die sind teilweise eher willkürlich.

TP Knickformeln sind einigermassen exakt, aber Materialeigenschaften sind es weniger. Da bestimmt auch die Lobby der Holz- oder Stahlindustrie mit, wie hoch die Faktoren angenommen werden.

HS Gerade zu «Knicken» fällt mir ein interessantes Beispiel ein: Euler hat irgendwann um 1800 die Knickformel streng mathematisch entwickelt. Die Stützen einer Brücke bei Münchenstein wurden nach dieser Formel errechnet, die Brücke aber ist kollabiert. Man hat dann bemerkt, dass die Eigenspannung im Stahl das Knicken beeinflusst. Die Eulerformel wurde entsprechend angepasst. Aber Anpassungen dieser Art sind eben willkürlich. Deshalb muss man die Normen interpretieren.

TP Normen sind so etwas wie ein Standardkochbuch. Wer an die Grenzen gehen will, muss nach Untersuchungen Ausschau halten, die etwas weiter reichen.

HS Wer sich innerhalb von Normen bewegt, bleibt in einem geschützten Bereich. Verlässt man die Norm, muss man genau wissen, was man tut.

AF   Dürft ihr die Normen verlassen?

HS   Die Norm ist nicht gesetzt.

AF   Ihr seid nicht dazu verpflichtet, die SIA-Normen einzuhalten?

HS   Doch klar. Aber irgendwo am Anfang des Normenwerks gibt es die Aussage, es könne von der Norm abgewichen werden, wenn dies mit Theorien begründbar ist.

TP   ... oder mit Versuchen. Gerade kürzlich wurde eine Brücke aus einem Verbund von Kunstfasern mit Balsaholz in Sandwichbauweise eingeweiht. Dafür gibt es noch keine Norm, aber die Konstruktion wurde selbstverständlich mittels vorgängiger Versuche an der EPFL getestet.

AF   Das heisst also, dass der Ingenieur sich mit eigenen Nachweisen über die Norm hinwegsetzen kann.

HS   Ja, mittels Versuchen oder Analogien, Nachweisen auf verschiedenen Ebenen.

AF   Machen wir eine Schlaufe zurück zum Thema Modell: Heinz Hossdorfs Ent- Modelle wicklungsweg führte weg vom physischen Modell hin zum reinen Computer-Modell, das er als «einzigartiges Instrument zum kognitiven Umgang des Menschen mit seiner realen, dreidimensionalen Welt» einschätzte. Steht die Bedeutung, die das virtuelle, die räumlich-stoffliche Realität widerspiegelnde Modell für euch hat, im Zusammenhang zu dieser Bürotradition?

HS   Sie steht vielleicht eher im Zeichen unserer Zeit. Die Architekten haben physische Modelle, um Räume zu prüfen. Mit Papier oder Karton kann der Ingenieur aber nur die Oberfläche prüfen, nicht die Kräfte. Auf unserem Gebiet erlauben uns digitale Modelle einen viel tieferen Einblick als physische Modelle. Heinz Hossdorf hatte am Anfang selbstgebaute Plexiglas-Modelle belastet, um die Verformungen zu messen. Aus diesen hat er wiederum Rückschlüsse auf den Kräftefluss gezogen und in Relation zum Massstab auf die Wirklichkeit hochgerechnet. Unsere heutigen Computermodelle ermöglichen diese Operation auf direktem Weg.

AF   Physische Modelle dienen also nur zur Überprüfung der Gestaltung?

TP   Für Prototypen, also bei der Entwicklung eines neuen Baustoffes, braucht es immer noch physische Modelle, um die Materialeigenschaften auszutarieren.

HS   Physische Modelle im Ingenieurwesen müssen nicht nur geometrische, sondern auch materialtechnische Massstäblichkeit haben.

Risiko   AF   Reden wir noch über Risiko. Der Bauingenieur arbeitet «on the edge», wie es Jack Zunz formuliert hat, und das ist sein Dilemma: Der entwerfende Architekt will sich darstellen und rückt dafür sehr nahe an den Rand. Die Grenzen des Machbaren bestimmt aber schliesslich ihr Ingenieure, die das Risiko kalkuliert. Wie geht ihr mit dieser Gratwanderung um?

HS   Persönlich mache ich immer wieder unterschiedliche Phasen durch. Am Anfang meiner Karriere war ich zurückhaltend und vorsichtig. Mit steigender Erfahrung wollte ich dann selber Grenzen ausloten, bis ich auf der Baustelle Erlebnisse hatte, die mir die Grenzen direkt vor Augen führten. Das bewegte mich dazu, wieder vorsichtig zu werden. So habe ich schon drei oder vier solcher Abschnitte durchgemacht. Wie du aber richtig bemerkt hast, ist es tatsächlich so, dass oft diejenigen im Team, die bestimmte Wünsche haben, nicht unbedingt selber für die Herstellbarkeit haften. Die Verantwortung, die wir tragen, wird von der Gesellschaft zu wenig gewürdigt.

AF   Wie ist es bei Dir Tivadar, hattest du diesbezüglich schon schlaflose Nächte?

TP   Hatte ich natürlich auch schon, zum Beispiel als wir das erste Hochhaus gebaut haben, den Messeturm mit dieser riesigen Auskragung. Zusammen mit Stefan haben wir diese bestimmt vier Mal durchgerechnet. Während des Baus wurde sie mit Pressen erhöht und anschliessend langsam herabgelassen – solche Aktionen beanspruchen die Nerven. Beim ersten Orkan bin ich dann sofort auf der Baustelle des Hochhauses nach oben geklettert, um zu sehen, wie sich das Gebäude im Wind verhält.

HS Apropos Risiko und Verantwortung: Zu Beginn des Actelion-Projekts haben die Architekten und wir dem Verwaltungsrat die Pläne vorgestellt. Der Präsident interessierte sich sehr für die Details, bis er schliesslich fragte: Herr Schnetzer, hält das? Ich habe mit einem «Ja» geantwortet. In solchen Situationen muss einem die Bedeutung einer solchen Aussage bewusst sein. Für ihn aber war das Thema damit erledigt.

AF Du bist eben vertrauenswürdig!

HS Interessant ist es auch, junge Ingenieure zu beobachten, die ihren ersten Plan zur Baustelle senden. Ihre Unsicherheit ist förmlich zu spüren, und auch, dass sie wahrscheinlich eine schlaflose Nacht hatten.

TP Jeder Ingenieur, der seinen Beruf ernst nimmt und auch grenznah arbeitet, hat schlaflose Nächte.

AF Ihr braucht also starke Nerven.

SB Manchmal geht man vorahnungslos auf die Baustelle, stellt dort fest, dass etwas falsch verlegt worden ist, oder die Haustechniker noch ungeplante Einlagen gemacht haben. Der Betonmischer steht daneben schon bereit. Solche Situationen bedürfen wirklich eines klaren Kopfes, denn ein Abbrechen oder Verzögern bedeutet sofort Termin- und Kostenfolgen. Gleichzeitig muss ich als Ingenieur die Verantwortung übernehmen. Solche Entscheidungen sind nicht einfach. Ich habe auch schon das O.K. zum Einfüllen der Betonmasse gegeben, bin dann aber sofort ins Büro zurück, um stundenlang rechnerisch zu überprüfen, ob das so funktioniert. Die grösste Verantwortung tragen wir, wenn wir zusätzlich das Risiko für eine bereits bestehende Konstruktion mittragen müssen. Planunterlagen des Bestandes sind oft Mangelware und wenn sie vorhanden sind, ist meist unklar, ob das Gebäude auch wirklich so gebaut worden ist.

HS In Bhutan haben mir lokale Projektbeteiligte bei einem Besuch zugetragen, dass das Wissen über die alten Holzbrücken leider verloren gegangen sei. Ich hatte selber bereits einige Überlegungen dazu angestellt und versprach, ihnen diese zukommen lassen. Auf dem Rückflug notierte ich ein paar überschlägige Berechnungen; ein Zeichner bei uns im Büro erstellte daraus einen Plan, den wir nach Bhutan schickten. Als ich ein Jahr später wieder im Land war, teilten sie mir freudig mit, dass eine Woche zuvor eine nach unserem Plan gebaute Brücke eingeweiht worden wäre. Ich war einigermassen geschockt, habe mich sofort hingesetzt und die Konstruktion nochmals sorgfältig rechnerisch überprüft!

Hohe Häuser

Tivadar Puskas

«... ich hoffe, Sie werden verstehen, dass Architektur nichts zu tun hat mit der Erfindung von Formen. Sie ist kein Tummelplatz für Kinder, Kleine oder Grosse. Architektur ist der echte Kampfplatz des Geistes.»[1] *Mies van der Rohe*

Mit den Entwicklungen im Stahlskelettbau und der Möglichkeit des Aufzugs einhergehend, waren es seit dem Ende des 19. Jahrhunderts die Ingenieure, die wegweisende Erfindungen im Hochhausbau geleistet haben. Das Reliance Building in Chicago oder das Flatiron Building in New York sind Zeitzeugen der Epoche der ersten Chicagoer Schule. Das Architekturbüro Skidmore Owings & Merril (SOM) war Mitbegründer der Second Chicago School und Fazlur Khan, seit 1966 Partner der Firma, der wichtigste Ingenieur seiner Zeit in Bezug auf den Hochhausbau. Mit seinen strukturellen Typologien wie «outrigger system», «framed tubes», «tube in tube» und «bundled tubes» setzte er Meilensteine im Hochhausbau. Der Traum, eine Meile hoch zu bauen, beflügelte Frank Lloyd Wright 1956 mit seinem Projekt «One-Mile-High Scyscraper» in den USA. Heute noch werden die technischen Möglichkeiten diskutiert, die es erlauben würden, so hoch zu bauen.

In Zusammenhang mit der Höhenbegrenzung spielt die Frage nach der Sinnhaftigkeit von Hochhäusern und ihrer Relation zum menschlichen Massstab eine wichtige Rolle. Technisch gesehen ist die Grenzhöhe der Hochhäuser durch den Flächenbedarf der Vertikalerschliessungen und durch die technischen Möglichkeiten der Aufzüge gesetzt. Andererseits sind das Erreichen ausreichender Komfortkriterien bei windinduzierten Schwingungen und das Erdbebenverhalten eines Hochhauses wichtige Kriterien. Aufschluss über das Verhalten des Bauwerks geben Windkanalversuche, die unter statistisch hochgerechneten Windgrössen durchgeführt werden. Gleichzeitig ist das Tragwerk so zu modellieren, dass der Wind erst gar keine stö-

1

renden Schwingungen evoziert. Erreicht wird dies mit einem steifen Stabilisierungssystem, oder aber mit Dämpfern und Massenpendel in den oberen Geschossen, welche die Beschleunigung der Schwingung in einem tolerierbaren Ausmass halten.

Die Verdichtung und damit auch das Hochhaus wird immer wieder einen Mehrwert darstellen müssen, damit sie überhaupt gefördert werden kann. So wird das Hochhaus auch in der Schweiz einen wesentlichen Beitrag zur baulichen Ver-

Number of Stories

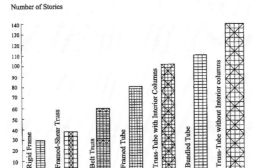

Number of Office Stories

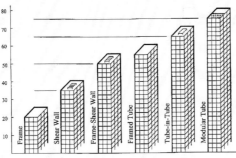

dichtung des urbanen Raumes leisten und einen wichtigen Baustein für einen nachhaltigen Städtebau bilden. Hohe Häuser, wie wir sie planen und bauen, zeigen zusätzlich eine Verdichtung in der Vertikalen, indem die Geschosshöhen und die Deckenstärken auf ein Minimum reduziert werden. Parallel dazu wird die Nutzungsflexibilität maximiert, während die Erschliessungsflächen minimiert werden. Diese strukturellen Schritte sind notwendig, damit das Hochhaus in seiner Wirtschaftlichkeit konkurrenzfähig zu Flachbauten wird. Bei hohen Häusern ist die Tragwerksplanung ein wichtiger integraler Bestandteil der architektonischen Aussagen. So werden Hochhausplanungen je länger je mehr hochgradig interdisziplinäre, iterative Planungsprozesse sein.

Messeturm, Basel 2003

In Anlehnung an das Lever House in New York prägt der 105 Meter hohe, gläserne Schaft des Messeturms das Stadtbild Basels.

Ausgangspunkt für den Messeturm war die 1994 verabschiedete Strategie «Messe Basel Plus», nach der die Messe in der Stadt bleiben und deren angestammten Standort erweitert werden sollte. Die Stadt Basel veranstaltete zusammen mit der Messe Schweiz einen internationalen, zweistufigen Architekturwettbewerb, aus dem der Entwurf des Planerteams Morger & Degelo / Marques Architekten in Kooperation mit unserem Büro erfolgreich hervorging.

Ein formal zurückhaltender Baukörper mit einer klaren, kubischen Geometrie zeichnet das Projekt aus. Das ausgeführte Tragwerkskonzept geht auf diese ästhetische Prämisse ein, indem das Tragwerk integraler Bestandteil der Architektur ist.

Der Messeturm besteht aus zwei grundlegenden Bauteilen: einerseits der eigentliche Turm und andererseits ein mit dem Turm verschliffenes, auskragendes Volumen. Beide zeigen eine transparente Fassade, flexibel nutzbare Geschossflächen und in der Grösse reduzierte, zentrale Erschliessungsbereiche.

Das Tragsystem des Turms besteht aus einem Betonkern in der Mitte des Grundrisses aus filigranen Stahlstützen unmittelbar hinter der Fassadenebene und aus 10 Metern weit gespannten Flachdecken aus Beton. Der Kern nimmt Treppen, Aufzüge sowie Versorgungsleitungen auf und trägt 65 Prozent der Vertikallasten. Daneben steift er den Turm zusammen mit dem Outrigger-System im Dachgeschoss gegen Wind- und Erdbebenlasten aus. Die Stützen bestehen aus Vollstahlrohren, die mit einer gegen den Brandfall schützenden Betonhülle ummantelt sind. Die Stützenquerschnitte sind entsprechend der Belastung im Untergeschoss am grössten und verkleinern sich bis ins 29. Obergeschoss. Die Betondecken, die gleichzeitig als Kühldecken ausgebildet sind, verteilen die Lasten auf den Kern und die Stützen. Ihre Deckenränder sind mit einem Stahlprofil im Verbund ausgesteift. Diese durchlaufenden Überzüge reduzieren die Deckendeformationen und lassen die Tragkonstruktion in der Fassade filigran erscheinen.

Das Intervall für das Erstellen eines Regelgeschosses (Kern, Decken, Montage der Stahlstützen und Stahlträger) betrug eine Woche. Erstmals in der Schweiz wurden dabei Decken und Wände des Hochbaus gleichzeitig geschalt, mit Haustechnikeinlagen versehen, bewehrt und betoniert.

Das angefügte Bauvolumen in den unteren Geschossen besteht aus einem 10 Meter hohen Raumfachwerk. Dieses kragt exzentrisch aus dem Turmgrundriss aus: 20 Meter auf der Querseite zum Platz hin und 10 Meter auf der Längsseite. Das Stützenraster ist das gleiche wie im Turm und zeichnet sich so über das ganze Gebäude einheit-

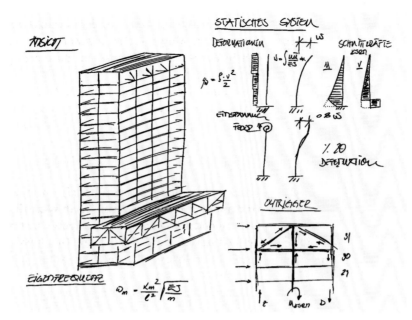

1   Skidmore Owings &
Merril Architects (Fazlur
Khan structural engineer),
John Hancock Center, North
Michigan Ave., Chicago 1969
(Höhe = 344/457 Meter)
2   Entwicklung der
Tragstruktur bei Hochhäu-
sern in Abhängigkeit der
Geschosszahl
3   Statisches System mit
Abschätzung des Outrigger-
einflusses auf die Eigen-
frequenzen des Gebäudes

lich in der Fassade ab. Die beiden Volumen verzahnen sich gleichsam elegant als auch effizient ineinander. Die Lasten aus dem Turm besorgen die Einspannung – nachdem der Rohbau das 21. Geschoss erreicht hatte, konnte das Hilfsgerüst unter dem Fachwerk mittels Pressen entfernt werden.

Windkräfte und Erdbebeneinwirkungen sind die massgebenden, wenn auch schwierig abschätzbaren Horizontaleinwirkungen auf das Gebäude. Windkanalversuche am Modell im Massstab 1 zu 400 zu Beginn der Planung halfen, das komplexe Verhalten bei Windeinwirkung zu eruieren. Durch die Verbindung des Kerns mit den Fassadenstützen im obersten Geschoss (Outrigger-System) konnten die Verformungen und Beschleunigungen um etwa 20 Prozent reduziert werden, was einen wesentlichen Komfortgewinn für das Bauwerk bedeutet.

Alle Lasten aus der Tragkonstruktion des Messeturms fliessen in den im Baugrund versenkten Untergeschosskasten. Er ist 10 Meter hoch und hat eine 2 Meter starke Bodenplatte, die auf 102 Bohrpfählen steht. Die Bodenplatte und die Tiefenfundation bilden zusammen die Einspannung des Turms, denn statisch gesehen ist ein Hochhaus ein vertikal mehr oder minder stark eingespannter Kragarm.

Geschäfts- und Wohnhaus Aquila, Pratteln 2013–2015

Das 66 Meter hohe Haus ist aus einem Wettbewerb hervorgegangen, den die Architekten Christ & Gantenbein gewonnen haben. Das Gebäude schliesst direkt an den neu gestalteten, urbanen Bahnhofplatz von Pratteln und reagiert auf den Kontext, indem es gegen die lärmbelastete Nordseite eine geschlossene Fassade zeigt, während die Fassaden gegen Westen und Süden zum Ortskern sowie zu den hügeligen Ausläufern der Juralandschaft offen sind. Aus diesem Ortsbezug ergibt sich ein spezieller rautenförmiger Grundriss. Das Tragwerk unterstützt diese Geometrie im wahrsten Sinn des Wortes.

Der fünfeckige Betonkern ist direkt an die geschlossene Nordfassade gerückt. Er bildet die Wirbelsäule des Hochhauses und wird von zwei Flügelwänden flankiert, welche die Torsionsbeanspruchungen infolge Wind- und Erdbebeneinwirkungen übernehmen können. Die Flachdecken spannen vom Kern und den Flügelwänden hin zu den vorfabrizierten Fassadenstützen.

Vom 4. bis zum 19. Obergeschoss sind nach Süden, Osten und Westen Wohnungen angeordnet. Shops und Büros befinden sich im viergeschossigen, flügelartigen Sockel, Lagerräume, Parkplätze und Veloeinstellplätze in den Untergeschossen. Die Bandfenster sorgen für lichtdurchflutete Wohnungen und Arbeitsplätze. Der Flügelbau verfügt über einen eigenen, vom Wohntrakt separierten Zugang sowie zwei eigene Lifte. Diese Liftkerne sind wiederum über die Betondecken mit dem Kern des Hochhauses gekoppelt. Architektonisches Konzept und Tragwerk-Konzept verbinden sich zu einer Einheit.

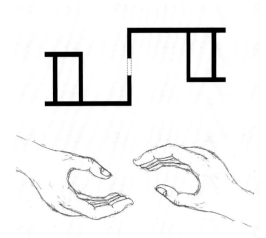

4   Statische Modell-
betrachtung für die Kopp-
lung der beiden Kerne mit
Visualisierung ineinander
greifender Hände (Hand-
zeichnung von Giotto Messi,
Projektleiter Claraturm)

Claraturm, Basel (in Planung)

Das Gebiet um den Messeplatz befindet sich seit den 1920er Jahren in einem dynamischen Entwicklungs- und Verdichtungsprozess. Auslöser dafür ist in erster Linie die Entwicklung der Messe Basel. Mit dem Messeturm und dem neuen Messezentrum hat sich in der Vertikalen und in der Horizontalen ein neuer Massstab etabliert. Diese kontinuierliche Entwicklung wie auch der Verdichtungsaspekt bildeten die Grundlage für die stadträumliche Konzeption von Morger + Dettli Architekten. Der Claraturm mit 180 stadtnahen Wohnungen sowie Büros, zwei Restaurants und zwei Ladenlokale im Erdgeschoss soll das Quartier für die Bewohner in der Nachbarschaft aufwerten.

Das elegante, durch seine Unterzugsbänder geprägte, 29-geschossige Gebäude soll insgesamt etwa 96 Meter hoch werden und sich gegen oben verjüngen, um den Schattenwurf auf die Nachbargebäude möglichst zu reduzieren: Ab dem 5. Obergeschoss reduziert sich der Grundriss mit Fussabdruck von etwa 48 mal 20 Metern kontinuierlich auf seiner einen Schmalseite, ab dem 22. Obergeschoss ausserdem auf einer Längsseite, sodass die Grundrissfläche im Dachgeschoss noch etwa 40 mal 16 Meter beträgt. Die umlaufenden Bänder in jedem Obergeschoss bilden die Stapelung der 29 Obergeschosse nach aussen ab. Durch den Verzicht auf Brüstungen wird dem Bewohner das «Hochhausgefühl» mit dem Blick in die Weite aber auch dem Blick nach unten unmittelbar vermittelt.

Das Tragwerk ist als Skelettbau konzipiert und besteht aus drei unterschiedlichen Tragelementen, welche die vertikalen Lasten via Tiefenfundation bis ins Erdreich abtragen: Punktge-

stützte Flachdecken, vorgefertigte Fassadenstützen und zwei ineinandergreifende Kerne.

Die nichttragenden Bänder verhindern den Brandüberschlag vom einen zum anderen Geschoss. Die Fassadenstützen stehen über die gesamte Gebäudehöhe genau übereinander. Dort, wo die Grundrisse reduziert werden, sind die Stützen schräg gestellt. Das Stützenraster ist aus der Wechselwirkung von Deckenanforderungen, statisch erforderlichen Bauteilstärken, Durchstanzen, Verformungen und Stützendurchmesser entwickelt. Die beiden über die Decken gekoppelten und integral mit den Haustechnikschächten optimierten Kerne gewährleisten neben dem vertikalen Lastabtrag auch die horizontale Stabilität des Bauwerks gegenüber Wind- und Erdbebeneinwirkungen. Ihre Formgebung in der Mitte des Gebäudegrundrisses erinnert an zwei ineinander verschränkte Hände, welche die an sie gestellten, architektonischen und tragwerkspezifischen Anforderungen versinnbildlichen: horizontale Aussteifung, vertikaler Lastabtrag, Versteifung gegen Schwingungen, Aufnahme von haustechnischen Installationen und funktionale Erschliessung. Ganz in Aristoteles' Sinne handelt es sich bei dieser sich ergänzenden Kernanordnung um ein Ganzes, das mehr ist als seine Teile.

1   Zitiert nach: Judith Dupré, *Wolkenkratzer*, Köln 2005, S. 50.

Messeturm
Basel 2003

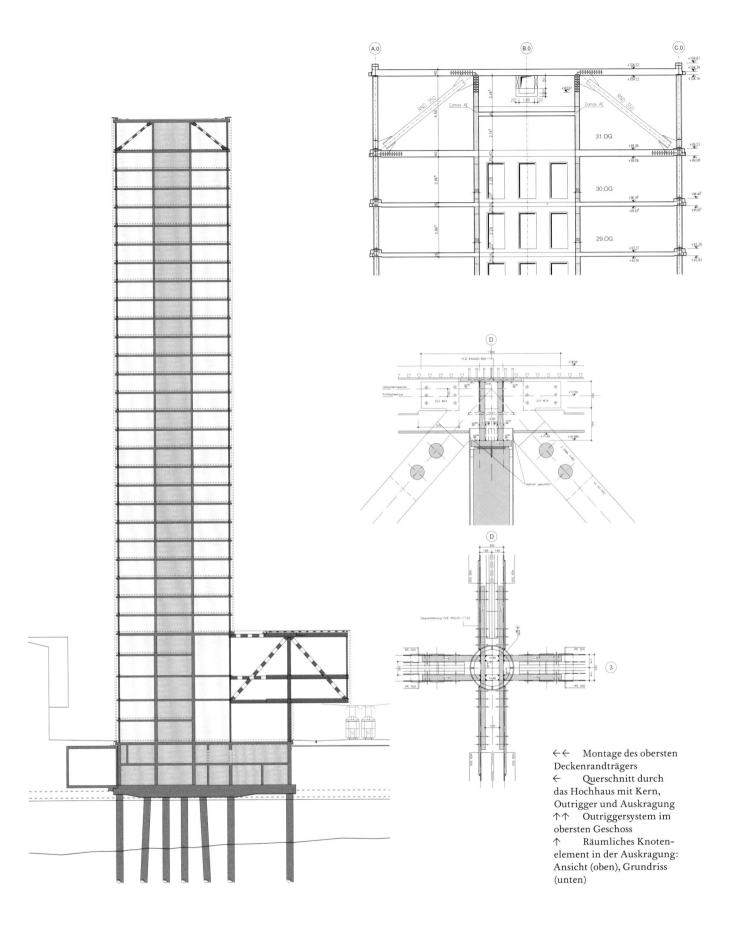

←← Montage des obersten Deckenrandträgers
← Querschnitt durch das Hochhaus mit Kern, Outrigger und Auskragung
↑↑ Outriggersystem im obersten Geschoss
↑ Räumliches Knotenelement in der Auskragung: Ansicht (oben), Grundriss (unten)

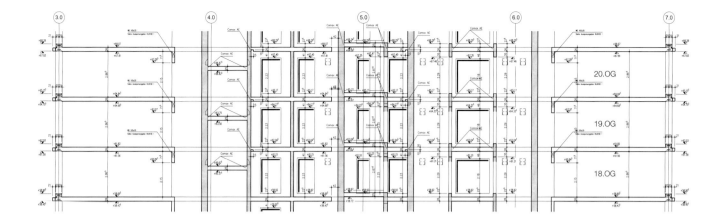

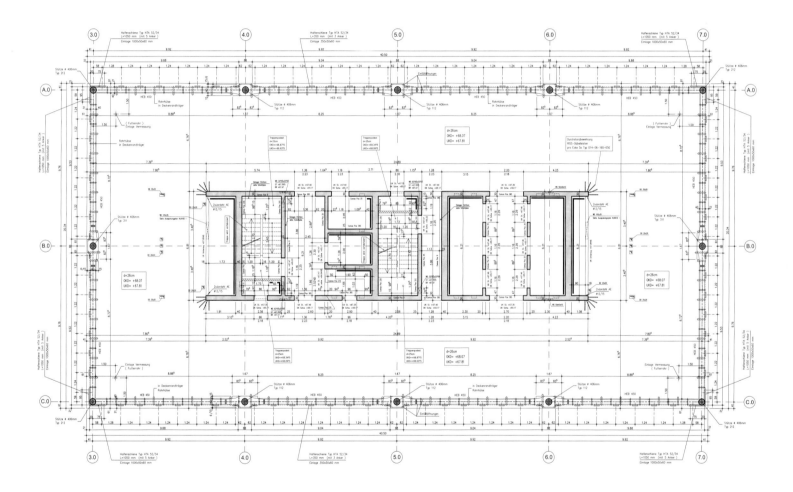

↑↑ Längsschnitt mit
einer Geschosshöhe von
2,86 Metern
↑ Grundriss mit Spann-
weiten der Deckenränder von
10 Metern

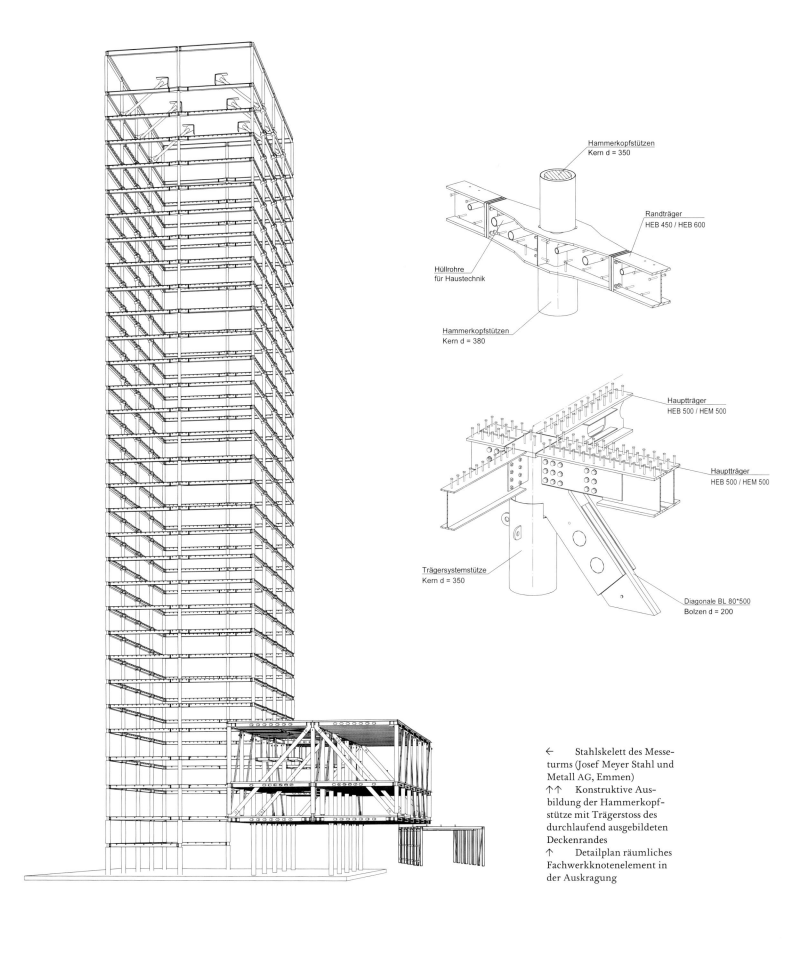

Hammerkopfstützen
Kern d = 350

Randträger
HEB 450 / HEB 600

Hüllrohre
für Haustechnik

Hammerkopfstützen
Kern d = 380

Hauptträger
HEB 500 / HEM 500

Hauptträger
HEB 500 / HEM 500

Trägersystemstütze
Kern d = 350

Diagonale BL 80*500
Bolzen d = 200

← Stahlskelett des Messe-
turms (Josef Meyer Stahl und
Metall AG, Emmen)
↑↑ Konstruktive Aus-
bildung der Hammerkopf-
stütze mit Trägerstoss des
durchlaufend ausgebildeten
Deckenrandes
↑ Detailplan räumliches
Fachwerkknotenelement in
der Auskragung

↑↑ Zusammenschweissen
der Hammerkopfstützen
bei der Josef Meyer Stahl und
Metall AG in Emmen
↑ Montage Knoten-
element mit Korrosionsschutz
→ Zustand im Bau mit
Kletterschalung des Kerns
und der Decken im 22. Obergeschoss
→→ Ansicht des ausladen-
den Gebäudesockels mit
Hotelvorfahrt
→→→ Ansicht vom Messe-
platz

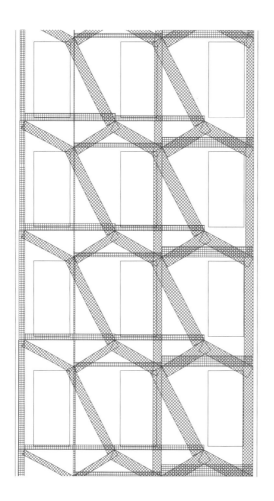

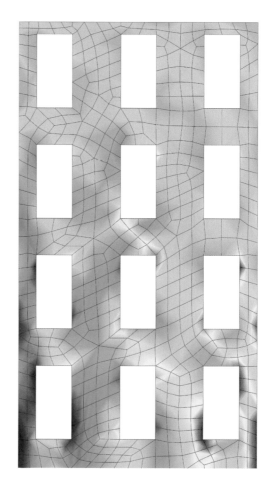

Spannungen (sigma)

Druck

0.0

Zug

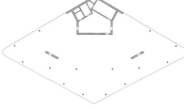

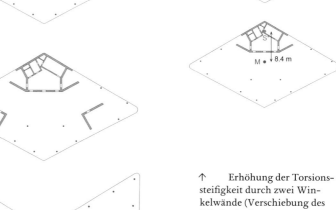

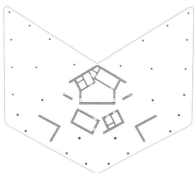

← Architekturmodell des Hochhauses

↑ Horizontaler Kräftefluss (links) und Hauptspannungen (rechts) durch perforierte Kernwand

↗↗ Grundriss der Attikageschosse (18. und 19. Obergeschoss)

↗ Grundriss der Regelgeschosse, 4. bis 17. Obergeschoss

→ Grundriss in den Sockelgeschossen, Erdgeschoss bis 3. Obergeschoss

↑ Erhöhung der Torsionssteifigkeit durch zwei Winkelwände (Verschiebung des Schubmittelpunktes zum Massenzentrum um 3 Meter)

→ Räumliches Tragsystem mit Decken, Stützen und stabilisierenden Wänden

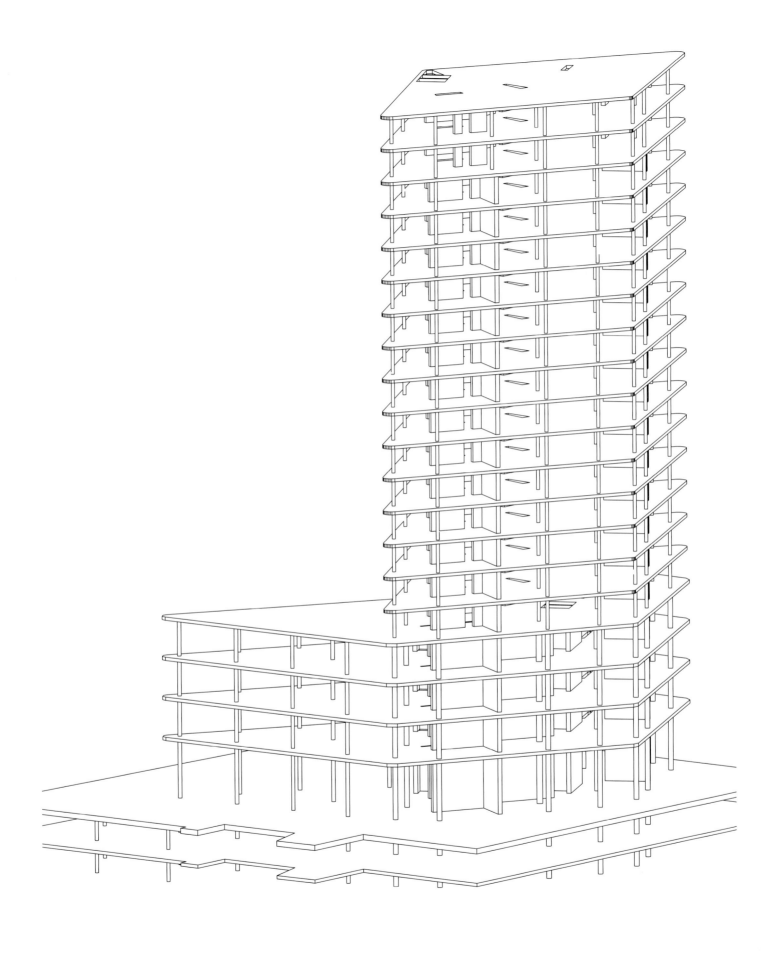

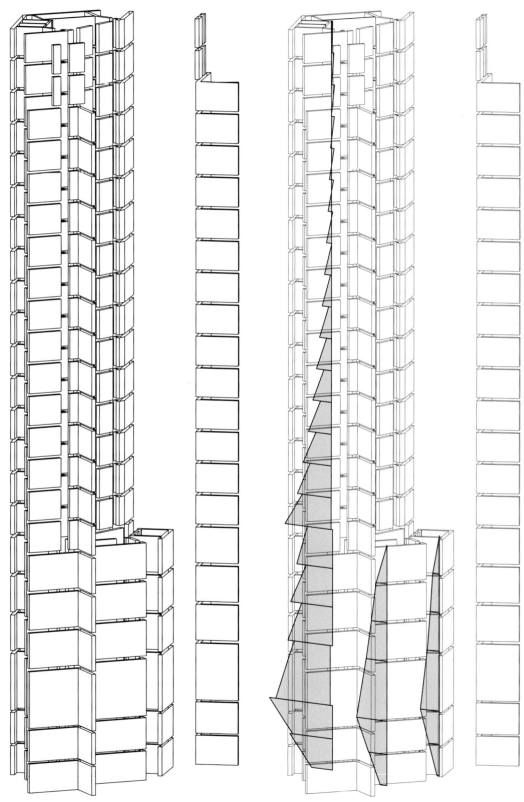

← Querkraftlinie der massgebenden Wand im Kern
←← Horizontale Verformung des Gesamtsystems infolge Windeinwirkungen. 85 Millimeter in der Gebäudespitze entsprechen etwa $1/_{750}$ der Gebäudehöhe

Claraturm
Basel (in Planung)

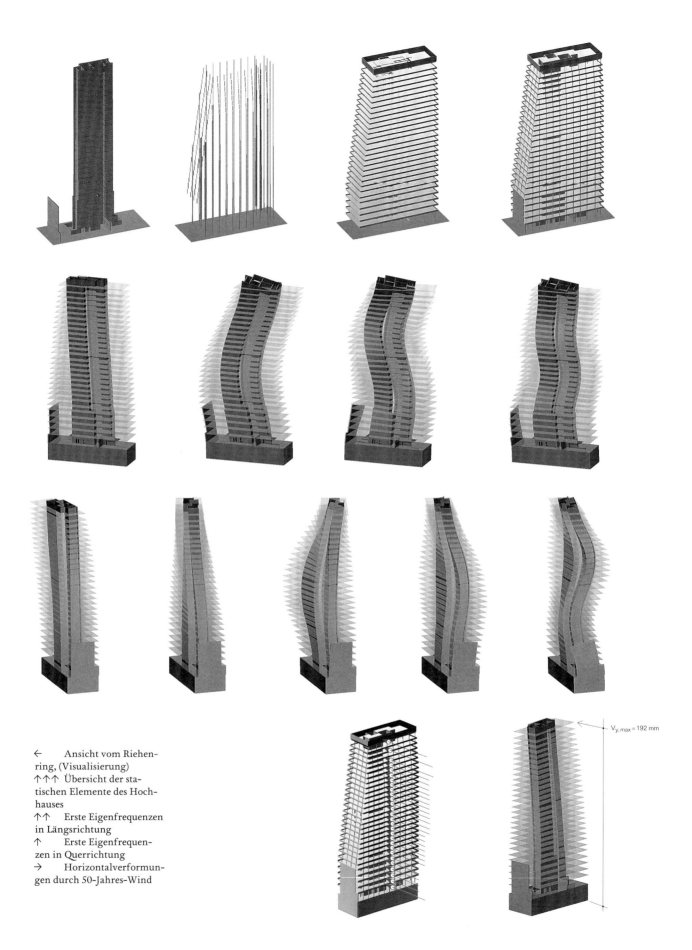

← Ansicht vom Riehenring, (Visualisierung)
↑↑↑ Übersicht der statischen Elemente des Hochhauses
↑↑ Erste Eigenfrequenzen in Längsrichtung
↑ Erste Eigenfrequenzen in Querrichtung
→ Horizontalverformungen durch 50-Jahres-Wind

$V_{y,\,max} = 192\ mm$

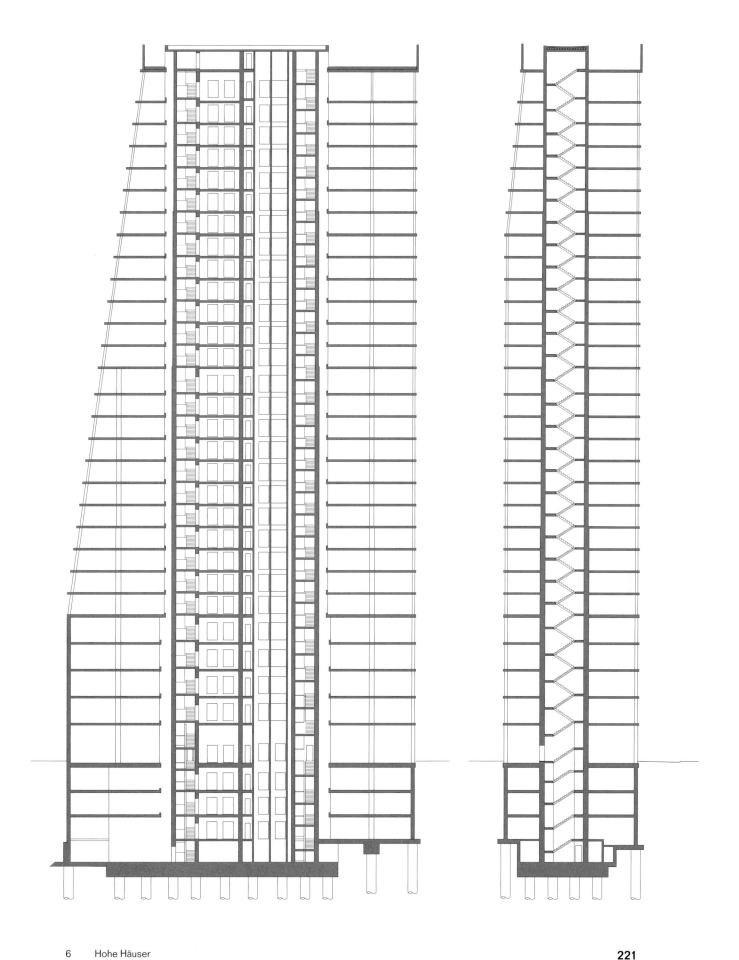

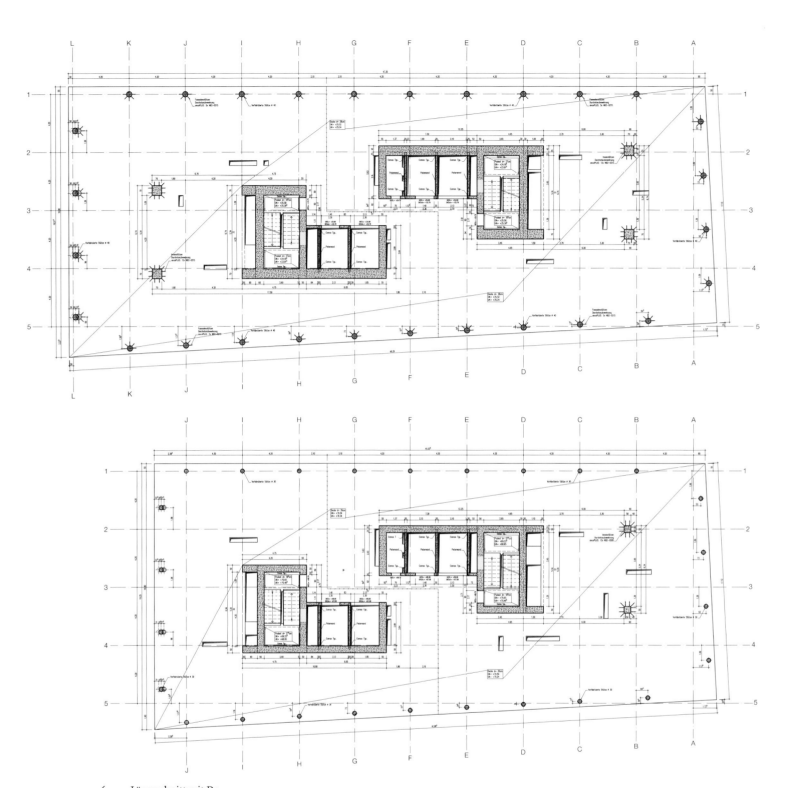

← Längsschnitt mit De-
cken, Kern, Stützen und Fundation (links); Querschnitt
mit Decken, Kern, Stützen
und Fundation (rechts)
↑ Grundriss 4. Ober-
geschoss (oben); 22. Obergeschoss (unten)

222

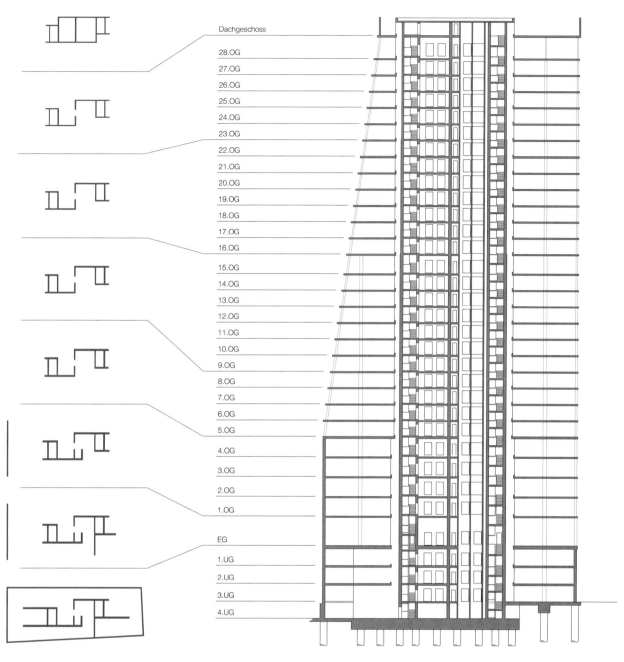

	Dachgeschoss
	28.OG
	27.OG
	26.OG
	25.OG
	24.OG
	23.OG
	22.OG
	21.OG
	20.OG
	19.OG
	18.OG
	17.OG
	16.OG
	15.OG
	14.OG
	13.OG
	12.OG
	11.OG
	10.OG
	9.OG
	8.OG
	7.OG
	6.OG
	5.OG
	4.OG
	3.OG
	2.OG
	1.OG
	EG
	1.UG
	2.UG
	3.UG
	4.UG

↑ Entwicklung der Ge-
bäudekerne nach Geschossen
→ Zwei sich ergänzende
Kerne, die im obersten Geschoss schubsteif miteinander
gekoppelt sind. «Das Ganze
ist mehr als die Summer
seiner Teile.» (Aristoteles)

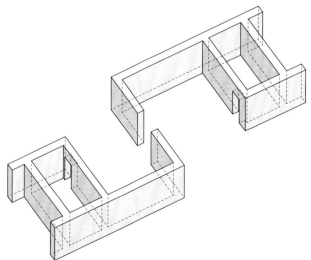

7 Transformation

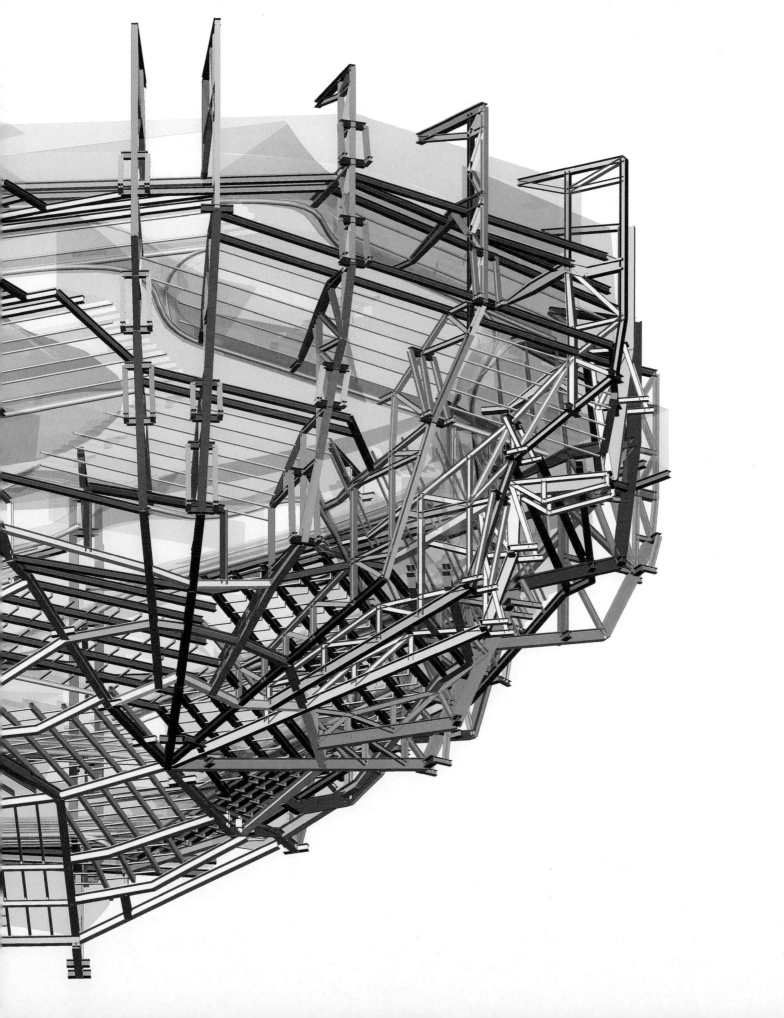

←   Innenschale des
grossen Konzertsaals der
Elbphilharmonie Hamburg
(Computermodell)

AF Für das CaixaForum Madrid habt ihr ein altes Kraftwerk rigoros entkernt, Radikale Umbauten unterbaut, in die Luft gestemmt und aufgestockt – wahrscheinlich eines der am radikalsten umgebauten historischen Gebäude überhaupt. Auch beim Umbau des Speichers zur Elbphilharmonie Hamburg wurde der ursprüngliche Bau vollständig entkernt und um einiges aufgestockt. Inwiefern seid ihr bei diesen Projekten in die denkmalpflegerischen Fragestellungen involviert und wie würdet ihr eure grundsätzliche Haltung im Umgang mit Bauen im Bestand beschreiben? Gibt es moralische oder konstruktive, transformatorische Grenzen?

HS Bei beiden Bauten handelt es sich eigentlich nicht um Umbauten. Bei der Caixa hat man einfach die historische Fassade weiterverwendet, ansonsten ist das aber ein Neubau. Deshalb würde ich hier gar nicht von Transformation und Umbau sprechen.

AF Du plädierst also für eine Definitionsverschiebung: CaixaForum Madrid ist ein Neubau?

HS Es ist auf jeden Fall kein Beispiel für einen sogenannten Umbau. Das ehemalige Gebäude ist nicht mehr existent und hätte auch durch einen Neubau ersetzt werden können. Aus denkmalpflegerischer Perspektive ist das ein Neubau.

AF Ein Neubau mit historischer Fassade?

HS Das Gebäude hat nicht den Anspruch, einen Umgang mit einer bestehenden Bausubstanz abzubilden.

AF Das scheint mir doch etwas widersprüchlich – die Fassade ist ja noch da und sie ist für die Identität des Ortes wahrscheinlich sehr wichtig. Ein Neubau wäre zudem vermutlich billiger gewesen.

HS Das wäre nicht billiger gewesen.

AF   Also gut, einigen wir uns auf Neubau mit alter Fassade. Zählt das auch für die Elbphilharmonie?

HS   Hinter diesem Projekt steckt eine interessante Geschichte. Ursprünglich wurde dort ein Wettbewerb für zwei Hochhäuser ausgelobt. Wegen fehlender Investoren konnten diese aber nicht realisiert werden. Wo also anfänglich Büros vorgesehen waren, wurde der «Kulturtempel» angedacht. Der Entwurf dazu lebt von der Auseinandersetzung zwischen Alt und Neu. Aus Kostengründen war man zunächst von einer Nutzung des bestehenden Quaispeichers und von dessen Gründung aus 1111 sehr tragfähigen Pfählen ausgegangen. Der Speicher sollte zum Parkhaus mutieren. Das Parkieren darin wurde von der Bauherrschaft aber als zu wenig komfortabel angesehen, der Speicher sollte entkernt werden. Auch dieses Projekt würde ich nicht als leuchtendes Beispiel für einen Umbau anführen.

AF   Du kannst doch nicht einfach die Definition von Transformation verschieben: Es handelt sich halt einfach um absolut radikale Eingriffe!

TP   Ja, das sehe ich auch so.

AF   Scheinbar arbeitet ihr oft mit Architekten zusammen – oder zumindest bei den bekannten Projekten –, die radikale Positionen in Bezug auf Ausräumen und Entkernung verfolgen.

TP   Wir beschäftigen uns genauso auch mit anderen, weniger extrovertierten Projekten, aktuell etwa mit einem Zollfreilager in Münchenstein. Dabei wird ein ehemaliges Lagerhaus zu einer Schule umgebaut und es geht um kleinere, denkmalpflegerische Eingriffe, bei denen wir beispielsweise Stützen oder Decken wegnehmen, um hohe

Räume zu schaffen. Bei einem anderen aktuellen Projekt wird ein Lagerhaus in ein Bürohaus umgebaut. Durch das nicht mehr vorhandene Lagergut entfällt Gewicht, wodurch es möglich wird, das Gebäude mit drei weiteren Wohngeschossen aufzustocken. Hier wird also gerade die bestehende innere Struktur sehr wohl genutzt, vielleicht in genau umgekehrter Weise zum CaixaForum Madrid. Innen bleibt die Substanz erhalten, aussen wird eine neue Fassade addiert. In unserer Arbeit ist es ausserordentlich wichtig, bestehende Strukturen, seien es Brücken oder Gebäude, strukturell lesen und verstehen zu können, um diese weiterzudenken.

HS   Die Frage zielte doch auf die Auseinandersetzung mit Bauten unter Denkmalschutz ab. Diese beiden Projekte, die wir am Anfang besprochen haben, hatten keine denkmalpflegerischen Ansprüche.

TP   Für die Jazzschule in Basel mussten wir ein ganzes Haus erhalten und mit zwei Geschossen unterfangen. Wir haben das Gebäude auf Micropfähle gestellt und unterbaut. Dies aus denkmalpflegerischen Gründen, da sich im Gebäude wichtige Holzmalereien aus dem 14. bis 16. Jahrhundert befinden.

AF   Wie bereits erwähnt interessiert mich, ob ihr euch selber in die denkmalpflegerische Debatte involviert und dazu Stellung bezieht.

TP   Der Denkmalpfleger übernimmt bei Projekten mit historischer Substanz eine hegemoniale Stellung. Wir nehmen seine Forderungen ernst und versuchen, sie bestmöglich zu erfüllen.

HS   Ein Architekt, der beim Entwurf von Leitplanken oder Lärmschutzwänden mitwirkt, ist bei der Linienführung des Bahntrassees auch nicht involviert.

AF   Genau das empfinde ich als riesiges Problem!

HS   Bei Transformationen sind Gesetzgebung und denkmalpflegerische Aspekte harte Rahmenbedingungen.

SB   Wir können aber viel ermöglichen.

HS   Die Frage ist ja gerade, ob es nur «darum» gehen kann.

SB   Beim Stadttheater Solothurn haben Sondierungen alte Malereien in den Theatergalerien hervorgebracht. Meine Bestätigung, dass diese weiterhin halten würden und entsprechend stehen gelassen werden könnten, war ausschlaggebend für den Entwurf.

AF   Mit «ermöglichen» meinst du also das Ermöglichen von Konservierungen?

SB Ja, auch.

HS Uns geht es doch einfach nicht anders als den Architekten, um bei meinem Lärm-schutzwand-Beispiel zu bleiben …

AF Bleiben wir doch bei den Transformationen. Ich bin der festen Überzeugung, dass der Architekt durchaus eine starke Haltung entwickeln und die Meinungsmache nicht nur dem Denkmalpfleger überlassen soll. Ich kann mir doch überlegen, ob ich räumlich etwas weiterstricken, verschleifen will, ob didaktisch Alt von Neu abgesetzt oder möglichst viel ausgeräumt werden soll. Diese Überlegungen können und müssen doch genauso zum Tragwerk und zur Konstruktion selber angestellt werden, ja, sie implizieren die Reflexion darüber förmlich! Aber woher soll der Ingenieur ein Wissen über die historischen Konstruktionen haben?

TP Von der Ausbildung haben wir dieses Wissen nicht, aber wir haben Bücher.

HS Das eine ist das Lernen, wie etwas gebaut ist. Das ist für uns einfacher zugänglich. Das andere wäre eine Ausbildung in Kunst- und Kulturgeschichte, Ingenieurbaukunst- und Konstruktionsgeschichte: Darin zeigt unsere Ausbildung zweifellos Defizite.

TP Ein fatales Manko – wir lernen die Wurzeln unserer eigenen Geschichte nicht! Das kann man unseren Hochschulen wirklich ankreiden.

AF Ich erinnere mich an eine Ingenieurbaukunst-Denkmalpflege-Debatte bei der Gesellschaft für Ingenieurbaukunst, bei der sich die Gemüter darüber erhitzten, ob bei Maillarts Schrähbachbrücke Innerthal die nachträglich eingebrachten, statisch irrelevanten und von Maillart nicht vorgesehenen Backsteinfüllungen wieder zu entfernen wären. Die Ingenieure plädierten für die Rückführung der Konstruktion auf den Urzustand, die Denkmalpflegerin für den Erhalt der Füllungen aus Zeitwertgründen.

TP Ich teile die Meinung der Ingenieure. Die Brücke sollte auf Maillarts ursprüngliche Konstruktion zurückgebaut werden – weg mit den Füllungen!

AF Mir geht es um die allgemeine Frage, wer eigentlich die Authentizität einer Konstruktion diskutieren soll.

TP Sicherlich die Denkmalpfleger und die Ingenieure zusammen.

HS Natürlich waren diese Füllungen von Maillart nicht vorgesehen, aber sie sind nun mal da – warum sollte man sie jetzt wieder wegnehmen? Wozu der Effort, diese Füllungen zu entfernen? Da denke ich ganz pragmatisch.

SB Wenn eine Sanierung ohnehin ansteht, kann man das sicher ins Auge fassen, ansonsten würde ich dafür auch keine Baustelle eröffnen.

TP Die Brücke ist ein Denkmal! Das Denkmal wurde modifiziert, verziert – die Qualität der Modifizierung kann ich nicht beurteilen. Aber eine nachträglich abgehängte Decke wollen wir auch entfernen, wenn darunter ein schönes Gebälk verborgen ist!

HS Mittelalterliche Häuser wurden doch auch vielfach umgebaut. Wie entscheidest du dort über Wegnehmen und Stehenlassen?

TP Ich differenziere zwischen einer Maillart-Brücke und einem Wohnhaus, das schon 20 Mal verändert wurde und keinen besonderen bau- und kulturgeschichtlichen Wert hat. Die Maillart-Brücke hat den aber.

AF Ich frage im weitesten Sinne, ob sich die Ingenieure nicht auch selber aktiver in Debatten über Konstruktionsgeschichte einmischen sollten.

TP Klar, dazu sind wir verpflichtet.

HS Die Kompetenz und der Wille, sich überhaupt einzubringen, muss der Ingenieur zuerst entwickeln. In der Schweiz tut sich in diesem Sinne sicherlich etwas, dazu trägt auch die Gesellschaft für Ingenieurbaukunst bei.

AF Gibt es aus eurer Sicht eine Ingenieur(baukunst)-Debatte? Falls ja, seid ihr darin involviert? Diskurs

TP Die Ingenierbaukunst-Debatte existiert. Denken wir an das aktuelle Beispiel der Isler-Schale – die Raststätte in Deitingen, die entfernt werden sollte. Dagegen haben sich Ingenieure und Architekten zusammen gewehrt.

HS Solche Fragestellungen werden vermehrt auf uns zukommen. Viele der sogenannt «reinen» Ingenieurbauwerke wie Strassen oder Tunnels bedürfen langsam einer Erneuerung oder Sanierung.

SB Ich sehe zurzeit keine von Ingenieuren geführte Auseinandersetzung. Die Ingenieurzeitschriften beschränken sich meist auf Dokumentationen eines Bauwerks im Sinne eines einseitigen Berichts. Eine kritische Debatte findet doch nicht statt!

AF Auf welche Fachliteratur beziehst du dich?

SB   Auf *Der Bauingenieur* oder *Tec21,* das früher etwas ingenieuraffiner war und mittlerweile fast schon eine reine Architekturzeitschrift ist ...

AF   In euren Fachzeitschriften findet eine solche Debatte also nicht statt. Ist denn Schreiben und Reden über eure Projekte für euch relevant?

TP   Wir haben auch schon Artikel über unsere Projekte publiziert. Sie kriegen aber niemals die gleiche Aufmerksamkeit wie Architekturpublikationen. Wir sprechen aber auch ein viel kleineres Publikum an.

HS   Die Ingenieure sind es nicht gewohnt, sich mit ihren eigenen Bauwerken auseinanderzusetzen und deshalb findet eine Selbstreflexion zu selten statt. Ebensowenig ist es bei uns Usus, über Negativerfahrungen zu reden, obwohl jeder solche macht.

Lehre
Ausbildung

Zur Ausbildung der Ingenieure an der ETH Zürich möchte ich generell etwas anfügen: Dass keine Konstruktionsgeschichte vermittelt wird, ist nur der eine Aspekt. Der andere Punkt ist, dass auch das eigentliche Ingenieur-Denken, also der Zugang zu einem Konstruktionsproblem, heute eher zu kurz kommt. Die Professoren und die Lehrstühle sind eher zu theoretisch besetzt, was längerfristig Nachteile mit sich bringt.

AF   Das hängt doch mit der Forderung zusammen, dass am Departement Bau, Umwelt und Geomatik (D-BAUG), wo die Bauingenieure ausgebildet werden, die Professuren zu hundert Prozent wahrgenommen werden müssen und es somit unmöglich ist, nebenbei ein Büro zu führen. Damit werden die bauenden Ingenieure von der Lehre an der ETH Zürich ausgeschlossen.

HS   Das ist sicherlich ein Grund. Aber das eigentliche Problem besteht meiner Meinung nach darin, dass die Lehrstühle aufgrund von Dissertationen und Anzahl Papers besetzt werden, sodass sowieso nur noch eine bestimmte Gattung von Ingenieuren in Frage kommt.

AF   Eine absolut praxisabgewandte Besetzung.

HS   Das geht in die gleiche Richtung wie in den USA, wo die Ausbildung sehr theoretisch ist. Die Stärke der Ausbildung an der ETH, oder überhaupt in Europa, war früher ihre Praxisbezogenheit.

TP   Professor Walther und Professor Menn zu unserer Zeit waren aktive Brückenbauer, die schlichtweg zu den grössten Ingenieuren ihrer Zeit gehörten. Sie sassen nicht ausschliesslich im Labor bei ihren Materialuntersuchungen …

HS   Früher herrschte ein Gleichgewicht zwischen theoretisch orientierten und praktisch orientierten Professoren. Heute überwiegt das Theoretische.

AF   Wie kam es zu dieser Verschiebung?

HS   Die heutige Schulleitung orientiert sich nur am naturwissenschaftlichen Teil und das ist wenig zielführend.

AF   Ein sporadischer Dialog zwischen dem D-BAUG und dem Departement Architektur wäre allenfalls angesagt …

HS   Ja. Oder man müsste mit dem Vorsteher der ETH, dem Präsidenten selber, reden – der bestimmt ja die Professoren!

Vom Umgang mit «tückischen Problemen»

Harry Gugger

Ist nicht alles schon gesagt zur Zusammenarbeit von Ingenieuren und Architekten? Verändern und entwickeln sich diese Domänen so dynamisch, dass es immer wieder Neues zu berichten gibt? Die schon ein paar Jahrhunderte dauernde Separierung der beiden Fachgebiete wird ja nun niemand mehr ernsthaft in Frage stellen oder beklagen wollen. Und die Planungs- und Bauwirtschaft macht auch nicht gerade durch revolutionäre Erfindungen auf sich aufmerksam.

Trotzdem sollte man kurz inne halten und sich fragen, ob die Zusammenarbeit zwischen Architekt und Ingenieur unter dem Einfluss der Informationstechnologie sich nicht doch gewandelt hat. Die Informationstechnologie ist im Bauwesen, wie auch sonst überall, der wichtigste Innovationstreiber der zurückliegenden Dekaden. Ihre Anwendung hat sowohl in der Planung wie auch in der Realisation von Bauten zu massiven Veränderungen geführt. Die IT muss somit als disruptive Technologie bezeichnet werden, die, wenn auch noch keinen Paradigmenwechsel, eine klare Bifurkation, ein Auseinanderdriften von einerseits herkömmlicher und andererseits informationstechnisch bestimmter Bauproduktion provoziert hat.

Die Verwaltung der Bauproduktion erfolgt ja im besten Fall rein rational. In diesem Bereich hat sich die IT denn auch weitgehend durchgesetzt. Das Entwurfsverfahren hingegen stellt ein *wicked problem,* ein «tückisches Problem» dar. Eine nicht endgültig definierte Fragestellung also, die keine eindeutig richtige oder falsche Lösung kennt, sondern nur besser oder schlechter gelöst werden kann. Ein Problem, das in Gemeinschaft – und das Bauen ist nun einmal ein gemeinschaftliches Gut – nicht rein rational, sondern nur mit Hilfe von Rhetorik gelöst werden kann.

Ich verstehe hier Rhetorik als Methode der Wahrheitsfindung. Dabei wird in der Debatte der Konsens angestrebt und das Wahre nicht zwingend rational gesucht. Nun lässt sich beobachten, dass Architekten und Ingenieure sehr unterschiedlich auf diese Situation reagieren. Generalisierend lässt sich sagen, dass sich Ingenieure mit «tückischen Problemen» schwertun und diese zwecks ihrer Berufung auf rationale Zusammenhänge zu reduzieren versuchen. In seinem Text «Infrastructural Ecologies» beschreibt Pierre Belanger die Ingenieure folgendermassen:

«Ihr Werk, ihre Sprache, ihre Ausbildung ist determiniert von Standards, Spezifikationen und Systemen. Unter Ausschluss von Variablen und sozialen Unwägbarkeiten reduzieren sie komplexe Systeme auf überprüfbare Quantitäten, Sicherheiten und Lösungen. Ihre Arbeit argumentiert mit messerscharfer Präzision und einer haarscharfen Berechnung der Wahrscheinlichkeit, um aus Unbestimmtheiten Genauigkeiten zu produzieren.»[1]

Bei der hier besprochenen Arbeit ist die Informationstechnologie von grosser Bedeutung. Dank ihr lassen sich immer noch komplexere Probleme determinieren. Dagegen ist vorerst nichts einzuwenden. Schliesslich sind wir alle dankbar, wenn im Bauen potentielle Risiken mit abschliessender Sicherheit ausgeschlossen werden können.

Im Entwurfsprozess jedoch kann der allzu frühe Rückzug auf rationale Zusammenhänge deprimierend und demotivierend wirken. Freilich ist die grundsätzliche Verweigerung der rhetorischen Debatte, die von manchen Ingenieuren praktiziert wird, das noch grössere Übel, weil in diesem Fall der Architekt, auf sich alleine gestellt, eine unproduktive Scheindebatte führt, die zwangsläufig in rein formalen Lösungen resultiert.

Mit Hilfe der Informationstechnologie lassen sich also immer mehr und immer komplexere Probleme abschliessend berechnen. Es scheint klar, dass in einer Welt, in der immer grössere Gewissheit herrscht, das Ungewisse als zunehmend bedrohlich empfunden wird. Daraus lässt sich ableiten, dass sich das grundlegende Problem der Zusammenarbeit zwischen Architekten und Ingenieuren, der Umgang mit «tückischen Problemen» nämlich, akzentuieren wird. Gleichzeitig kann man aber feststellen, dass sich dadurch am Wesen dieser Zusammenarbeit nichts Grundlegendes verändert. Abschliessend lässt sich also die Zusammenarbeit von Ingenieur und Architekt nur im konkreten Einzelfall beurteilen. Dies geschieht am besten in der Untersuchung der Abweichung von der hier kurz beschriebenen Regelhaftigkeit.

Bekannterweise kennt jede Regel ihre Ausnahmen und ich habe das Glück, in meiner Tätigkeit nicht wenigen Ausnahmen begegnet zu sein. Zu diesen zählen Heinrich Schnetzer und Tivadar Puskas. Mit ihnen mag man sich gleich ganz zu Beginn des Entwurfsprozesses zusammensetzen und man kann darauf zählen, dass eine offene und konstruktive Debatte ihren Lauf nimmt. Man fühlt sich unter sich. Das beruht nicht auf der langen Bekanntschaft, sondern darauf, dass sie sich auch auf vagem Terrain schon mal auf eine Diskussion einlassen. So lassen sich gemeinsam auch gewagte Hypothesen aufstellen, die dann in der weiteren Bearbeitung von den unterschiedlichen Standpunkten aus überprüft werden. Man könnte sagen, dass die beiden Ingenieure eher wie Architekten zu operieren scheinen, nur dass sie nicht das architektonische, sondern das strukturelle Potential einer Idee im Auge haben.

Am schönsten lässt sich dieser Prozess am Projekt CaixaForum Madrid illustrieren. Ein altes, aufgelassenes thermisches Elektrizitätswerk am Paseo del Prado sollte in ein Ausstellungsgebäude

1

1   Die Eingangstreppe des CaixaForum Madrid. Sie führt vom Platz unter dem Gebäude in das erste Obergeschoss.
2   Schematische Darstellung der Baumassnahmen am Museum CaixaForum Madrid

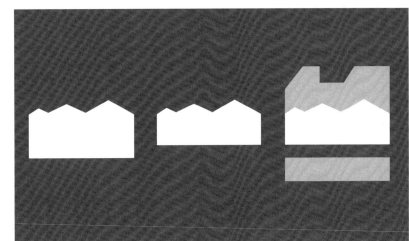

2

für die Obra Social «laCaixa» umgewandelt werden. Das unter Denkmalschutz stehende Gebäude lag eingezwängt im kleinteiligen Wohnquartier mit engen Strassenzügen. Das geforderte Raumprogramm war fast dreimal so gross wie das Flächenpotential des bestehenden Gebäudevolumens. An die Schaffung von öffentlichem Raum war vorerst also gar nicht zu denken. Da eine rein unterirdische Erweiterung für uns nicht in Frage kam, mussten wir den rigiden Denkmalschutz in jedem Fall in Frage stellen. Die verwegene Idee, den Gebäudesockel aus Granit zu entfernen und so das bestehende Gebäude schweben zu lassen, um darunter einen gedeckten öffentlichen Raum zu schaffen, lag auf der Hand.

In neun von zehn Fällen verwirft man als Architekt diese Idee sofort wieder. Glücklicherweise hatten wir Heinrich Schnetzer zu Rate gezogen, der die Idee eben nicht ganz so verwegen fand, sondern die strukturelle Herausforderung, die sich ergab, recht eigentlich suchte. Somit hatte er sich das Projekt sofort mit angeeignet. Die architektonische, räumliche Idee wurde eins mit der strukturellen Idee. Was folgte, war ein Deklinieren dieses Grundkonzeptes.

Anschliessend haben wir versucht, das Konzept mit äusserster Radikalität architektonisch und strukturell zu entwickeln. Für den öffentlichen Raum bedeutete dies Stützenfreiheit im Erdgeschoss, sodass das Gebäude lediglich von den drei sowieso notwendigen Kernen (Publikumstreppe mit den öffentlichen Liften, Arthandling Lift und Autolift) gestützt wird. Ein Ringträger aus Beton ist an den drei Kernen aufgehängt und verhakt sich mit dem bestehenden Backsteinmauerwerk. Zwei zusätzliche Querträger aus Beton versteifen die Konstruktion und definieren als Primärträger die Spannweite der grossen Ausstellungshallen. Konsequenterweise ist alles weitere Tragwerk als Stahlkonstruktion von diesem Grundgerüst aufgebaut oder abgehängt. So ist auch die gefaltete Decke über der Plaza keine formale Geste, sondern ein Abbild des Kräfteverlaufs in der abgehängten Konstruktion.

Die architektonische und die strukturelle Konzeption waren bei diesem Projekt so eng miteinander verwoben, dass ein voneinander unabhängiges Arbeiten unmöglich war. Man könnte dies als Zwang empfinden. Die Persönlichkeiten von Heinrich Schnetzer und Tivadar Puskas lassen diese Empfindung aber gar nicht erst zu. Ich weiss nicht, ob es so etwas wie eine humorvolle Nüchternheit gibt. Aber so würde ich ihre Persönlichkeiten am ehesten beschreiben. Diese Eigenart erlaubt es, in der Zusammenarbeit das «Wesen des Projektes» in den Vordergrund treten zu lassen und persönliche Überzeugungen zum Verschwinden zu bringen. Und dies ist doch das Ziel des Projektierens.

1   Pierre Belanger, «Infrastructural Ecologies», unpublished paper for the 4th Holcim Forum for Sustainable Construction, Mumbai 2013, S. 2 (Übersetzung aus dem Englischen von H.G.)

Transformation

Heinrich Schnetzer

Städte entwickeln sich nicht nur gegen aussen, sondern immer mehr auch gegen innen. Damit geht eine Verdichtung der Kernzonen einher – der Umgang mit bestehenden, oft denkmalgeschützten Baustrukturen wird zwangsläufig immer öfters zum Thema. Der Einbezug vorhandener Bausubstanz in neu zu entwickelnden Bauten mit oft völlig anderer Nutzung erfordert sowohl auf der städtebaulichen als auch auf der bautechnischen Ebene eine intensive Auseinandersetzung mit der Ausgangslage. Nur eine Analyse aller Grundlagen kann die Basis für konzeptionelle Überlegungen sein. Konstruktiven und statischen Aspekten ist dabei die gleichwertige Aufmerksamkeit zu zollen wie architektonisch-städtebaulichen. Das macht eine enge Zusammenarbeit zwischen Tragwerksplaner und Architekt bereits in einer frühen Konzeptphase unumgänglich.

Der Beitrag des Bauingenieurs ist in dieser ersten Phase bivalent. Er soll Ideen, die auf den ersten Blick unüblich und abwegig erscheinen, nicht einfach ihrer Andersartigkeit wegen verwerfen. Solche Aufgaben erfordern vielmehr ein Sich-Einlassen auf neue, vielleicht gewagte und anfangs unrealistisch erscheinende Ideen. Erfahrungsgemäss steckt in diesen oft der Kern eines hervorragenden Lösungsansatzes. Diesen Kern gilt es zu erkennen.

Dabei ist sicherzustellen, dass noch ungelöste Punkte zu einem späteren Zeitpunkt auch lösbar sind. Solch selektives aber hierarchisches, Prioritäten setzendes Vorgehen bereitet dem Bauingenieuren erfahrungsgemäss beträchtliches Kopfzerbrechen. Aufgrund der Ausbildung und seines strukturierten Denkens ist er wenig geneigt, projektrelevante konstruktive Punkte ungelöst liegen zu lassen. Es ist aber eine wichtige Erkenntnis, dass Entwurfsprozesse dynamisch sind und dass aus zeitlichen Gründen nicht bereits am Anfang alle Ideen bis ins letzte Detail überprüft werden können.

In diesem Zusammenhang spielen die heute gültigen Normen eine wesentliche Rolle. Sie sind leider zu umfangreich und zu komplex, um als wahre Hilfsmittel für den Entwurfsprozess zu dienen. In jeder neuen Normengeneration steckt stets mehr Detailwissen – dessen Relevanz ist aber auf einen kleinen Teil der Bauwerke beschränkt. Ebenso werden Sicherheitskonzepte stetig verfeinert mit dem Ziel, die Genauigkeit der Berechnungsmodelle zu erhöhen. In die Normen sollten vielmehr einfache Annahmen einfliessen, welche die sehr komplexen Zusammenhänge der Lastenannahmen, der Baustoffeigenschaften und der Modellannahmen vereinfachend umschreiben. Mit anderen Worten: Durch die Komplexität der Normen nimmt die Fehleranfälligkeit wesentlich zu – ein Sachverhalt, der zum Nachdenken anregen sollte. Der Detaillierungsgrad einer Betrachtungsweise ist deshalb stets der praktischen Anwendbarkeit gegenüberzustellen.

Die beschriebenen Zusammenhänge lassen sich gut anhand dreier Projekte, der Elbphilharmonie Hamburg, dem CaixaForum Madrid und dem Umbau der Eishalle Lido in Rapperswil veranschaulichen.

Elbphilharmonie Hamburg, Hamburg 2003–2016

Die Elbphilharmonie gliedert sich in den Bestand und in den Neubauteil, der auf dem Kaispeicher aufgesetzt wird. Aus architektonischen Überlegungen sollte der Neubau vom Kaispeicher abgehoben in Erscheinung treten. Die im Zwischenraum entstehende Aussichtsebene, die sogenannte «Plaza», bildet deshalb eine Zäsur, die mit dem Zurückrücken beziehungsweise dem Wegfall der Fassadenstützen akzentuiert wird. Der im Neubau zentral platzierte Konzertsaal erstreckt sich in Querrichtung über die ganze Gebäudebreite, stösst also bis an die Nord- und Südfassade. Unter dem Konzertsaal befindet sich ein Erschliessungs- und Foyerbereich, dessen amorphe Raumabfolge sich kaskadenartig entlang des Konzertsaals nach oben entwickelt. Auf der Ost- und Westseite ist dem Konzertsaal direkt die Mantelnutzung angelagert: Im Osten ein 15-geschossiges Hotel, im Westen 16 Wohngeschosse. Überdeckt wird der Neubau durch eine ondulierende Dachlandschaft. Von der 110 Meter hohen Spitze des Wohnbereichs verläuft diese mit leichtem Gefälle über das ganze Gebäude nach unten. Der Bestand ist von drei Kernen und einer aufwärts führenden Rolltreppenanlage durchdrungen. Neben der Erschliessung des Neubaus beherbergt der alte Kaispeicher ein Parkhaus mit 521 Stellplätzen, einen Wellnessbereich, die Hotelküche mit mehreren Lager- und Nebenräumen sowie einen Kammermusiksaal.

Die zusätzlichen Lasten des Neubaus werden im Wesentlichen durch die bestehende Gründung aus 1111 Rammpfählen getragen. Diese war ursprünglich für die grossen Nutzlasten des Speichers ausgelegt. Durch die Umnutzung der Lager- in Parkflächen wird die Nutzlast von 2 Tonnen auf 200 bis 300 Kilogramm pro Quadratmeter reduziert. Die wesentliche Konzeptidee für die Elbphilharmonie Hamburg war, die daraus resultierenden Traglastkapazitäten für einen aufgesetzten Neubau

zu verwenden. Dementsprechend richten sich Dimension und Gewicht des Neubauteils nach den freigewordenen Lastkapazitäten (Abb. 1).

Die optische Trennung von Alt- und Neubau war eine wichtige architektonische Prämisse. Um die Loslösung des aufgesetzten Gebäudekörpers zu bewirken, ist die Einschnürung zwischen Alt- und Neubau äusserst zentral – durchlaufende Fassadenstützen würden diese visuelle Trennung stören. Das Tragwerkskonzept sieht deshalb vor, die Vertikalkräfte der Fassadenebene über der Plaza mittels geneigter Stützen auf die dahinter liegende Stützenreihe überzuführen. Damit werden die Fassadenstützen auf der Plaza entlastet und können entfallen. Die aus den geneigten Stützen entstehenden Horizontalkräfte werden über die Decken zusammengehängt und die Differenzkräfte in die Kerne geleitet. Die in den zwei bis drei Geschossen über der Plaza angeordneten, schrägen Stützen beeinflussen die Raumabfolge und die Nutzung der Fassadenbereiche. Da die Eckbereiche freigespielt werden sollten – durch den Raum führende Diagonalen waren hier unerwünscht –, sind die Gebäudeecken aufgehängt. Dass das beschriebene Mass-

1

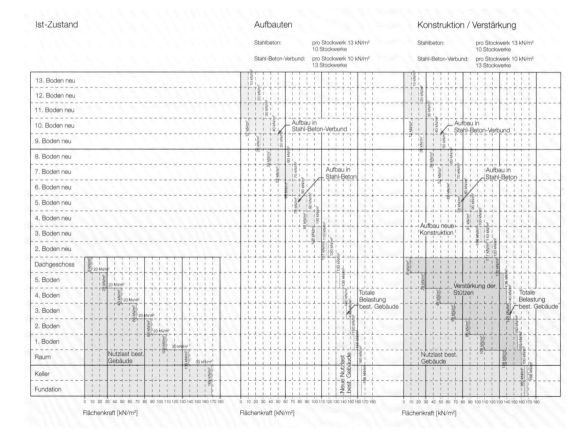

2

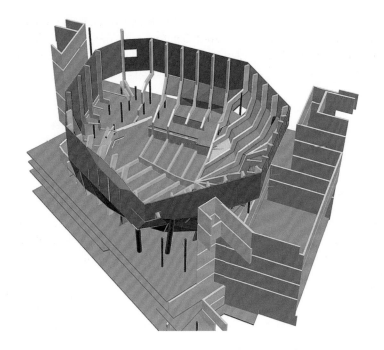

1 Diagramm zu den Lastreserven und möglichen Aufbauten mit einer Stahl- oder Betonstruktur für die Elbphilharmonie Hamburg
2 Aussenschale des grossen Saals der Elbphilharmonie (Computermodell)
3 Analogiebetrachtung zur Rippenkonstruktion des grossen Saals

3

nahmenpaket für das Tragwerk bei einem über 100 Meter hohen Gebäude gewisse Anstrengungen mit sich bringt, versteht sich von selbst.

Der eigentliche Konzertsaal stellt durch seine Konstruktion und Geometrie wahrscheinlich die grösste Herausforderung dar. Einerseits muss die Gestaltung in Einklang mit einer perfekten Konzertsaalakustik sein und optimale Sichtbedingungen für jeden einzelnen der über zweitausend Konzertbesucher bieten. Andererseits steckt er aus tragwerksplanerischer Sicht wie ein Ei in den Geschossdecken mit stützenfreien Innenabmessungen von über 50 Metern, die von der Konzertsaaldachkonstruktion überbrückt werden müssen (Abb. 2).

Der Konzertsaal befindet sich ausserdem inmitten von Wohn- und Hotelnutzungen mit den daraus folgenden Problemstellungen bezüglich der Akustik: Weder darf der Klassikliebhaber von einem Schiffshorn gestört werden, noch darf der Wohn- und Hotelbereich Schallbeeinträchtigungen erfahren. Solch ambitiöse Schallabschirmungen erfordern entsprechende Massnahmen: Die Wände des Konzertsaals wurden doppelschalig ausgeführt (box-in-box-Konstruktion), die innere Schale ist mittels Federn gelagert. Aus tragwerksplanerischer Sicht ist der Saal wie ein Schiff im Trockendock. Analog einem Schiffsrumpf mit Spanten verlaufen in der Aussenschale in regelmässigen Abständen Rippen, welche die konzentrierten Lasten aus den Federpaketen sammeln und in die Stützen weiterleiten. Diese Rippen laufen über die vorhandenen Stützen und sammeln sich unten im «Kiel», der ebenfalls auf Stützen steht (Abb. 3).

CaixaForum Madrid, Madrid 2008

Das denkmalgeschützte Elektrizitätswerk «Central Eléctrica del Mediodía» liegt direkt am Paseo del Prado – Madrids erstes Kohlekraftwerk liegt eingebettet zwischen dem Museo Nacional del Prado, dem Museo Reina Sofia und dem Thyssen-Museum. Trotz der bewegten Geschichte des monolithischen Backsteinbaus, die eng mit der industriellen und politischen Entwicklung des Landes verbunden ist, hat das Gebäude bis ins 21. Jahrhundert überlebt, und seine äussere Gestalt sollte Teil des Museumsneubaus sein.

Die städtebaulich-architektonische Grundidee besteht darin, parallel zur stark befahrenen Strassenachse des Paseo del Prado eine Fussgängerachse als Verbindung zwischen den weltweit bedeutenden Museen zu etablieren. Der Raum unter dem Museum ist Teil dieser Verbindungsachse, was in der konzeptionell-logischen Konsequenz zu einer Abtrennung des Granitsockels, des steinernen Fundaments, vom backsteinernen Oberbau führte: Der massige Backsteinkörper schwebt als riesiger Block über dem Platz und ist auf nur drei Beinen, welche die Erschliessung beinhalten, abgestützt – die gesamte oberirdische Gebäudestruktur steht auf drei «Beinen», die Plaza wird vom schwebenden «Monolithen» bedacht.

Ursprünglich bildete ein umlaufender, bis zu zwei Meter hoher Granitsockel die Gebäudebasis. Dieser aus einzelnen grossen Steinen gefertigte, steife Sockel wurde während des Baus der Untergeschosse mit einem Stahlkorsett gefasst und mit Jochen auf Mikropfählen abgestützt. Nach einem Voraushub wurden die Baugruben der drei Erschliessungskerne abgeteuft und die Kerne hochgezogen. Diese dienten während des Baus der Untergeschosse als feste Auflagerpunkte zur Baugrubenspriessung. Dies ermöglichte bis zur Grundstücksgrenze eine Ausführung der Aussenwände direkt unter den Backsteinwänden.

Das primäre Tragwerk besteht aus zwei Haupttragelementen: den drei Erschliessungskernen und eine sich um diese Kerne windende und alles zusammenbindende Umfassungswand. Die drei Stahlbetonkerne tragen alle vertikalen und horizontalen Lasten in den Baugrund ab. Die mit den Kernen verbundene Umfassungswand fasst die Tragstruktur des Gebäudes korsettähnlich ein. Sie trägt die Fassaden- und die Gebäudelasten sowie die aufgesetzte, zweigeschossige Stahlkonstruktion, die das bestehende Backsteingebäude komplettiert. Zusammen mit zwei weiteren, zueinander parallel verlaufenden Innenwänden bildet sie einen in Spannbeton gefertigten Zellenkasten, der als makroskopische Abfangkonstruktion sämtliche Gebäudelasten auf die erwähnten Kerne überträgt. Gleichzeitig wird mit diesem Zellenkasten und den weit gespannten inneren Abfangscheiben eine Raumteilung erreicht, die grossflächige Ausstellungsräume ermöglicht. Das Stahlbetonkorsett ist vorgespannt. Mit den Umlenkkräften der Vorspannung werden grosse konzentrierte Lasten eingesammelt und an den Auflagerlinien gezielt über eine Gegenkrümmung abgegeben. Die Vorspannkräfte ziehen zudem die alten, zu erhaltenden Backsteinmauern zusammen und überdrücken die Zugspannungen im Backstein, die aus der Lastumlagerung resultieren.

Das bestehende Gebäude wurde komplett ausgekernt. Indem die historische Mauerwerksfassade mit der innen neu erstellten Umfassungswand verbunden ist, sind die alten Backsteinaussenwände komplett in den Neubau integriert. Einzelne, über die gesamte Wandhöhe verteilte, aus den Tragwänden herausragende Stahlbetonnocken tragen das bestehende Mauerwerk punktuell. Durch diese Verzahnung werden die vertikalen Lasten kontinuierlich auf das Korsett übertragen und es wird auch eine horizontale Verdübelung der beiden unterschiedlichen Wände und Materialien erreicht. Die dicht aneinandergereihten Nocken am Fuss der bestehenden Mauerwerkswände bilden lineare Lager. Die untersten Steine werden durch ein umlaufendes Stahlblech gehalten, das mit dem Korsett verbunden ist. Nach dem Einschlitzen des Blechs in die Fuge zwischen Granitsockel und Backsteinwand und anschliessender Fertigstellung des Korsetts konnte der Granitsockel entfernt und das Gebäude auf die Kerne abgesetzt werden.

Eine spiralförmige Treppe führt von der Plaza als zentrale Erschliessung ins erste Obergeschoss. Von dort gelangen die Besucher zu den Ausstellungsräumen und zu den Diensträumen in den weiteren Obergeschossen, aber auch zu den in den

Untergeschossen liegenden Auditorien. Eine aufgehängte Bodenkonstruktion ermöglicht die erforderliche Raumhöhe, die Freiheit im Grundriss und die Stützenlosigkeit auf der Plaza unter dem Museum. Der Boden des Eingangsgeschosses ist punktuell mit feinen Hängestützen an die Blechträger der Verbunddecke über dem ersten Obergeschoss aufgehängt. Die aus Gewichtsgründen als reine Stahlkonstruktion ausgebildete Bodenplatte kann zusammen mit den Hängestützen als additives Zusammenfügen mehrerer umgekehrter Regenschirme verstanden werden: Die rasterfrei angeordneten Hänger bilden jeweils den zentralen Schirmstab. Die radial verlaufenden Träger nehmen in ihrer Höhe zum Hänger zu und bilden so die stark facettierte Plaza-Decke.

Eishalle Lido, Rapperswil-Jona 2006

Die Eissporthalle in Rapperswil aus dem Jahr 1987 entsprach nicht mehr heutigen und künftigen Anforderungen an eine moderne und attraktive Sportanlage. Die Trägerschaft der Eishalle, der Zweckverband Eishalle Lido, wollte die Halle am heutigen Standort sanieren, ausbauen und insgesamt qualitativ verbessern. Die maximale Zuschauerkapazität der neu umgebauten Halle sollte unverändert bei rund 6000 Zuschauern bleiben, wobei weniger Stehplätze und mehr Sitzplätze gefordert wurden.

Das statische Grundkonzept der Erweiterung der Tribünenanlage und des Daches bestand darin, die bestehende Stahlkonstruktion vollständig weiterzuverwenden. Die erforderliche grössere Spannweite wurde mit einer beidseitigen Verlängerung und Verstärkung der Hauptbinder erreicht. Dazu wurde die Dachkonstruktion mithilfe von Zuglitzen und Vorspannpressen in die höhere Lage angehoben und ausserhalb der bestehenden Halle auf den neuen Fassadenfluchten und Fundamenten abgesetzt. Der Hebevorgang der bestehenden Dachkonstruktion erfolgte dabei in einem kompakten Arbeitsablauf: Verlängerung der bestehenden Fachwerkbinder und Stahlstützen – Anhebung des Daches mit hydraulischen Pressen und Zugstangen auf die gewünschte Höhe – Versetzung des verlängerten Daches auf die neuen Stützen. Zum Schluss wurden die alten Stützen entfernt und die neue Unterspannung wurde angebracht.

Wegen der grösseren Spannweite von 63,25 Metern – vor der Sanierung betrug sie 50,5 Meter – mussten die Fachwerkbinder verstärkt werden. Die Knickfestigkeit des Obergurtes wurde partiell erhöht und auf der Zugseite des Fachwerkbinders wurde eine einfach montierbare, polygonale Unterspannung angebracht. Mit den eingeleiteten Umlenkkräften konnten die Durchbiegungen problemlos eingehalten werden. Durch die gewählte Kabelführung blieben die Querkräfte gleich oder verringerten sich gar etwas, sodass eine Verstärkung der Diagonalen nicht erforderlich wurde.

Die vorhandene Dachstruktur wurde vollständig in die neue Dachstruktur integriert, wobei die Dachlasten mit einer neuen Pfahlgründung ausserhalb des bestehenden Gebäudes fundiert wurden. Dadurch wurden die bestehenden Pfähle entlastet, sodass diese in der Folge die Mehrlasten der vergrösserten Tribünenanlage tragen konnten. Zudem vereinfachte und verkürzte das den Bauablauf – Erstellung der neuen Fundierung und alle Vorbereitungsarbeiten für die Verlängerung der Fachwerkbinder waren ausserhalb des Gebäudes unter laufendem Betrieb realisierbar.

Der auskragende Erweiterungsteil (VIP- und Technikgeschoss) wird durch Stahlfachwerke in einem Abstand von 6 Metern getragen. Das Raster dieser Fachwerke orientiert sich an den bestehenden Tragstruktur-Achsen. Die Fachwerke befinden sich im Technikgeschoss und sind auf jeweils drei Stützen gelagert. Die aus der Auskragung entstehenden Zugkräfte werden durch die Lasten der Dachkonstruktion überdrückt. Die horizontale Aussteifung erfolgt über die Deckenscheiben und durch vier vertikale Stahlfachwerke.

←← Betonschale der Dach-
konstruktion des grossen
Saals
↑ Stahlstruktur der In-
nenschale und der Tribünenfachwerke
← Spitze (Stahlstruktur)
der Dachkonstruktion des
grossen Saals
→ Innenbereich der
Dachkonstruktion des grossen Saals mit Montageboden
und temporären Stützen
(Baustellenaufnahmen)

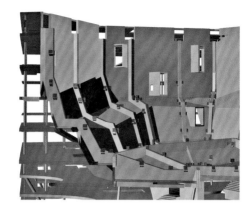
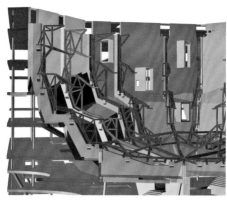

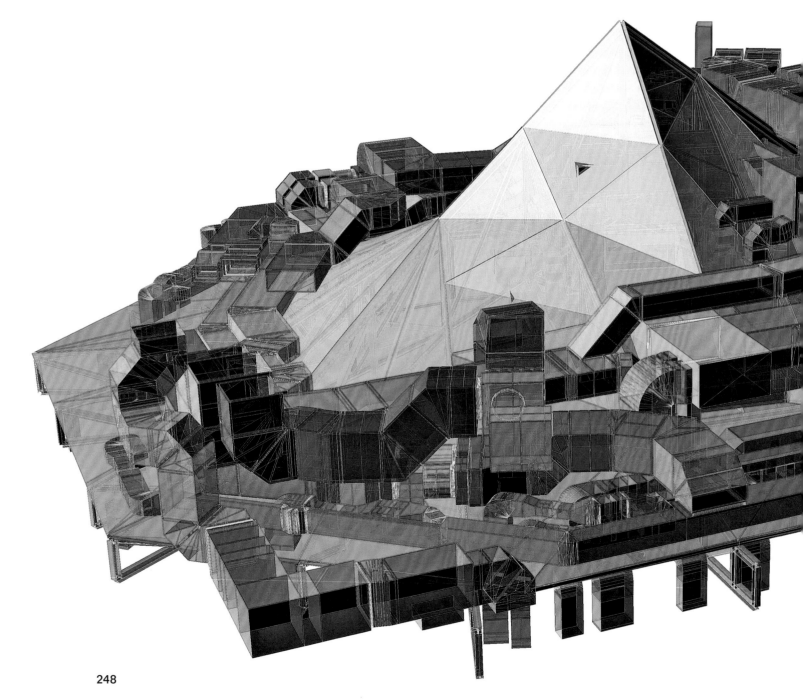

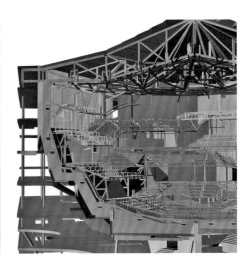

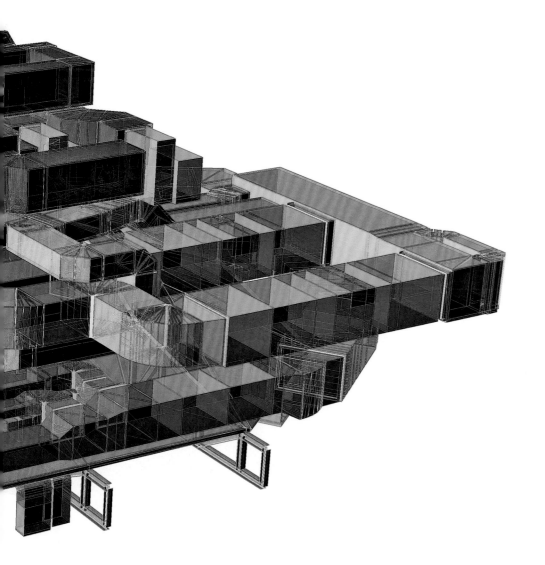

↑ Aufbau und Bauvorgang des grossen Saals (Computermodell): Aussenschale mit den Federpaketen (rot); Stahlstruktur der Innenschale (rot); Stahlstruktur der Tribünenfachwerke (rot); Stahlstruktur des Saaldaches (rot); Federpakete (rot) an der Stahlstruktur des Saaldaches; aufgehängte Akustikdecke (rot)

← Dachkonstruktion des grossen Saals mit den darüber angeordneten Lüftungskanälen und Geräten (Computermodell)

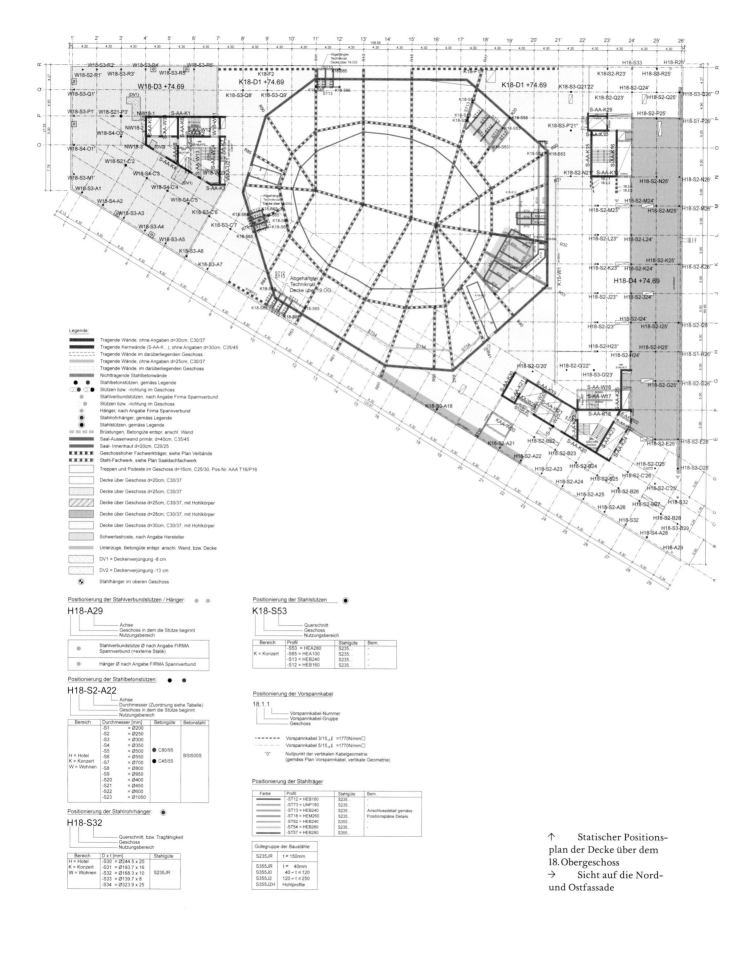

Legende:

	Tragende Wände, ohne Angaben d=30cm, C30/37
	Tragende Kernwände (S-AA-K...), ohne Angaben d=30cm, C35/45
	Tragende Wände im darüberliegenden Geschoss
	Tragende Wände, ohne Angaben d=25cm, C30/37
	Tragende Wände, im darüberliegenden Geschoss
	Nichttragende Stahlbetonwände
	Stahlbetonstützen, gemäss Legende
	Stützen bzw. -richtung im Geschoss
	Stahlverbundstützen, nach Angabe Firma Spannverbund
	Stützen bzw. -richtung im Geschoss
	Hänger, nach Angabe Firma Spannverbund
	Stahlrohrhänger, gemäss Legende
	Stahlstützen, gemäss Legende
	Brüstungen, Betongüte entspr. anschl. Wand
	Saal-Aussenwand primär, d=40cm, C35/45
	Saal-Innenwand d=20cm, C20/25
	Geschosshoher Fachwerkträger, siehe Plan Verbände
	Stahl-Fachwerk, siehe Plan Saaldachfachwerk
	Treppen und Podeste im Geschoss d=16cm, C25/30, Pos.-Nr. AAA T16/P16
	Decke über Geschoss d=20cm, C30/37
	Decke über Geschoss d=25cm, C30/37
	Decke über Geschoss d=25cm, C30/37, mit Hohlkörper
	Decke über Geschoss d=28cm, C30/37, mit Hohlkörper
	Decke über Geschoss d=30cm, C30/37, mit Hohlkörper
	Schwerlastroste, nach Angabe Hersteller
	Unterzüge, Betongüte entspr. anschl. Wand, bzw. Decke
	DV1 = Deckenverjüngung -8 cm
	DV2 = Deckenverjüngung -13 cm
	Stahlhänger im oberen Geschoss

Positionierung der Stahlverbundstützen / Hänger:

H18-A29

Achse
Geschoss in dem die Stütze beginnt
Nutzungsbereich

Stahlverbundstütze Ø nach Angabe FIRMA Spannverbund (=externe Statik)

Hänger Ø nach Angabe FIRMA Spannverbund

Positionierung der Stahlbetonstützen:

H18-S2-A22

Achse
Durchmesser (Zuordnung siehe Tabelle)
Geschoss in dem die Stütze beginnt
Nutzungsbereich

Bereich	Durchmesser [mm]	Betongüte	Betonstahl
	-S1 = Ø200		
	-S2 = Ø250		
	-S3 = Ø300		
	-S4 = Ø350		
	-S5 = Ø500	● C80/95	
H = Hotel	-S6 = Ø550		BSt500S
K = Konzert	-S7 = Ø700	● C45/55	
W = Wohnen	-S8 = Ø800		
	-S9 = Ø950		
	-S20 = Ø400		
	-S21 = Ø450		
	-S22 = Ø600		
	-S23 = Ø1050		

Positionierung der Stahlrohrhänger:

H18-S32

Querschnitt, bzw. Tragfähigkeit
Geschoss
Nutzungsbereich

Bereich	D x t [mm]	Stahlgüte
H = Hotel	-S30 = Ø244.5 x 20	
K = Konzert	-S31 = Ø193.7 x 16	
W = Wohnen	-S32 = Ø168.3 x 10	S235JR
	-S33 = Ø139.7 x 8	
	-S34 = Ø323.9 x 25	

Positionierung der Stahlstützen

K18-S53

Querschnitt
Geschoss
Nutzungsbereich

Bereich	Profil	Stahlgüte	Bem.
	-S53 = HEA280	S235...	-
K = Konzert	-S65 = HEA100	S235...	-
	-S13 = HEB240	S235...	-
	-S12 = HEB160	S235...	-

Positionierung der Vorspannkabel

18.1.1

Vorspannkabel-Nummer
Vorspannkabel-Gruppe
Geschoss

- - - - - - Vorspannkabel 3/15, βρ ƒ =1770N/mm□
- - - - - - Vorspannkabel 5/15, βρ ƒ =1770N/mm□
"0" Nullpunkt der vertikalen Kabelgeometrie (gemäss Plan Vorspannkabel, vertikale Geometrie)

Positionierung der Stahlträger

Farbe	Profil	Stahlgüte	Bem.
	-ST12 = HEB160	S235...	
	-ST73 = UNP180	S235...	
	-ST13 = HEB240	S235...	Anschlussdetail gemäss
	-ST18 = HEM260	S235...	Positionspläne Details
	-ST52 = HEB240	S355...	
	-ST54 = HEB260	S235...	
	-ST57 = HEB280	S355...	

Gütegruppe der Baustähle	
S235JR	t ≤ 150mm
S355JR	t ≤ 40mm
S355J0	40 < t ≤ 120
S355J2	120 < t ≤ 250
S355J2H	Hohlprofile

↑ Statischer Positions-
plan der Decke über dem
18. Obergeschoss
→ Sicht auf die Nord-
und Ostfassade

STRUCTURAL CONCEPT

Roof Loads / Facade Loads

Slab Loads

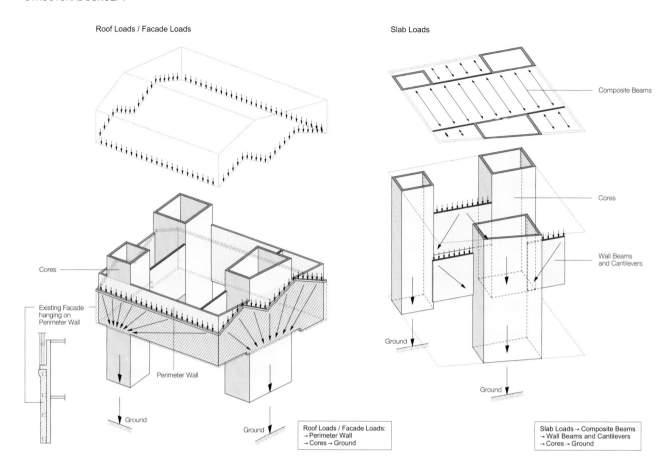

Composite Beams

Cores

Cores

Wall Beams
and Cantilevers

Existing Facade
hanging on
Perimeter Wall

Perimeter Wall

Ground

Ground

Ground

Ground

Ground

Roof Loads / Facade Loads:
→ Perimeter Wall
→ Cores → Ground

Slab Loads → Composite Beams
→ Wall Beams and Cantilevers
→ Cores → Ground

PERIMETER WALL

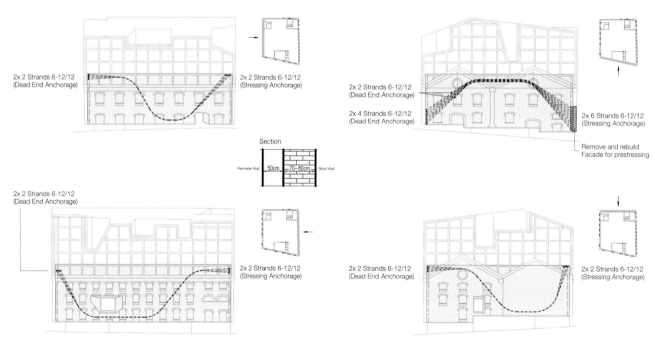

2x 2 Strands 6-12/12
(Dead End Anchorage)

2x 2 Strands 6-12/12
(Stressing Anchorage)

2x 2 Strands 6-12/12
(Dead End Anchorage)

2x 4 Strands 6-12/12
(Dead End Anchorage)

2x 6 Strands 6-12/12
(Stressing Anchorage)

Remove and rebuild
Facade for prestressing

Section

Perimeter Wall   50cm   70–80cm   Brick Wall

2x 2 Strands 6-12/12
(Dead End Anchorage)

2x 2 Strands 6-12/12
(Stressing Anchorage)

2x 2 Strands 6-12/12
(Dead End Anchorage)

2x 2 Strands 6-12/12
(Stressing Anchorage)

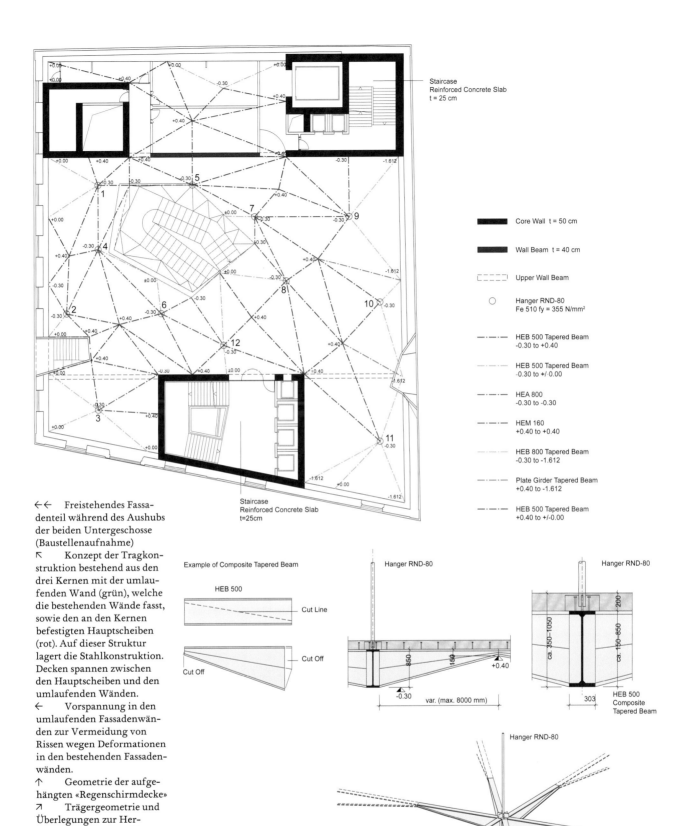

Staircase
Reinforced Concrete Slab
t = 25 cm

Staircase
Reinforced Concrete Slab
t=25cm

Core Wall t = 50 cm

Wall Beam t = 40 cm

Upper Wall Beam

Hanger RND-80
Fe 510 fy = 355 N/mm²

HEB 500 Tapered Beam
-0.30 to +0.40

HEB 500 Tapered Beam
-0.30 to +/-0.00

HEA 800
-0.30 to -0.30

HEM 160
+0.40 to +0.40

HEB 800 Tapered Beam
-0.30 to -1.612

Plate Girder Tapered Beam
+0.40 to -1.612

HEB 500 Tapered Beam
+0.40 to +/-0.00

←← Freistehendes Fassadenteil während des Aushubs der beiden Untergeschosse (Baustellenaufnahme)

↖ Konzept der Tragkonstruktion bestehend aus den drei Kernen mit der umlaufenden Wand (grün), welche die bestehenden Wände fasst, sowie den an den Kernen befestigten Hauptscheiben (rot). Auf dieser Struktur lagert die Stahlkonstruktion. Decken spannen zwischen den Hauptscheiben und den umlaufenden Wänden.

← Vorspannung in den umlaufenden Fassadenwänden zur Vermeidung von Rissen wegen Deformationen in den bestehenden Fassadenwänden.

↑ Geometrie der aufgehängten «Regenschirmdecke»

↗ Trägergeometrie und Überlegungen zur Herstellung der «Regenschirmelemente»

→ Konzeption der «Regenschirme» mit dem Hänger im Zentrum

Example of Composite Tapered Beam

HEB 500

Cut Line

Cut Off

Cut Off

Hanger RND-80

Hanger RND-80

HEB 500
Composite
Tapered Beam

Hanger RND-80

HEB 500
Composite Tapered Beam

↑   Baustellenaufnahme
der Bodenplatte mit Kern-
schalung (linke Bildseite) und
den provisorischen Spries-
sungen (rechte Bildseite)
→   Luftaufnahme der
Baustelle aus dem Krankorb
↗   Das Gebäude im
Endzustand. Die aufgesetzte
Stahlkonstruktion wurde
mit massiven Stahlblechen
verkleidet.
→→   Raum unter dem Ge-
bäude mit Treppenaufgang

Eishalle Lido
Rapperswil-Jona 2006

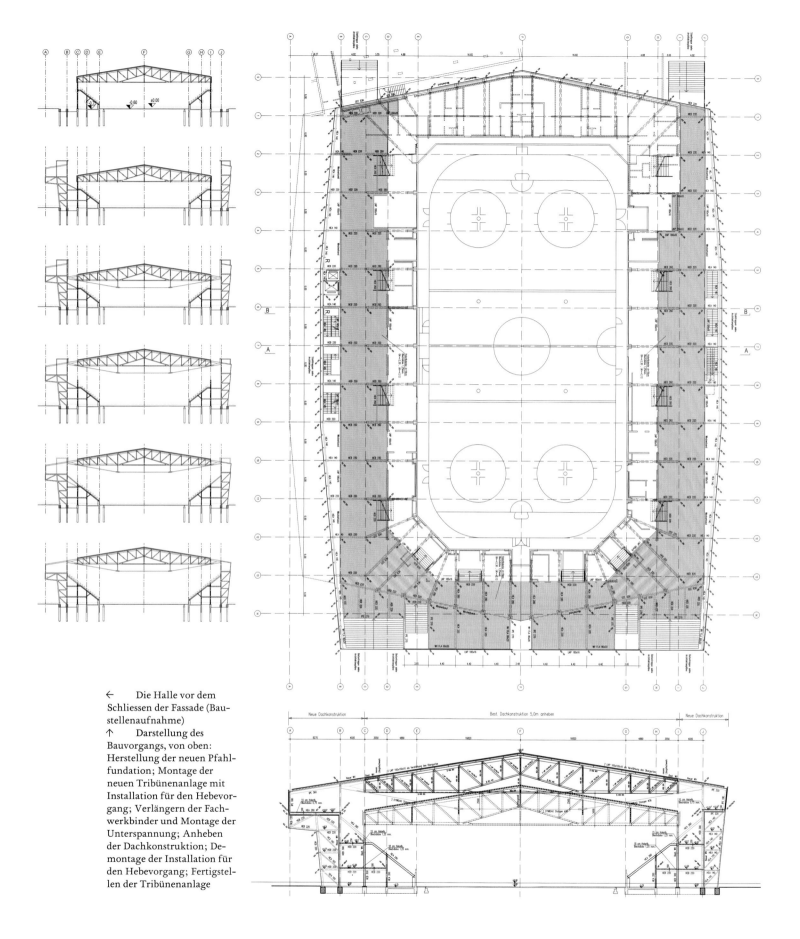

← Die Halle vor dem Schliessen der Fassade (Baustellenaufnahme)

↑ Darstellung des Bauvorgangs, von oben: Herstellung der neuen Pfahlfundation; Montage der neuen Tribünenanlage mit Installation für den Hebevorgang; Verlängern der Fachwerkbinder und Montage der Unterspannung; Anheben der Dachkonstruktion; Demontage der Installation für den Hebevorgang; Fertigstellen der Tribünenanlage

260

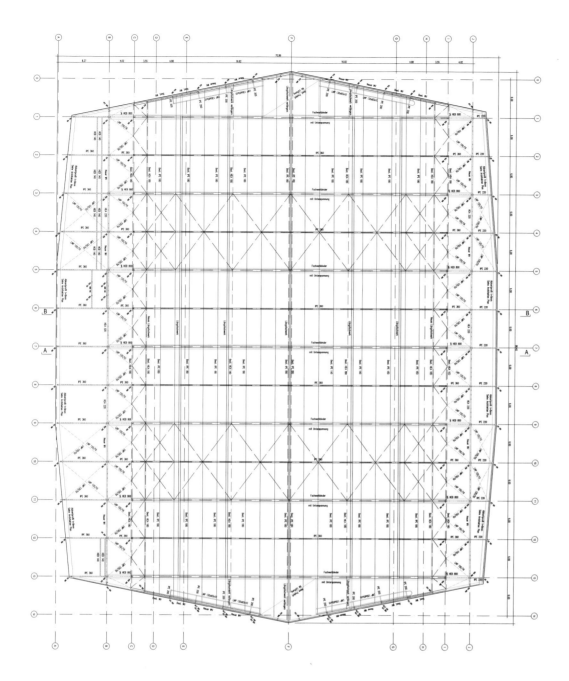

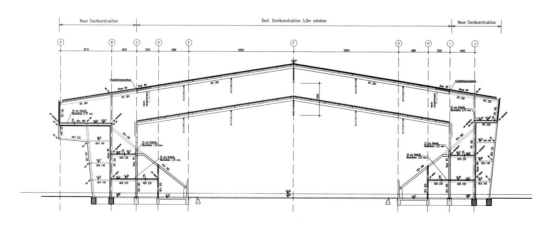

↖↖ Hallengrundriss
mit der Erweiterung der Tri-
bünenanlage (blau)
←← Schnitt durch die
Halle mit der Erweiterung
der Tribünenanlage, der
Verlängerung der Fachwerk-
binder und der Unterspan-
nung (blau)
↑ Dachgrundriss mit
den Verstärkungen und der
Erweiterung (blau)
← Schnitt durch die
Halle mit der Erweiterung
der Tribünenanlage und der
Dachkonstruktion

7 Transformation
Eishalle Lido

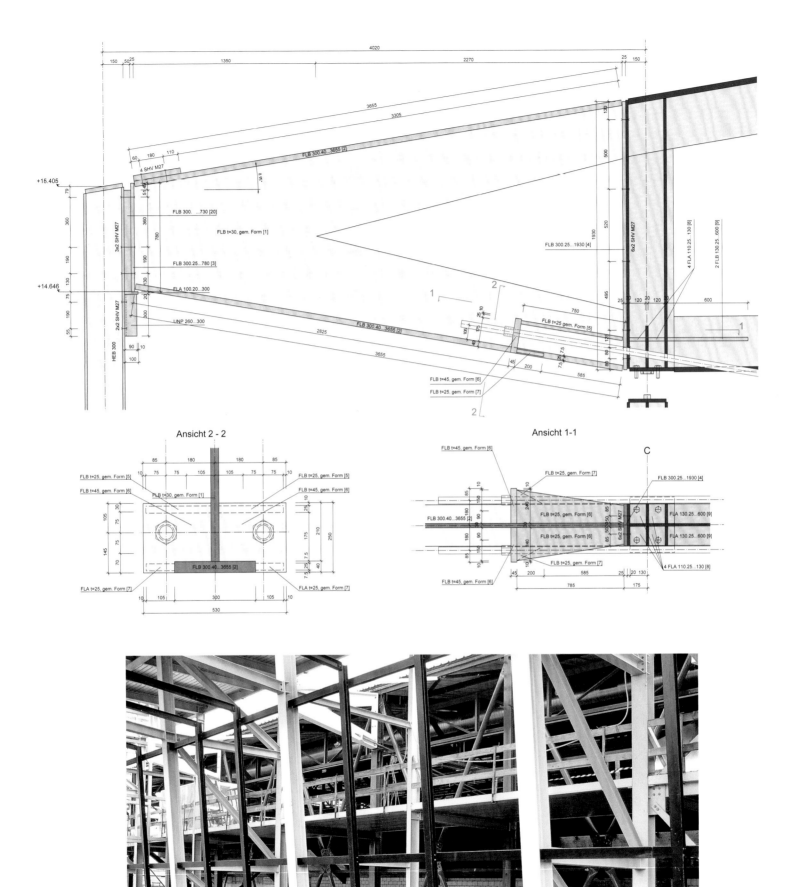

Ansicht 2 - 2

Ansicht 1-1

262

↖ Verlängerung der
Fachwerkbinder mit Aufla-
gerdetail und Verankerungs-
detail der Unterspannung
← Die Tribünenerweite-
rung vor dem Anheben der
Dachkonstruktion (Baustellenaufnahme)
↑ Innenaufnahme mit
Dachbindern und Unterspannungen

8 Brücken

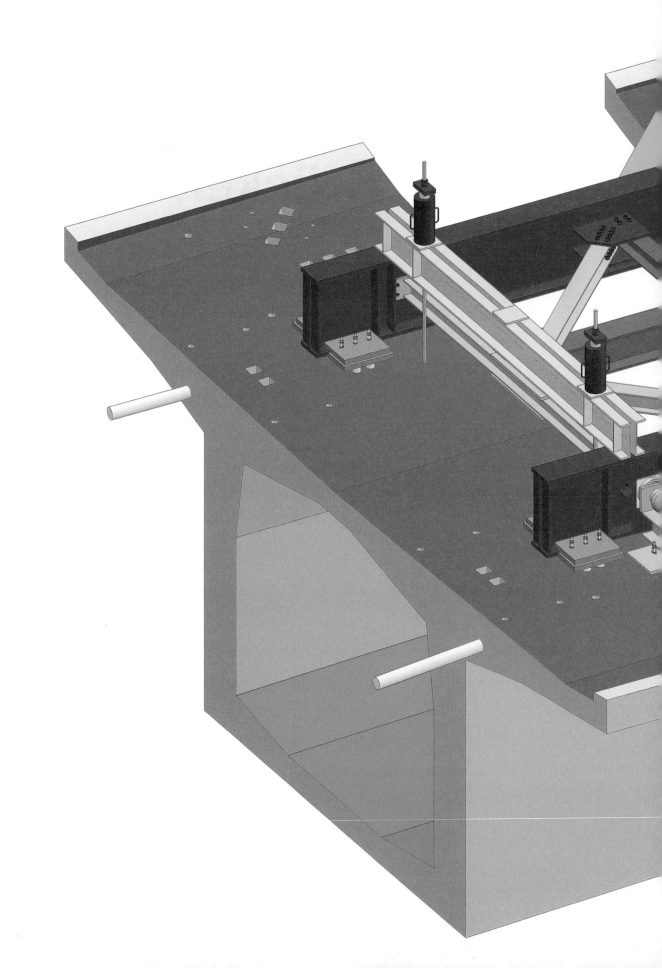

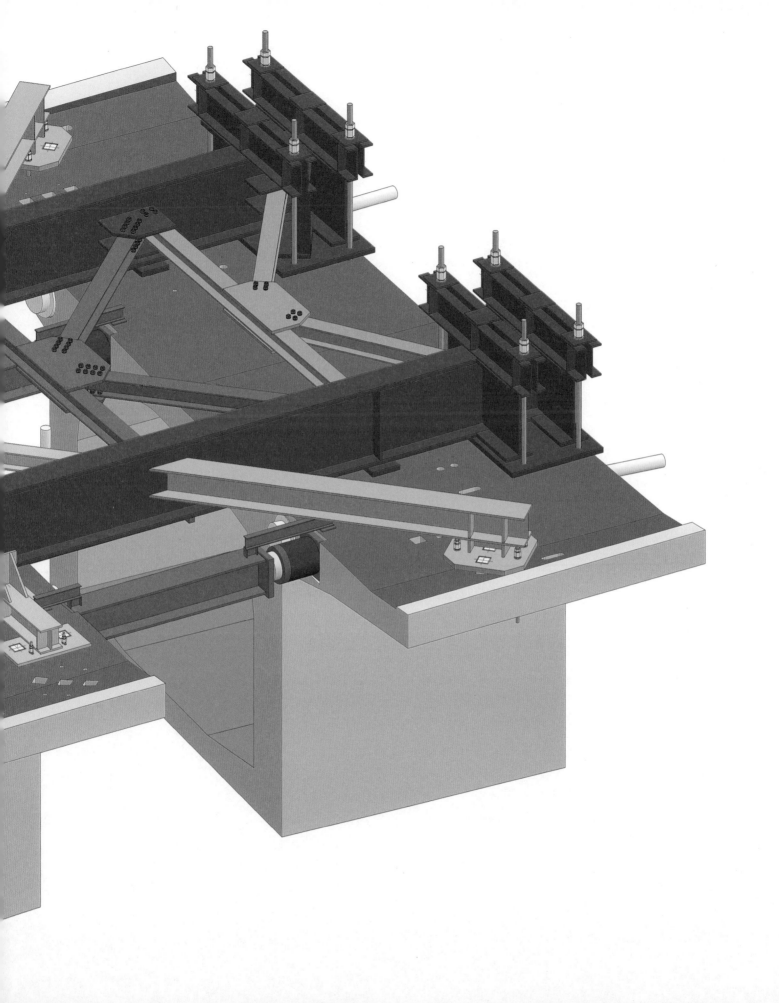

← Stahlkonstruktion mit
hydraulischen Pressen für
das Auseinanderpressen und
Richten beim Fugenschluss
der zweiten SBB Rheinbrücke
(Computermodell)

AF   Heinz Emigholz stellt David P. Billington, Jörg Schlaich und Christian Menn   What is a bridge?
im Interview zum Film *Maillarts Brücken* die lapidare Frage: *What is a bridge essentially?* Was ist eine Brücke?

SB   Wenn wir uns auf die bauliche Brücke beschränken, ist diese in erster Linie eine Wegverbindung, eine Erleichterung einer Wegverbindung zur schnelleren Erreichung eines Ziels. Mit immensen Anstrengungen wird ein Bauwerk errichtet, um einfacher von A nach B zu kommen.

TP   Die effizientere Wegverbindung ist ein Aspekt, das Überbrücken eines Hindernisses ein anderer.

HS   Das Hindernis im Falle einer Brücke ist ein Tobel, ein Bach oder ein See. Beim Hindernis Berg wäre das Hilfsmittel zur Überbrückung ein Tunnel ... Eine Brücke erlaubt es, ein Hindernis mit ökonomischen, intelligenten Mitteln zu überwinden. Das muss immer vor dem Hintergrund der Entstehungszeit mit den entsprechenden Materialien und Baumethoden gesehen werden. Im 14. Jahrhundert gab es Holzbrücken auf Steinpfeilern; generell wurde der Holzbrückenbau in der Schweiz sehr weit getrieben. Später traten Steinbrücken in Erscheinung, etwa diejenigen der Rhätischen Bahn, anschliessend Maillarts Stahlbetonbrücken und schliesslich vorgespannte Betonbrücken oder Stahlbrücken.

AF   Ihr führt jetzt sehr nüchterne, funktionale Aspekte an. Brücken sind doch auch Identifikationsmomente, um nicht sogar von Leuchttürmen, *landmarks* in der Landschaft zu sprechen!

TP   Liegende Leuchttürme! Auf jeden Fall sind es Bauwerke mit symbolischem Wert. Für uns Ingenieure sind Brücken natürlich die Herausforderung schlechthin.

HS   Bei einer grösseren Spannweite wird das Gewicht des Baustoffes zentral. Um Gewicht sparen zu können, bedarf es einer intelligenten Konstruktion. Die grossen Spannweiten und die damit einhergehenden Konstruktionen machen eine Brücke, selbst eine zurückhaltende, stets zu einem sehr markanten Bauwerk.

AF   Mich interessiert die Beziehung einer Brücke zum Terrain, zur Landschaft. Wie seht ihr das Verhältnis zwischen Integration des Bauwerks in die Landschaft und seiner Eigengesetzlichkeit?

TP   Ein Beispiel für eine sehr gelungene Integration ist die Salginatobelbrücke von Maillart. Ein sprengwerkartiger Bogen verspannt die zwei Talflanken miteinander: Der landschaftliche Kontext bestimmt in diesem Fall eindeutig die Brückenform. In einer Uferlandschaft beispielsweise, in der Täler und Bergflanken fehlen und wo unter der Fahrbahn allenfalls noch ein Lichtraumprofil eingehalten werden muss, rücken eher oben liegende Tragwerke in den Vordergrund. Auch in einem städtischen Kontext hat beispielsweise eine Brücke über eine Eisenbahnlinie ihre ganz eigenen Bedingungen. Für die Brückengestalt ist immer auch die Wahrnehmung der Brücke aus der Sicht des Autofahrers oder des Fussgängers wichtig.

HS   Die Firth of Forth Brücke in Schottland sprengt jede Massstäblichkeit. Trotzdem haben wir uns an ihre Grösse gewöhnt und sind davon fasziniert. Es muss nicht alles «integrierend» sein. Eine neuere Tendenz weist zurzeit auf das Massschneidern von Brücken auf einen bestimmten Ort. Als Beispiel mag das Siegerprojekt des Wettbewerbs für die Luzerner Seebrücke dienen, die eine Seeseite und eine Altstadtseite erkennen lässt. Die Brücke reagiert mit unterschiedlichen Pfeilerabständen zur Altstadt und zum See. Solche überkontextuellen Tendenzen finde ich eher fragwürdig, da sie teilweise zu absurden, forcierten Lösungen führen. Hinter dem genannten Beispiel vermute ich eine «Architektenlösung» ...

AF   Das Verhältnis zwischen Kontextbezug und Eigengesetzlichkeit des Tragwerks ist also eine Gratwanderung.

HS   Ja. Es gibt natürlich wichtige städtebauliche Fragen, die ich nicht abstreiten möchte. Beim Pont du Poya in Fribourg stellt sich beispielsweise eine ähnliche Frage, wie bei einem neuen Hochhaus in der Stadt: Wie hoch soll und darf der Pylon im Verhältnis zum Münster sein?

TP   Du hast doch selber eben angemerkt, dass man sich an die Grossmassstäblichkeit von Brücken gewöhnen kann. Bei der Golden Gate Bridge in San Francisco wurde bestimmt keine Rücksicht auf die Höhe des Kirchturms von Sausalito genommen. Die Brücke ist heute Ikone, ist *landmark* des gesamten Stadtbildes. Ähnliches gilt für die Verrazano-Narrows Bridge in New York oder die Harbour-Bridge in Sidney.

HS   Das sind meiner Meinung nach andere städtebauliche Kontexte. Die Golden Gate Bridge war in ihrer Erstellungszeit rundherum von kleinen Holzhäusern umgeben. Das Münster in Fribourg hingegen steht seit tausend Jahren.

TP   Auf jeden Fall können Brücken potentiell wichtige Beiträge im Sinne städtebaulicher Aufwertungen leisten. Brücken rufen fast immer grosse Emotionen hervor und befeuern die Diskussion über ein Stadtbild. Sie sind insofern stadtbildprägend und stadtbildend: Die Stadt Basel, wie wir sie heute kennen, ist recht eigentlich durch die mittlere Brücke entstanden, die im 13. Jahrhundert die Verbindung von Kleinbasel nach Grossbasel geschaffen hat.

AF   Da Brücken natürlich städtebauliche Relevanz haben, stellt sich die Frage, ob der Brückenbau nun einzig den Ingenieuren gehört. Bis heute gilt dieser als Königsdisziplin des Ingenieurbaus – nirgends sonst scheint die Ingenieurleistung so offensichtlich und direkt auf wie in den Ikonen heroischer Brückenbauwerke. In der jüngeren Vergangenheit ist der Brückenbau zunehmend in den Fokus des Architekteninteresses geraten. Eine Vielzahl von Brücken-Wettbewerben in der Schweiz wird heute mit dem Auftrag zur Teambildung ausgeschrieben. Die Meinungen darüber, inwiefern eine Kooperation zwischen Ingenieur und Architekt für Brückenentwürfe produktiv ist, sind aber sehr disparat.

Brücken – Königsdisziplin der Ingenieure oder Zusammenarbeit mit Architekten?

HS   Ich arbeite gerne auch bei Brückenentwürfen interdisziplinär mit Architekten zusammen, denn die städtebaulichen Komponenten sind heute in der Tat sehr wichtig. Der Ingenieur soll aber den Lead bei sich behalten, da er in Bezug auf strukturelle Fragen, Bauablauf und Herstellungsprozess schlichtweg kompetenter ist und diese Aspekte im Brückenbau prioritär sind. Den Brücken, bei denen der Ingenieur den Lead dem Architekten abgegeben hat, sieht man dies meist unvorteilhaft an.

AF   Bezüglich eurer Brückenprojekte in Bhutan interessieren mich zwei Aspekte: einerseits der Wert von Ingenieurbauwerken für die Gesellschaft, also die so-

Brückenbau in Entwicklungsländern

ziale Aufgabe des Ingenieurs in der Erstellung von Infrastrukturbauten, anderserseits die spezifische, lokale Ausgangslage, die dazu zwingt, örtliche Konditionen und Materialmöglichkeiten in die Konstruktionsprinzipien einfliessen zu lassen.

HS Beim Bauen in Entwicklungsländern wird einem bewusst, dass verschiedene Dinge im Vergleich hundert Jahre zurück liegen. Das beginnt damit, dass eine Brücke die Lebensqualität der Bewohner der Umgebung hochgradig steigert: Schlagartig können 10'000 Menschen ihre Produkte auf dem Markt verkaufen und dadurch ihren Wohlstand verbessern. Faszinierend ist auch, wie um eine frisch eröffnete Brückenbaustelle binnen kurzem ein ganzes Dorf entsteht! Auch bautechnisch gesehen sind wir bei uns bereits viel weiter. Ein Pfeiler kann nicht einfach in einen Fluss gelassen werden, wir müssen uns Baumethoden überlegen, die in Europa tatsächlich vor hundert Jahren aktuell waren. Für einen Ingenieur ist das sehr spannend – sozusagen ein Zurückgehen zu den Wurzeln des Ingenieurbaus.

TP Es entspricht in diesen Fällen auch unserer sozialen Aufgabe, die Brücken so zu bauen, dass diese ohne fremde Hilfe unterhalten werden können. Dazu sind wir auch in die Ausbildung der lokalen Ingenieure involviert – sie sollen mit den entsprechenden Kenntnissen selber weiterbauen können.

AF Wie kam es zu eurem Engagement in diesen Ländern?

HS Wir haben einen von der Helvetas ausgeschriebenen Brückenwettbewerb für Bhutan gewonnen. Das Projekt konnten wir auch umsetzen, haben dabei Erfahrung gesammelt und sind nun auch in Nepal in einem weiteren Projekt tätig, bei dem in den nächsten zehn Jahren 4000 Brücken gebaut werden sollen. Dort geht es um die erwähnte Ausbildung der lokalen Ingenieure. Wir müssen, wie gesagt, Baumethoden überlegen, die es möglich machen, in einem Fluss ein Fundament zu erstellen.

AF Entsprechen die planerischen Möglichkeiten, also CAD etc., dem hiesigen Standard? Liegen die Einschränkungen ausschliesslich in der Ausführung?

HS Alle CAD-Programme stehen zur Verfügung, alle planerischen Mittel sind vorhanden, aber nicht unbedingt die Methodik im Umgang damit. Man muss die Ingenieure zu einfachem Denken anleiten. Eine der zentralen Ausbildungsaufgaben ist die Vermittlung der Wirkungsweisen der vorhandenen Baustoffe und der möglichen Konstruktionen – sozusagen die Anleitung zur Entwicklung ihres Bauchgefühls.

Konzeptionelle und konstruktive Kreativität

Christian Menn

Brückenbau – konzeptionelle Kreativität

Im Brückenbau ist beim Entwurf die Funktionalität (Tragsicherheit, Dauerhaftigkeit und Gebrauchstauglichkeit) imperativ und normiert. Die Kosten (Erstellung, Betrieb, Unterhalt, Erneuerung oder Abbruch) und das Erscheinungsbild der Brücke (Tragwerksform und visualisiertes Gleichgewicht mit dem unmittelbaren und weiteren Umfeld) lassen sich zwar nicht normieren; aber sie sind im Hinblick auf eine gepflegte Baukultur das Ziel der «konzeptionellen Kreativität».

Bis Mitte des 20. Jahrhunderts entwarfen wenige hervorragende Ingenieure wie zum Beispiel Roebling, Eiffel, Hennebique, Freyssinet, Dischinger, Leonhardt, Maillart, Ammann etc. fast alle bedeutenden Brücken. Vor allem mit dem Ausbau der Strassen für den rasch wachsenden, motorisierten Verkehr wurden nach 1950 unzählige Brücken gebaut, die auch von weniger erfahrenen Ingenieuren projektiert wurden. Bei der Kostenschätzung und der Planung des Bauvorgangs war deshalb oft die Beratung durch Unternehmer erforderlich und im Hinblick auf das Erscheinungsbild exponierter Brücken drängte sich die Mitwirkung von Architekten auf. Relativ banale, vorgespannte Balkenbrücken befriedigten je länger je weniger. Dieser Entwicklung entsprechend erwarteten Baudirektoren und Chefingenieure der Verwaltung besondere öffentliche Anerkennung für ihre Leistungen bezüglich Baukultur und Landschaftsschutz, wenn sie die Mitwirkung von Architekten beim Entwurf und als Jurymitglieder bei Wettbewerben verlangten.

Architekten sehen ihre Aufgabe allerdings nicht in der Visualisierung der konstruktiven Tragwerks-Effizienz, sondern hauptsächlich im dekorativ-künstlerischen Bereich. Ein grosses Gewicht auf das Erscheinungsbild moderner Brücken hat natürlich bei der Entwurfsarbeit der persönliche Einfluss des Ingenieurs und des Architekten. Wenn der Ingenieur dominiert, bleibt dem Architekten wenig Raum; er muss sich mit unbedeutenden künstlerischen Zugaben begnügen. Andererseits kann der Architekt entscheidend auf das Konzept einwirken, wenn sich der Ingenieur fast nur mit konstruktiven und wirtschaftlichen Problemen befasst. Am besten ist zweifellos der Mittelweg, bei dem der Ingenieur aufgrund seiner technischen Kenntnisse geeignete Konzepte vorschlägt und der Architekt dabei beratend mitwirkt und wenn bei der Detailgestaltung der Architekt die Führung und der Ingenieur die beratend-beurteilende Funktion übernimmt.

Natürlich entwerfen auch heute Ingenieure Brücken ohne Mitwirkung eines Architekten. Das ist durchaus in Ordnung, aber heikel, wenn der Ingenieur wenig Formgefühl hat, aber trotzdem meint, er müsse seinen Entwurf künstlerisch-originell verfeinern. Ebenso heikel ist es aber auch, wenn der Architekt die Brücke selbständig entwirft und der Ingenieur ohne absolut zwingende Gründe nichts dazu zu sagen hat und nur den Architekturentwurf gesundrechnet. Brücken sind deshalb in den letzten Jahrzehnten «bunter», meistens aber auch teurer geworden.

Beispiel: Projektwettbewerb Seebrücke Luzern

Das Wettbewerbsprojekt des Ingenieurbüros WGG Schnetzer Puskas für die neue Seebrücke in Luzern entstand aus einer sehr guten Zusammenarbeit zwischen Ingenieur und Architekt.

Die Brücke befindet sich am Ausfluss der Reuss, einer städtebaulich ausserordentlich empfindlichen Stelle. Der erste Entscheid des Ingenieur-Architekten-Teams bestand darin, mit generellen Vorgaben für die Fahrbahnnivellete und die Gestaltung der Brückenwiderlager das wertvolle Umfeld der neuen Seebrücke, bestehend aus dem linksufrigen Bahnhofvorplatz, dem rechtsufrigen Alpenquai und der Kapellbrücke, unabhängig vom künftigen konstruktiven Tragwerkskonzept, so gut wie möglich vor Beeinträchtigungen durch die

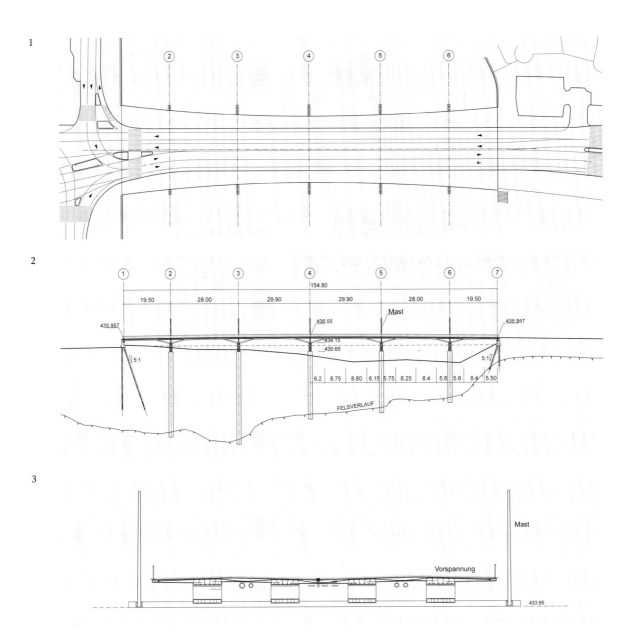

1

2

3

neue Brücke zu schützen. Die Brückenwiderlager sollten sich optimal in die Uferlinien und in das bestehende Verkehrsnetz einfügen, und die Nivellete der Brücke sollte zwischen den Widerlagern möglichst flach verlaufen. Auf diesen Grundlagen entwickelten die Ingenieure ein elegantes, schlankes Tragwerk mit 6 (statt wie bisher 7) Spannweiten und einem Plattenquerschnitt mit vier breiten, die Platte nur 20 Zentimeter verdickenden Stegen. Über den Pfeilern sollte die Platte in Längsrichtung mit flachen V-Sützen verstärkt werden.

Die relativ grossen, sorgfältig aufeinander abgestuften Spannweiten und die Schlankheit der Tragkonstruktion sollten die Schattenwirkung der 26 Meter breiten Brückenplatte so gut wie möglich mildern; mit den V-Stützen, die im Prinzip zum Überbau gehörige Trägervouten sind, liess sich angesichts der kleinen Brückenhöhe über dem Wasser eine konstruktiv und formal überzeugende Lösung entwickeln. Ein gestalterisch originelles Detail bildeten zudem die Doppelscheiben über den Pfahlköpfen, die den Übergang zum See markieren.

Hochbau - konstruktive Kreativität

Bei fast allen Hochbauten kann der Ingenieur mit konstruktiver Kreativität den Architekten unterstützen. Es geht dabei nicht in erster Linie um Kosteneinsparungen bei der Optimierung der De-

1   Situation Seebrücke
Luzern
2   Längsschnitt See-
brücke Luzern
3   Querschnitt der
Seebrücke unmittelbar vor
dem Pfeiler
4   Die auskragenden
Raumkörper des Actelion
Business Center

ckenspannweiten. Viel wichtiger ist hier beispiels-weise die Schaffung freier Räume für die Gebäu-denutzung ohne wesentliche Mehrkosten.

Interessanter ist aber noch die Zusammenar-beit mit hervorragenden Architekten beim Ent-wurf aussergewöhnlicher Bauwerke, bei denen aus der Sicht des Architekten die künstlerische Gestaltung des Baukörpers und des Innenraumes dominant ist, während die Funktionalität (Trag-verhalten, Bauphysik, Innenausbau, Nutzungs-tauglichkeit etc.) und die Kosten eher in den Hintergrund treten. Viele Teilaspekte der Funkti-onalität muss in solchen Fällen der Architekt den spezialisierten Ingenieuren überlassen; er über-nimmt vor allem die Optimierung und Koordina-tion der erarbeiteten Vorschläge.

Im gesamten Entwurfsprozess muss der kon-struktive Ingenieur im Rahmen der zahlreichen Randbedingungen mit geeigneten Baustoffen und konstruktiver Kreativität mögliche Lösungen er-arbeiten, die dem Architekten entweder überzeu-gende Entwurfsverbesserungen ermöglichen oder möglichst wenig und kleine Entwurfsänderungen erfordern.

Beispiel: Actelion Business Center, Allschwil

Beim Actelion Business Center handelt es sich um einen hochkomplexen, ringförmigen Bürobau.

Die Büroräume sind in verschiedenen Richtungen übereinander gestapelt. Die Architekten waren in diesem Fall nicht bereit, ihr ausserordentliches Raumkonzept irgendwelchen Ingenieurwünschen anzupassen. Die Ingenieure mussten deshalb mit allen möglichen Subsystemen – in der Regel han-delt es sich dabei um räumliche Stahlfachwerke mit komplexen Knotenverbindungen – Lösungen für einen geordneten Lastabtrag und für die Bau-werksstabilisierung entwickeln: Wie in einem La-byrinth mussten die Wege für den Kraftfluss ge-funden werden. Damit sicher gestellt ist, dass der Kraftfluss konstruktiv effizient verläuft, wird der Ingenieur jeweils in einem abgegrenzten Bereich den Schwerpunkt der Lastdyname ermitteln und diese in Ort, Richtung und Grösse mit den Funda-mentreaktionen vergleichen.

Es ist ganz offensichtlich, dass bei diesen aus-sergewöhnlichen Bauwerken mit konstruktiver Kreativität beträchtliche Kosten eingespart werden können.

Zwei Capricci: Eine Holz- und eine Seilbrücke

Marcel Baumgartner

Im Rahmen öffentlicher Wettbewerbe sind in kurzer Folge zwei lustvolle Entwürfe für kleine Brücken entstanden, die für vergleichbare Situationen und Aufgaben zwei diametral unterschiedliche Lösungen präsentieren. Bei genauerer Betrachtung zeigen die beiden Entwürfe eine frappierende Verwandtschaft in der Regelhaftigkeit und Konsequenz der strukturellen und konstruktiven Konzepte, die für die Arbeit von Schnetzer Puskas Ingenieure charakteristisch sind.

Die Projekte wurden in enger Zusammenarbeit zwischen den Ingenieuren und dem Verfasser sowie, im Fall der Holzbrücke, gemeinsam mit einem findigen Unternehmer entwickelt. Im Entwurfsprozess fügten sich auf kreative Art und Weise die analytische Herangehensweise des Ingenieurs, der beherzte Pragmatismus des Unternehmers und das Bestreben des Architekten, die Dinge in gewohnter Manier räumlich zu lesen und entsprechend zu artikulieren, auch wenn es sich, wie hier, um Brücken handelt, zusammen. Eine dem Resultat gegenüber unvoreingenommen offene Haltung und die Freude am konstruktiven Denken bildete die gemeinsame Basis. Die Zusammenarbeit gestaltete sich zwar sachlich und nüchtern, war aber stets von lebendiger Neugierde und Hartnäckigkeit getrieben.

Die Holzbrücke

Vor dem Hintergrund der bedeutenden Holzbautradition des Emmentals war die Forderung nach einer innovativen Holzkonstruktion eine wichtige Prämisse für den Entwurf der Emmebrücke.[1] Als Antwort darauf und durch die spontane Begeisterung des Holzbauers motiviert, entstand die den gesamten Entwurf durchwirkende Idee, die Brückenträger aus mächtigen Baumstämmen der Weisstanne zu fertigen: das Holz direkt dem Wald entnommen, ohne Leim- und Stahlverbindungen und in Anlehnung an alte Fertigungstechniken zusammengefügt, jedoch unter Anwendung heutiger Bearbeitungsmethoden.

Das Konzept der Tragstruktur basiert auf einem über drei Felder durchlaufenden Balken mit einer Gesamtlänge von 76,3 Metern und Spannweiten von 16,3, 45,3 und 14,7 Metern – die leicht asymmetrische Lage der Vorlandpfeiler wird durch Parzellengrenzen vorgegeben. Die beiden die Fahrbahn flankierenden Hauptträger werden aus roh gesägten und getrockneten Vollholzquerschnitten von 40 mal 50 Zentimetern gestapelt. Dabei werden Stapel und resultierende Trägerform so ausgebildet, dass zwischen den Balkenköpfen keine Zugstösse erforderlich sind, auftretende Zugkräfte dagegen von darunter oder darüber liegenden Balken aufgenommen werden. Zur Übertragung der Zug- und der Schubkräfte dienen sorgfältig zwischen die Balken eingearbeitete Eichenkeile. Der gesamte Stapel wird mit vertikalen Zugstangen zusammengehalten. Mit den Eichenkeilen können die einzelnen Balken gegeneinander und die Träger als Gesamtes vorgespannt werden. Damit ist es möglich, Schwindverformungen auszugleichen und die Verformungen der Brücke zu kontrollieren. Über diese Eigenschaften verfügen auch die Zugstangen, die nachträglich nachgezogen werden können und damit den Austrocknungsprozess des Holzes ausgleichen. Geschützt wird die gesamte Struktur durch ein grosses Dach, das als leichte Holzkonstruktion auf den Hauptträgern abgestützt ist.

Aus der entwickelten Konstruktion leitete sich unmittelbar das räumliche Konzept der Brücke ab. Durch die kräftigen Träger und das weit ausladende Dach wird der Raum auf der Fahrbahn zu einem eigentlichen Innenraum mit Betonung auf seiner Längsausdehnung. Im Bereich des dicht bewaldeten Vorlands wird dieser durch die maximale Höhe der Träger bei den Auflagern stark gefasst und komprimiert. Zur Mitte der Brücke hin nimmt die Höhe der Träger ab und lässt eine grosse Öffnung in Querrichtung entstehen, die einen überraschenden Blick in die Achse des streng gefassten Flussraums eröffnet.

Die archaisch wirkende, massive Konstruktion der Hauptträger formt ein stabiles, wannenartiges Gefäss. Das leicht anmutende, filigrane Dach bildet einen spannungsvollen Gegensatz zum Brückenkörper und weckt Erinnerungen an pavillonartige, zum Verweilen einladende Architekturen.

Die Seilbrücke

Ausgangslage für den Entwurf des Linthstegs [2] waren die landschaftlich sensible Szenerie beim Übergang des Walensees in die Linth sowie die Idee, mit einer flachliegenden, filigranen Seilkonstruktion die Brücke als federleichte, beinahe schwebende Struktur in Erscheinung treten zu lassen.

Ein aufgelassener Militärbunker, kaschiert von einem urwüchsigen Waldgürtel, bildet das Widerlager des Südufers. Als Pendant dazu wird am Nordufer ein neues, massives Betonfundament entwickelt. Dazwischen werden je zwei Trag-, Gehweg- und Geländerseile aus Stahl gespannt, die über zwei leicht schräg stehende Pendelstützen am Ende des Vorlands führen. Das Taktmass der totalen Spannweite von insgesamt 82,5 Metern wird durch die Position der Stütze im Drittelspunkt bestimmt und resultiert in einer Hauptöffnung von 55 Metern über dem Kanal und einer Nebenöffnung von 27,5 Metern im Vorlandbereich. Die Widerlager dienen einerseits als Auflager für die Vertikallasten, hauptsächlich jedoch zur Einleitung der horizontalen Seilkräfte in den Untergrund. Der bestehende Bunker kann die Seilkräfte durch seine erhebliche Grösse und sein Gewicht direkt in den Untergrund führen. Im Gegensatz dazu muss das neue Widerlager mit Rammpfählen verankert werden.

Eingesetzt werden vollverschlossene Stahldrahtseile, die auch bei Seilbahnen Anwendung finden. Anstelle der bei diesem Brückentyp charakteristischen Hängerseile werden zwischen die Trag-, Gehweg- und Geländerseile Netze gespannt, welche die Lasten übertragen und gleichzeitig die Absturzsicherung bilden. Durch die diagonale Lage der einzelnen Drähte tragen die Netze zur horizontalen Aussteifung der Konstruktion bei.

Die gewählte Tragkonstruktion weist ein äusserst geringes Eigengewicht auf und kann dadurch mit einem kleinen Stich von zwei Metern äusserst flach gehalten werden. Die sanft geschwungenen Träger- und Geländerseile und der weiche Bogen des Gehwegs, der dem Verlauf der durch Hochwasser und Schifffahrt definierten

Koten folgt, bilden eine schlanke, liegende Figur von eleganter Silhouette.

Die Netze zwischen den Seilen weisen zwei unterschiedliche Maschenweiten auf, wodurch sich die Gestalt des gewebeartigen Brückenkörpers in variablen Schattierungen abzeichnet und zusätzlich leichter wirkt. Aus der Ferne erscheint das Bauwerk als ein feines Band, das straff gespannt die zwei Ufer verbindet. Die transparente Konstruktion bietet den Fussgängern auf der Brücke einen freien Blick auf den See, seinen Abfluss und das eindrückliche Landschaftspanorama.

Konzeption

So unterschiedlich die beiden Brückenentwürfe auch sind, gemeinsam liegt ihnen das Interesse zugrunde, in grösstmöglicher Konsequenz einer anfänglich durch ein Material und eine Bauweise gesetzten Logik zu folgen. Die dazu gewählten Systeme sind von überraschender Direktheit, sei es die rudimentäre Stapelung eines Brückenträgers aus brachialen Baumstämmen oder das Spannen weniger Stahlseile und deren Verweben mit feinen Drähten zu einem Band.

Die Wahl des Materials respektive der Bauweise entspringt nicht a priori technischen Zwängen. Im einen Fall war die programmatische Rahmenbedingung des Wettbewerbs ausschlaggebend, im anderen eine freie Assoziation zum vorgefundenen Kontext: Das Umfeld des Linthstegs erfuhr durch die Geschichte und der in ihr wirkenden Ingenieure eine radikale Überformung von Natur und Landschaft. Die Linthkorrektur und die Bunkerketten des Reduits Nordfront aus dem zweiten Weltkrieg prägen bis heute die Stimmung und motivierten zu einer ähnlich unsentimentalen Konstruktion – technisch und kühl.

Die Entwürfe stehen einerseits für didaktische Stringenz in der Herleitung vom Material zur Struktur, zum Tragwerk, zur Raumbildung und zum Ausdruck. Andererseits stehen sie für eine bewusste Überzeichnung der eingangs behaupteten, rein pragmatischen Entscheidungsketten. Dies in der Absicht, über die eigentliche Logik der Technik hinaus letztlich ein «kultiviertes» und charaktervolles Bauwerk zu schaffen. Beispielhaft stehen Massivität und Geschlossenheit der Holzkonstruktion einer radikalen Transparenz der Seilkonstruktion gegenüber. Beides sind in sich räumlich prägnante wie auch haptische Konzepte, die sowohl aus der Logik der Konstruktion als auch aus der Suche nach einem kohärenten und sinnlichen Ganzen entwickelt wurden. Der resultierende Ausdruck spielt im einen Fall mit historischen und durchaus romantischen Bildern traditioneller Holzbrücken, im anderen mit eher alltäglichen Erinnerungen an provisorische oder militärische Infrastrukturen.

Darüber hinaus steht als gemeinsamer Nenner der Projekte deren beflissene Ökonomie. Beide Entwürfe sind bewusst als kostengünstige Konstruktionen konzipiert und zeigen veranschlagte Erstellungskosten von vergleichbarer Grössenordnung (jeweils deutlich unter einer Million Franken). Sowohl die Holz- als auch die Seilbrücke sind in der Konsequenz ihrer strukturellen Parameter auf das konstruktiv Notwendige reduziert und reizen die Materialeigenschaften bis aufs Äusserste aus. In solchen Prozessen der Rationalisierung und der selbst auferlegten Ökonomie der Mittel ist Formfindung nicht ideologisch, sondern resultiert aus der gegenseitigen Wechselwirkung von konstruktivem Entwickeln und räumlicher Sensibilität.

1   Öffentlicher Gesamtleistungswettbewerb für die Emmebrücke zwischen Burgdorf und Kirchberg, 2011, 2. Preis (vgl. Werkverzeichnis S. 351).
2   Öffentlicher Projektwettbewerb für den Linthsteg zwischen Weesen und Glarus Nord, 2012, Anerkennung (vgl. Werkverzeichnis S. 351).

Brücken

Heinrich Schnetzer

Neben den gestalterischen und technischen Herausforderungen beinhaltet die Erarbeitung eines Wettbewerbsprojekts für die Planenden immer auch handfeste wirtschaftliche Komponenten. Oberstes Ziel einer echten und ungekünstelten Zusammenarbeit in einem Team ist deshalb der Entwurf eines ökonomischen Systems. Denn nur wenn alle Beteiligten – von der Bauherrschaft bis hin zu den Unternehmern – das Projekt tragen, vorantreiben und schliesslich umsetzen wollen, kommt es tatsächlich zum Bau des Projekts und zur Vergütung der vorinvestierten Planerleistungen. Eine enge Zusammenarbeit zwischen allen Beteiligten, insbesondere zwischen Architekt und Bauingenieur, ist dabei selbstverständlich und darf, auf der Basis der gemeinsamen, übergeordneten Zielsetzung, von jedem einzelnen Planenden vorausgesetzt werden.

Die Organisation des Teams und seine Zusammensetzung hängen lediglich von der gestellten Aufgabe ab und können sachlich begründet werden – Machtansprüche einzelner Teilnehmer sind verfehlt und sinnlos. Bei Investorenwettbewerben mit grossem finanziellen Risiko muss der Geldgeber beziehungsweise der Investor, der beim Bauvorhaben die finanziellen Konsequenzen trägt, die Führung des Teams übernehmen. Bei städtebaulichen Wettbewerben und generell bei Aufgaben, die vorwiegend gestalterischen Charakter haben, ist der Architekt am besten zur Teamführung befähigt. Die Stärken der Bauingenieure wiederum liegen in der Konzeption von effizienten Tragsystemen für alle Bauphasen sowie in der bautechnischen Fachkundigkeit, insbesondere im Tief- und Spezialtiefbau: Das Entwickeln und Optimieren von Tragwerken unter Berücksichtigung von Bauvorgängen und geotechnischen Randbedingungen ist die Kernkompetenz des Bauingenieurs. Bei komplexen Aufgaben in diesen Bereichen muss er deshalb die Führung übernehmen. Dies trifft speziell bei Brückenbauten zu, da nur der Bauingenieur versteht, wie die Tragkonstruktion von Kraftfluss, Beanspruchung und Bauvorgang abhängig ist. Im Brückenbau wirken sich diese Abhängigkeiten wegen der grösseren Spannweiten und des deutlich tieferen Verhältnisses von Nutz- zu Eigenlasten viel wesentlicher aus als im Hochbau – für die Ökonomie eines Tragwerksentwurfs sind sie von zentraler Bedeutung.

Allerdings ist die ökonomische Herstellung von Tragwerken stark dem gesellschaftlichen Wandel unterworfen. Sie steht in direkter Beziehung zum Verhältnis von Material- zu Lohnkosten. Heute stellen die Löhne auf den Baustellen den entscheidenden Kostenfaktor dar. Das Material – falls es einfach, das heisst ohne ungewöhnlich grossen Zeitaufwand verbaut werden kann – spielt bei der Ökonomie der Bauwerke eine viel kleinere Rolle als noch vor fünfzig oder mehr Jahren. Diese Veränderung beeinflusst auch den Entwurf von Brückenbauwerken, denn sie reisst dem Ingenieur, der zuallererst materialökonomisch denkt, das zentrale Entwurfsinstrument aus den Händen. Heute sind materialintensive Bauwerke kostengünstiger als materialarme Tragsysteme, die nur mit viel Arbeitsaufwand auf der Baustelle erstellt werden können.

Die Zusammenhänge zwischen Material- und Lohnaufwand und insgesamt ökonomischer Herstellung einer Brücke studierten wir im Rahmen eines Wettbewerbs für eine Brücke in Bhutan. Auf diesen Überlegungen aufbauend haben wir versucht, ein wirtschaftliches Brückenbauprojekt umzusetzen.

Puna Tsang Chhu Brücke, Wangdi Phodrang (Bhutan) 2002

Um die Brücke mit den lokal beschränkten Ressourcen zu bauen, bedurfte es eines adäquaten Tragwerkskonzepts. Aufbauend auf den lokalen bautechnischen Möglichkeiten, sollten neue Erkenntnisse des Brückenbaus adaptiert und ökonomische Randbedingungen berücksichtigt werden.

1   Die Puna Tsang Chhu
Brücke nach der Fertig-
stellung mit dem alten Pfeiler
der ersten Holzbrücke und
dem Dsong von Wanghdi
(Klosterburg) auf der Anhöhe.

Der vorgesehene Standort für die Brücke war bereits vor mehr als 200 Jahren für eine traditionelle Holzbrücke ausgesucht worden. Die geotechnischen Randbedingungen an dieser Stelle und die fehlenden bautechnischen Möglichkeiten für den Bau einer Pfeilerfundation im Fluss erforderten allerdings eine Brückenkonstruktion mit einer Spannweite von etwa 100 Metern – eine Spannweite, die auch in der technisch hochstehenden Schweiz keine Kleinigkeit darstellt. Eine Bogenbrücke mit Kämpferfundamenten im anstehenden Fels der Talflanken erfüllte die geotechnischen, geometrischen und ökonomischen Randbedingungen am besten. Pate für dieses Tragsystem standen die in der ersten Hälfte des letzten Jahrhunderts in der Schweiz gebauten Bogenkonstruktionen, wie die Salginatobelbrücke von Robert Maillart von 1930. Diese sind bei einem hohen Verhältnis von Material- zu Lohnkosten sehr materialökonomisch. Dieser Bezug zwischen Bhutan heute und Schweiz gestern machte dahingehend Sinn, da die aktuellen ökonomischen Verhältnisse beziehungsweise das Verhältnis von Lohn- zu Materialkosten in Bhutan vergleichbar sind mit denjenigen in der Schweiz vor etwa 80 Jahren, zur Blüte des Stahlbetonbogenbrückenbaus.

Wegen der wiederkehrenden Monsunniederschlägen und des ansteigenden Wasserspiegels war die Bauzeit im Flussbett auf das Winterhalbjahr begrenzt. Daher mussten Bogenkonstruktion – inklusive Lehrgerüst auf fünf Stahlpfeilern – und Kämpferfundamente in einem Winterhalbjahr herstellbar sein. Um die kurze Bauzeit einhalten

zu können, baute das Konzept für die Herstellung des Bogens auf alten, bekannten Methoden auf, die mit einem modernen, auch in Bhutan praktikablen Bauverfahren ergänzt wurden: Die Bogen- als auch die Fahrbahnplatten wurden auf der kleinen Produktionsstätte nahe der Baustelle aus Betonelementen teilvorfabriziert und dienten nach dem Versetzen als Schalung für den Überbeton. Die Bogenrippen wurden vor Ort betoniert. Die Stahlträger für das Lehrgerüst wiederum wurden in Kalkutta produziert und von dort auf die Baustelle transportiert. Um die hohen Transportkosten der Stahlträger zu kompensieren, wurden diese so ausgebildet, dass sie nach Fertigstellung des Betonbogens ausgebaut und als Verbundträger für die Fahrbahnplatte wiederverwendet werden konnten.

Mit einem Kabelkran, der auf der Brückenachse installiert war, wurden die Betonelemente für die Brücke und die Teile der Hilfskonstruktionen transportiert; so beispielsweise in Drahtnetzen eingeschlossene Bollensteine, die ins Wasser abgetieft wurden. Diese funktionierten als provisorische Fundamente für die Lehrgerüsttürme in Flussmitte. Sobald das Lehrgerüst stand, konnten die Bogenelemente platziert und die zwei Zentimeter dicken Fugen mit Mörtel geschlossen werden. Nach dem Setzen des letzten Bogenelements – dem sogenannten Schlussstein – wirkten alle Elemente zusammen bereits als Druckbogen und das Lehrgerüst wurde entlastet. Dadurch wurden Tragreserven für weitere Lasten frei und der Überbeton des Bogens sowie die aufgesetzten, den dünnen Bogen stabilisierenden Bogenrippen aufbetonierbar. Der damit einhergehende stabile Zustand wurde am Ende des siebten Monats erreicht. Erst dann wurden Pfeiler und Widerlager erstellt und die Lehrgerüstträger demontiert, um sie wieder als Fahrbahnträger einzubauen und die Fahrbahnfertigteile zu verlegen. Im Überbeton der Fahrbahnplatte wurde als Stirnschalung bereits der Stahlanschluss für den seitlichen Gehweg aus Lärchenholz integriert. Die handgeschnitzten Holzpfosten in Kombination mit dem Geländer sind in Bhutan Tradition.

Zweite SBB Rheinbrücke, Basel 2013

Der Auftrag für die Rheinbrücke der SBB in Basel ging, wie beim vorigen Projekt, ebenfalls aus einem Wettbewerb (1994) hervor. Einschneidende Randbedingung waren hier die vorgegebenen Pfeilerstellungen und die maximale Bauhöhe. Auf diesen Grundlagen entwickelten wir eine vorgespannte Stahlbetonbrücke. Das statische System ist eine Freivorbaubrücke über drei Felder, deren Stützweiten 59,7, 117,2 und 59,7 Meter betragen. Die Stützen sind im Oberbau und an ihrer Basis eingespannt und infolge der Verkehrslasten auf Biegung beansprucht. Das Rahmensystem schwindet und kriecht, Temperaturänderungen beanspruchen das Tragwerk zusätzlich. Das für eine grosse Bahnbrücke zum ersten Mal angewendete Rahmensystem ist aus mehrern Gründen vorteilhaft: Die Pfeilerscheiben haben wegen der Einspannung einen viel grösseren Widerstand gegen Schiffsanprall. Das Rahmensystem ist ausserdem steifer, was eine Freivorbaubrücke mit der beschränkten Bauhöhe erst möglich macht. Ausserdem sind keine grossen, praktisch nicht auswechselbaren Brückenlager erforderlich.

Ein polygonaler, längs vorgespannter Voutenträger mit beidseitig auskragender Fahrbahnplatte bildet das Haupttragelement der Brückenkonstruktion. Das Schifffahrtslichtraumprofil begrenzt die Hauptspannweite nach unten – die Endfelder erhalten symmetrisch dieselbe polygonale Untersicht. Der Querschnitt ist über den Pfeilern 7,3 und in Feldmitte 3,4 Meter hoch, alle Tragelemente liegen unterhalb der Schienentrasse. Über den Widerlagern und den Flusspfeilern leiten Querträger die Kräfte in Lager und Stützen. Auf der Brückenlängsachse leiten zusätzliche Querträger die Umlenkkräfte – bedingt durch den polygonalen Verlauf der unteren Druckplatte – in die Stege. Der Querträger im Brückenscheitel übernimmt die Umlenkkräfte infolge des Zugkraftknicks in der unteren Kastenplatte. Der Hohlkasten im Widerlagerbereich ist auf einer Länge von 4 Metern voll ausbetoniert und verhindert durch sein Gewicht das Abheben der Lager. Die Vorspannung des Trägers besteht – wie im Freivorbau üblich – aus einer Kragarm- und Feldvorspannung. Zusätzlich ist im Brückenkasten eine Kontinuitätsvorspannung angeordnet. Sie ist extern vorgespannt und wird über den Querträgern umgelenkt, was das Verformungsverhalten günstig beeinflusst.

Die 12,35 Meter hohen Pfeiler aus Stahlbeton stehen – der neuen Autobahnbrücke angepasst – um 4 Grad in Strömungsrichtung gedreht im Fluss. Sie sind in der 2,5 bis 3 Meter starken und etwa 9,2 mal 13,3 Meter grossen Pfahlkopfplatte eingespannt, die wiederum die Lasten auf vier Fundamentschächte abträgt. Diese haben einen Durchmesser von 3 und eine Tiefe von etwa 6 Metern, womit sie rund 5 Meter in den kompakten Cyrenenmergel einbinden. Die Flusspfeilerfundationen wurden je in einem Spundwandkasten erstellt, der in den Mergel einbindet. Nach Bauende wurden die Spundprofile an der Oberkante der Fundamentplatte abgetrennt, sodass das verbleibende Stück als Kolkschutz wirkt. Die Spundwandkasten wurden nicht auf Schiffsanprall dimensioniert, da die beiden Pfeiler zeitversetzt erstellt wurden und der Schiffsverkehr deshalb für die kurze Zeit während der Fundations- und Pfeilerarbeiten im Einbahnregime auf die gegenüberliegende Seite verlegt werden konnte. Nach Fertigstellung der Pfeiler wurde der Spundwandkasten gegen den Pfeiler abgespriesst, wodurch er einem Schiffsanprall widerstanden hätte. Die eigentlichen Brückenpfeiler wurden innerhalb des Spundwandkastens in konventioneller Beton-Bauweise hochgezogen. Gleich nach Erstellung der Grundetappe von 16 Metern Auskragung wurde die Baugrube geflutet. Der Freivorbau erfolgte anschliessend im Wochentakt in Etappen von anfänglich 3 und später 3,9 Metern Länge, wobei zuerst von der Seite Grossbasel und anschliessend von der Seite Kleinbasel aus gearbeitet wurde. Nach dem brückenmittigen Fugenschluss wurden die Konsolköpfe von den Widerlagern her mit Nachlaufwagen erstellt. Die Etappenlängen dafür betrugen 8 Meter.

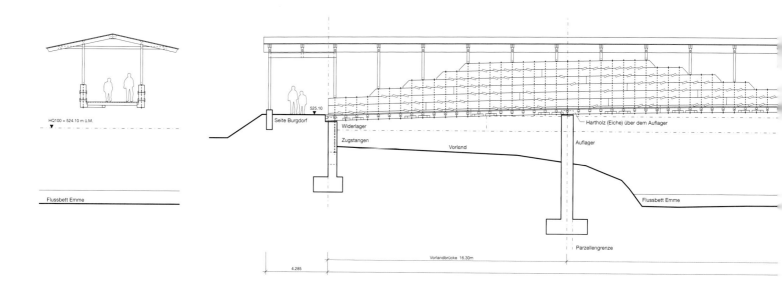

HQ100 = 524.10 m ü.M.

Flussbett Emme

Seite Burgdorf

Widerlager

Zugstangen

Vorland

525.10

Hartholz (Eiche) über dem Auflager

Auflager

Flussbett Emme

Parzellengrenze

Vorlandbrücke 16.30m

4.285

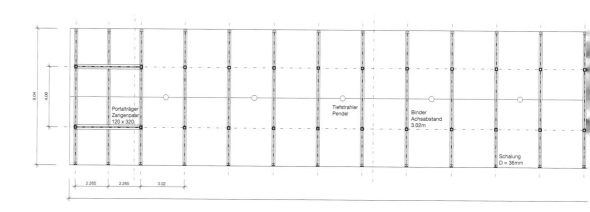

9.04

4.00

Portalträger
Zangenpaar
120 x 320

Tiefstrahler
Pendel

Binder
Achsabstand
3.02m

Schalung
D = 36mm

2.265   2.265   3.02

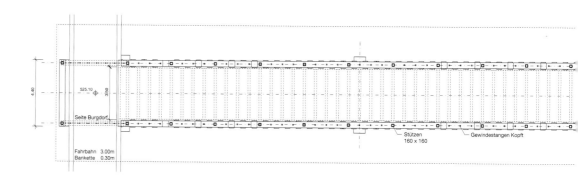

4.40

525.10

3.50

Seite Burgdorf

Fahrbahn   3.00m
Bankette   0.30m

Stützen
160 x 160

Gewindestangen Kopft

←← Rendering der Holz-
brücke
↑ Längsschnitt
↗ Dachgrundriss
→ Fahrbahngrundriss

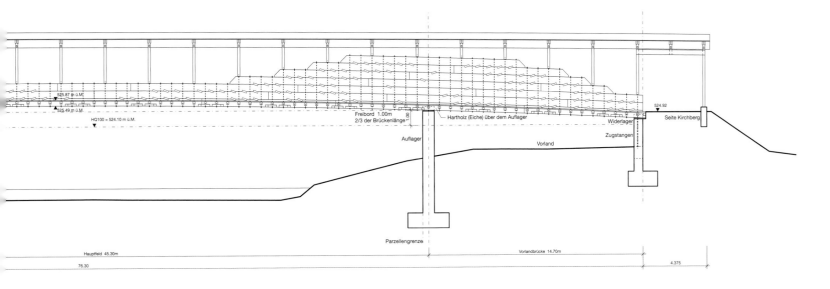

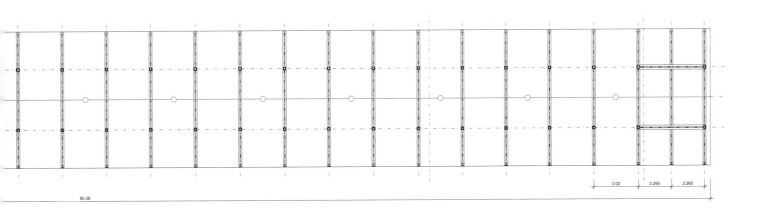

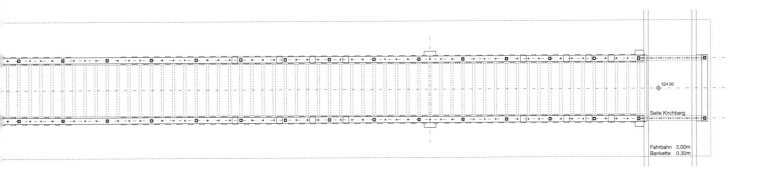

Wettbewerb Linthsteg
Weesen 2011

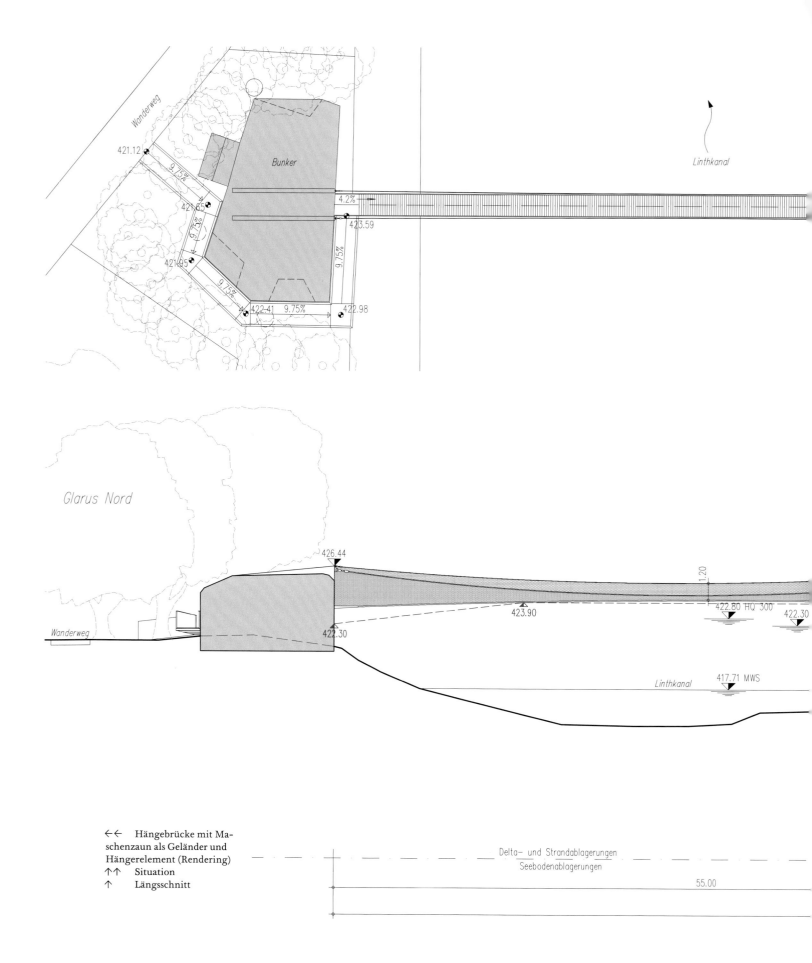

Bunker

421.12

9.75%

421.65

9.75%

421.05

9.75%

422.41   9.75%

422.98

4.2%

423.59

9.75%

Glarus Nord

426.44

1.20

423.90

422.80 HQ 300

422.30

Wanderweg

422.30

417.71 MWS

Linthkanal

←← Hängebrücke mit Ma-
schenzaun als Geländer und
Hängerelement (Rendering)
↑↑ Situation
↑ Längsschnitt

Delta- und Strandablagerungen
Seebodenablagerungen

55.00

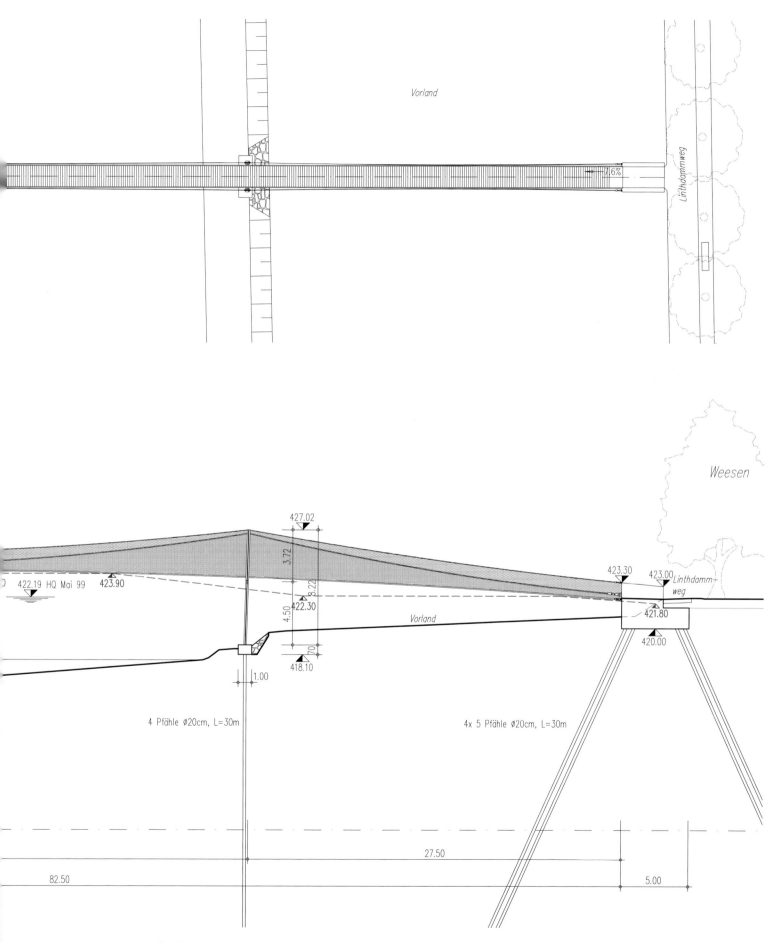

Vorland

Linthdammweg

1.6%

Weesen

427.02

3.72

422.19 HQ Mai 99   423.90

423.30   423.00 Linthdammweg

3.22

4.50   422.30

421.80

420.00

70

418.10

1.00

4 Pfähle ⌀20cm, L=30m

4x 5 Pfähle ⌀20cm, L=30m

Vorland

27.50

82.50   5.00

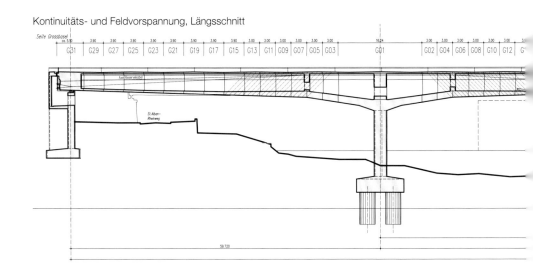

Schubvorspannung (Spannköpfe oben)

Kragarmvorspannung

Feldvorspannung

Kontinuitätsvorspannung

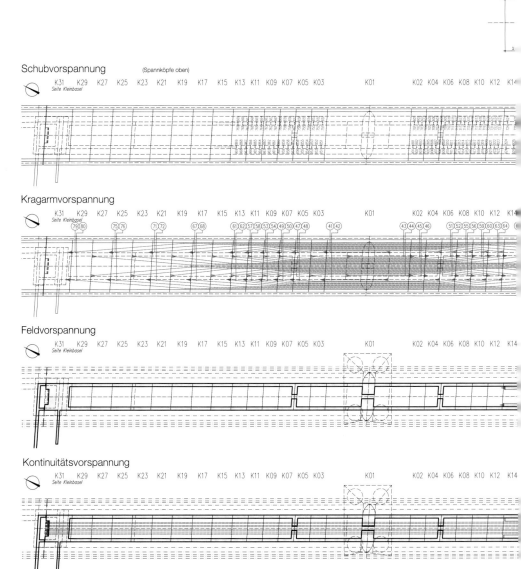

←← Pfeilerbewehrung mit der bestehenden Stahlbrücke und der Schwarzwaldbrücke im Hintergrund (Baustellenaufnahme)
↗↗ Längsschnitt mit Schubvorspannung (violett), Kontinuitätsvorspannung (rot) und Einteilung der Freivorbauetappen
↗ Konzeption der Vorspannung: Kragarmvorspannung (blau), Feldvorspannung (grün) und Kontinuitätsvorspannung (rot)
→ Grundriss mit Ankerstellen der Schubvorspannung (violett); Grundriss der Kabelführung der Kragarmvorspannung (blau); Horizontalschnitt durch Brückenträger mit der Feldvorspannung (grün); Horizontalschnitt durch den Brückenträger mit der Kontinuitätsvorspannung (rot)

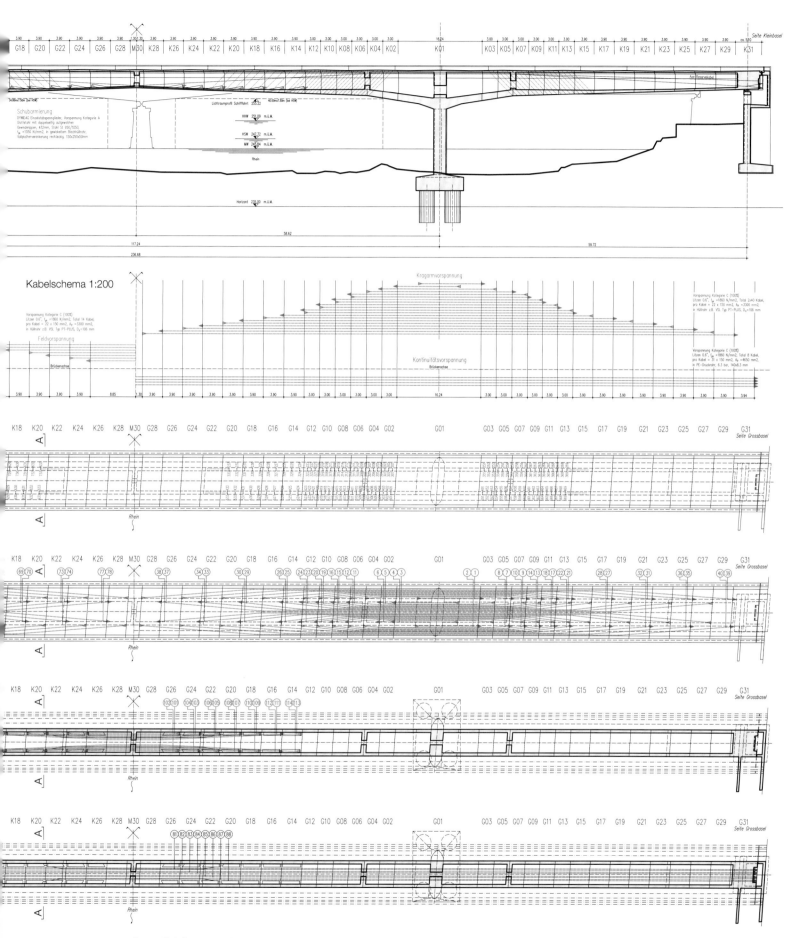

Prinzip-Innenansicht Steg

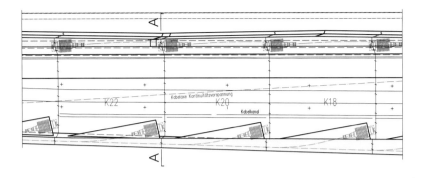

Querschnitt A-A

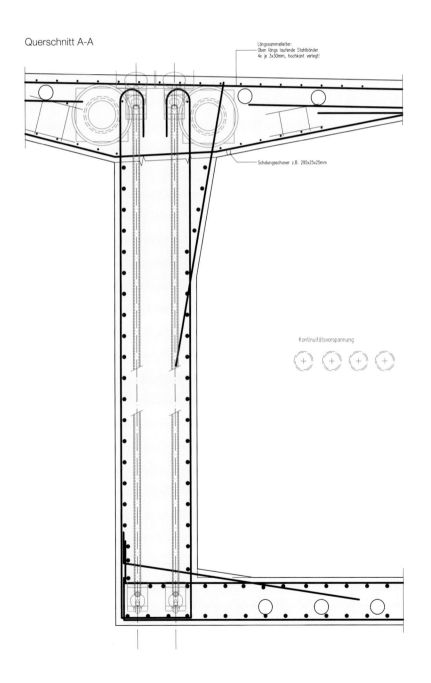

Längssammelleiter:
Oben längs laufende Stahlbänder
4x je 3x30mm, hochkant verlegt!

Schalungsschoner z.B. 295x25x25mm

Kontinuitätsvorspannung

↖ Ausschnitt aus dem Brückenlängsschnitt mit den Verankerungen der Kragarm- und Feldvorspannungen
← Ausschnitt aus dem Brückenquerschnitt mit Schubvorspannung und Verankerungen der Kragarm- und Feldvorspannungen
↗ Horizontalschnitt der Grundetappe mit Kabelgeometrie und Verankerungen der Kragarmvorspannung (blau)
→ Längsschnitt der Grundetappe
→→ Die fertige Brücke

Untersicht Platte oben

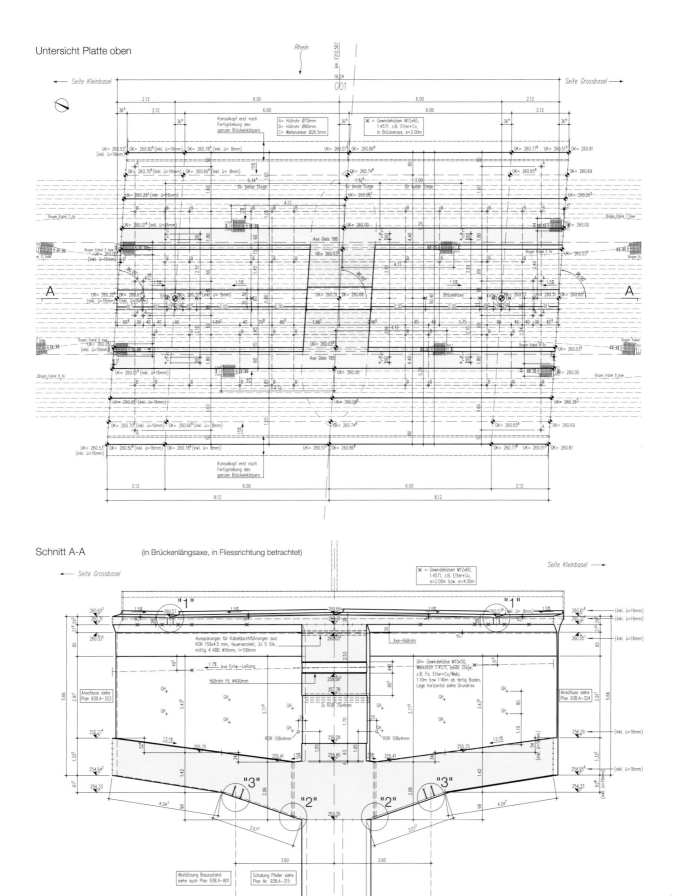

Schnitt A-A   (in Brückenlängsaxe, in Fliessrichtung betrachtet)

Puna Tsang Chhu Brücke
Wangdi Phodrang (Bhutan) 2002

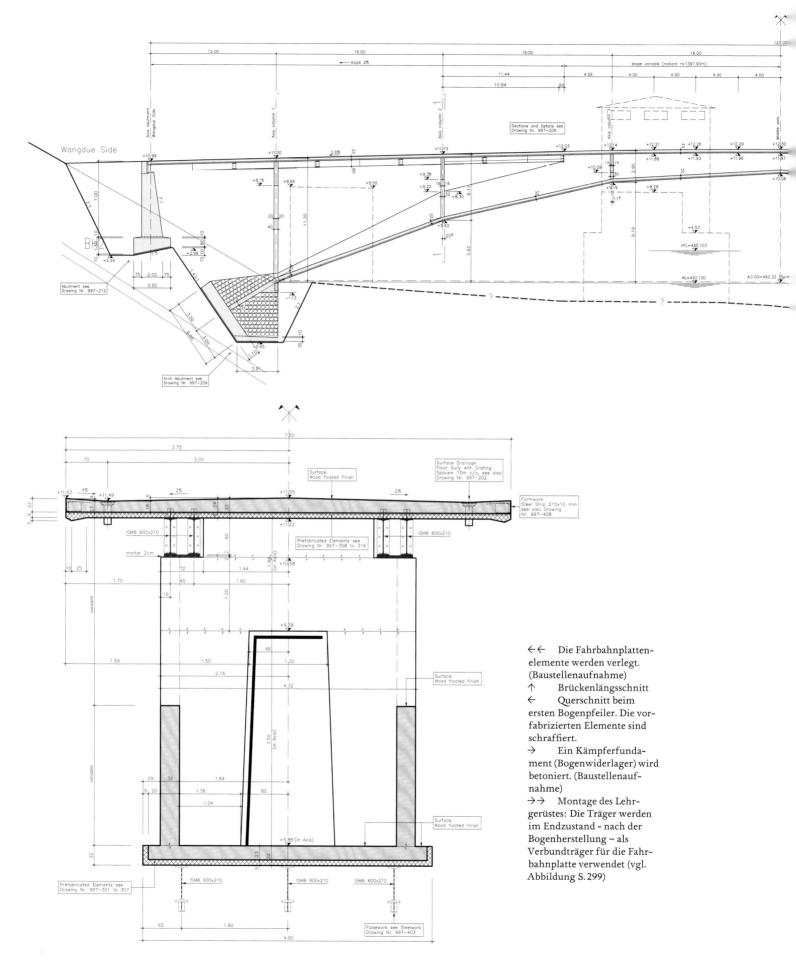

Die Fahrbahnplattenelemente werden verlegt. (Baustellenaufnahme)

↑ Brückenlängsschnitt

← Querschnitt beim ersten Bogenpfeiler. Die vorfabrizierten Elemente sind schraffiert.

→ Ein Kämpferfundament (Bogenwiderlager) wird betoniert. (Baustellenaufnahme)

→→ Montage des Lehrgerüstes: Die Träger werden im Endzustand - nach der Bogenherstellung – als Verbundträger für die Fahrbahnplatte verwendet (vgl. Abbildung S. 299)

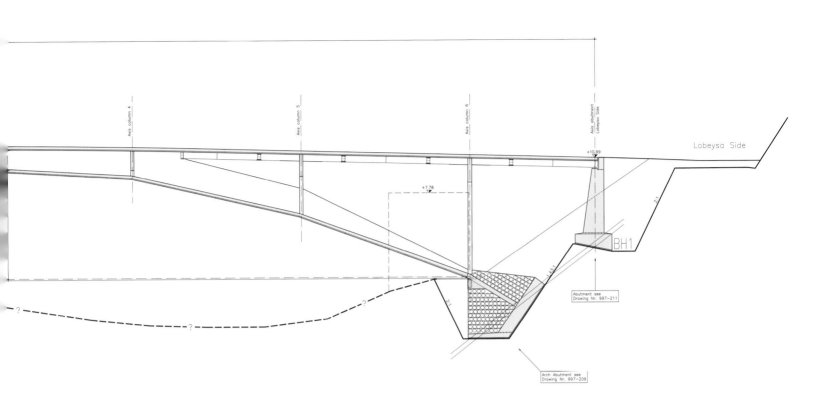

8   Brücken
     Puna Tsang Chhu Brücke

↑ Die fertige Brücke vom
Wasser aus gesehen mit der
Klosterburg von Wanghdi,
dem Brückenturm des alten
Basam (traditionelle Holz-
brücke) und der temporären
Bailey Brücke
→ Die fertige Brücke mit
dem Wanghdi Dsong
(Klosterburg; rechts oben)

302

9 Spezielle Programme

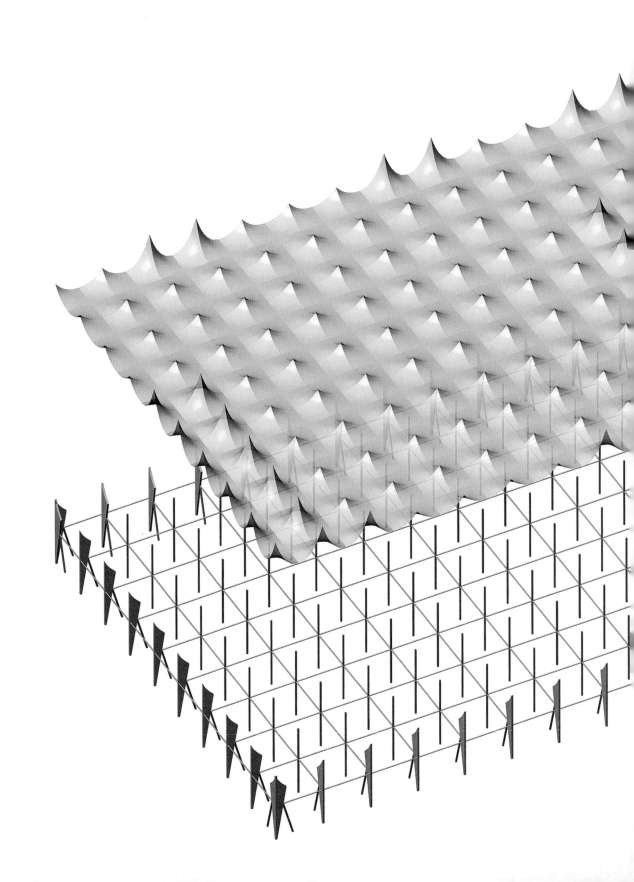

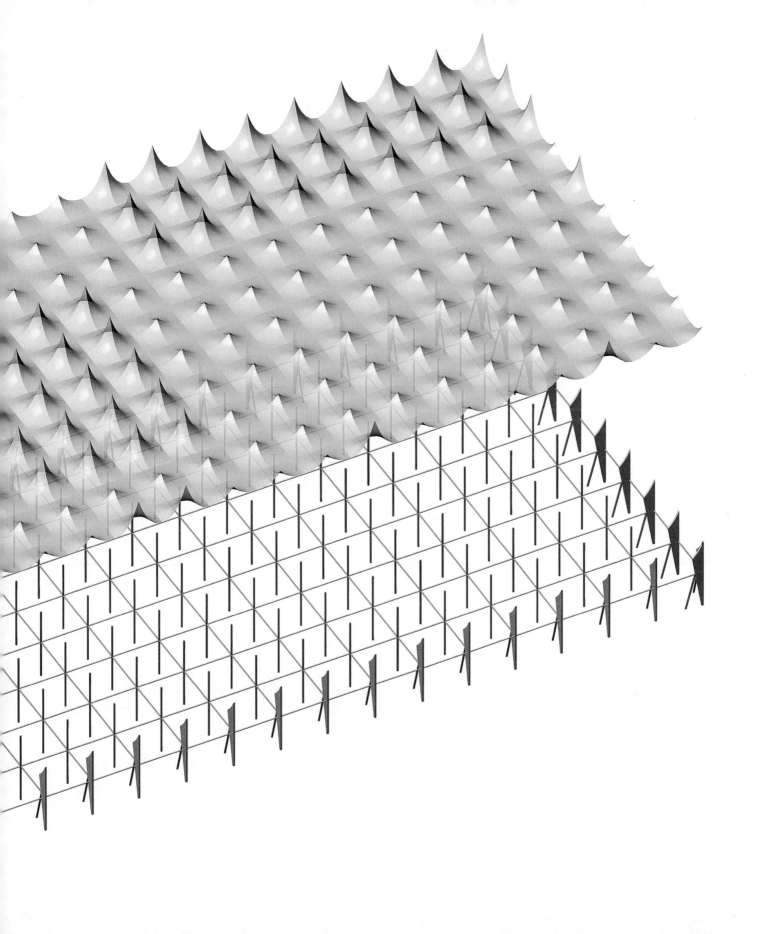

AF   Lasst uns über den Tiefbau sprechen: Sind Infrastrukturbauten Bauwerke   Infrastruktur
ohne ästhetische Ansprüche, ohne Gestaltungsabsichten?

TP   Dass Stützmauern und Tunnelportale gestaltet werden sollten, wissen wir nicht
erst seit Rino Tami. Der gesamte Tiefbau ist für die gebaute Umwelt wesentlich.
Trotzdem herrscht hier ein grosses Defizit: Das Problem fängt bei den rein preisori-
entierten Ausschreibungen an. Wir haben bei sogenannten Honorarwettbewerben
für Infrastrukturbauten auch schon als Einzige Architekten beigezogen. Die öffentliche Bauherrschaft ist leider immer noch nicht so weit, dass sie der Gestaltung
der Tiefbauten einen höheren Stellenwert beimessen würde.

HS   Heute werden mehr Verkehrsflächen durch Normen und Ingenieure mehr oder
weniger zufällig gestaltet als Flächen mit Gebäuden. Auf einer 25'000er Karte
könnte man das schön visualisieren. Da stehen einem leider oft bereits die Haare zu
Berge, wenn man sieht, was alles hingepflastert wird an Lärmschutzwänden, Leitplanken, Absturzsicherungen etc. – alles, was der Katalog so hergibt.

AF   Ist es eine politische Frage?

HS   Ja, aber auch eine der Sensibilisierung, des Bewusstseins der Bevölkerung und vor
allem auch der Ingenieure selbst! Man muss dem Ingenieur bereits in der Ausbildung klar machen, dass er sich aktiv überlegen soll, wo eine Stützmauer beginnt,
wo und wie diese aufhört etc. Das fehlt in der Ausbildung komplett.

AF   Nicht mehr ganz ...

HS   Stimmt, dank Dir wird das ja jetzt auch an der ETH vermittelt!

AF   So ist es.

TP   Der Wettbewerb darf sich nicht auf Honorarfragen reduzieren, sondern muss auch
gestalterische Inhalte erfassen.

AF   Ein Hauptproblem ist meiner Meinung nach, dass grossmassstäbliche Entscheide – wie etwa Linienführungen – ohne räumliche Kompetenz gefällt werden.

HS   Früher hat man die Linienführung einer Strasse so gelegt, dass die Brücken an einem vernünftigen Standort zu liegen kamen. Dafür wurde vielleicht sogar eine längere Strasse in Kauf genommen. Heute ist vor allem die Ausbaugeschwindigkeit ein Thema, beispielsweise 120 Kilometer pro Stunde, was bedeutet, dass die Brücke an einem Ort sein muss, der diese Geschwindigkeit zulässt.

Ephemere Konstruktionen

AF   Habt ihr ein besonderes Interesse an ephemeren Bauwerken, wo das Konstruktive eher zum Tragen kommt?

HS   Dieses Gebiet interessiert uns sehr. Dazu gehören beispielsweise die Projekte in Saint-Prex oder in Avenches.

TP   ... oder Messe-Pavillons. Für eine bekannte Lederwarenfabrik haben wir soeben mit einem japanischen Architekten zusammen einen sehr interessanten Stand entworfen: eine doppelt gekrümmte Holzfassade aus hauchdünnen Lamellen, die mit Magneten verbunden werden, sodass es keine sichtbaren Verbindungen gibt. Ein filigranes Flechtwerk, das in zwei Richtungen gekrümmt ist.

AF   Magnetisches Holz?

TP   Ja, die Magnete werden ins Holz eingepresst. Das macht die Konstruktion schnell montierbar, auseinandernehmbar und wiederverwertbar.

Wertung

AF   Nach welchen Kriterien wertet ihr das Gelingen einer Baute? Wann seid ihr mit euren Entwürfen zufrieden?

TP   Wenn Struktur und Architektur symbiotisch miteinander verschmelzen, sind wir sehr zufrieden. Solche Fälle kommen vor.

HS   Bei einem gelungenen Bauwerk kommen die verschiedenen Anforderungen in selbstverständlicher Weise und in einer Einfachheit zusammen. Man könnte dies «einfache Einheit» nennen. Im Nachhinein stehe ich vielen Gebäuden, die ich konzipiert habe, auch kritisch gegenüber. Schön ist, dass wir immer an Verbesserungen weiterdenken können!

AF　Wertvolle Erfahrungen zu sammeln, kann für die eigene Einordnung eines Werks ein wichtiges Kriterium sein.

SB　Nach einer langen Planung befriedigt es mich, wenn die Unternehmer die Vorschläge wie von uns geplant umsetzen können und wollen.

AF　... wenn digitales und physisches Modell übereinstimmen. – Zum Schluss würde mich noch interessieren, welche Fragen ich vergessen habe oder euch nicht stellen konnte, da ich keine Ingenieurin bin. Was würdet ihr Ingenieure euch fragen?

HS　Warum sind wir in der Wahrnehmung der Gesellschaft nicht wirklich präsent?

TP　Wie etwas funktioniert, wird heute nicht mehr so hoch bewertet. Es geht oft um einen Oberflächenkult und weniger um Inhalte. Wir kommen erst im Krisenfall zum Zuge. Bis zu dem Punkt ist alle Technik selbstverständlich. Dazu kommt, dass dem Ingenieurberuf heute die grossen Vorbilder fehlen.

AF　Wie Heinrich Figi, Chef Kunstbauten beim Tiefbauamt Graubünden, in einer Vorlesung einmal treffend bemerkt hat, werden Tiefbauten, Ingenieurbauwerke ganz allgemein, von der Jugend als schicksalhaft empfunden – also als etwas Nicht-Gestaltbares, Gegebenes. Die gebaute Umwelt scheint den heutigen Jugendlichen unbeeinflussbar – vielleicht weil sie das für eine bewusste Wahrnehmung der Umwelt kritische Mass an Leere, das wir noch erfahren durften, gar nie gekannt haben. Da (ver)lockt als Berufsidee dann höchstens noch der Glamour der Stararchitekten.

TP　Stararchitektentum hängt mit Mode und Design zusammen – das ist chic.

AF Es stellt sich auch die Frage, warum Architekten, aber auch Ingenieure, gemessen an der zu tragenden Verantwortung inadäquat entschädigt sind. Die Honorierung der Leistungen steht doch in keinem Verhältnis zu Löhnen von Bankern, Managern etc.

TP Das ist Casino, aber das sind ganz einfach die Zeichen unserer Zeit. Es wird wieder eine andere Zeit kommen. Ausserdem hat unser Beruf einen hohen inneren Wert und deshalb bin ich auch heute gerne Ingenieur!

AF Was würdet ihr denn zum Schluss jungen Ingenieuren mit auf den Weg geben? Mir hallen grad noch Luigi Snozzis Worte in den Ohren, der kürzlich an einer Veranstaltung an der ETH Zürich in der für ihn charakteristischen Art den Studenten empfohlen hat, die Schule schnellstmöglich zu verlassen.

SB Ich würde ihnen empfehlen, aus der Ausbildung soviel wie möglich mitzunehmen. Wenn dort auch nicht alle Aspekte abgedeckt werden können, bietet die Schule ein wertvolles Grundlagenstudium – die Horizonte können auch nachträglich mit Aspekten erweitert werden, die in der Schule vielleicht zu kurz kommen.

HS Da kommt mir ein Spruch von Willi Ritschard in den Sinn: Was nützt ein Tiger im Tank, wenn ein Esel am Steuer ist?

Spezielle Programme

Stefan Bänziger

Nicht alle Aufgaben, mit denen wir uns beschäftigen, können einem klassischen Gebiet der Tragwerksplanung zugeordnet werden. Die Aufgabenstellungen sind zum Teil sehr vielschichtig, interdisziplinär oder sogar fachfremd. Die teilweise einmaligen und einzigartigen Problematiken, mit denen uns die Bauherrschaften konfrontieren, bergen stets besondere Reize. Mit ingenieurspezifischem Wissen und Konstruktionserfahrung tragen wir so – oft zusammen mit Architekten, Landschaftsarchitekten oder Künstlern – zur Entwicklung neuartiger Tragwerkskonzepte bei.

St. Prex Classics, «Luna», St. Prex 2012

Jährlich treten im mittelalterlichen Städtchen St. Prex im Kanton Waadt am Genfersee Tänzer und Musiker unter freiem Himmel auf. 2012 wurde für die Veranstaltung erstmals eine überdachte Tribüne installiert. Dieses Dach besteht aus einem halbkugelförmigen Ballon mit Innenring am unteren Rand für die Aufnahme der vom Ballon abgegebenen Umlenkkräfte. Das Ballonvolumen ist mit 48 Halterungen am Innenring befestigt. Die Halbkugel ist in rund 12 Metern Höhe, was etwa der Hälfte ihres Durchmessers entspricht, über sechs Lasteinleitungspunkte dem fachwerkartigen Bühnenring aufgesetzt. Dieser wiederum ist über drei Stützengruppen auf Einzelfundamenten aus Beton gelenkig gelagert. Drei Lasteinleitungspunkte übertragen nur Druckkräfte, die übrigen drei können verriegelt werden und übertragen zusätzlich Zugkräfte. Der Bühnenring ist um etwa 8 Grad aus der Horizontalen geneigt. Unter dem höher gelegenen Teil befindet sich die Zuschauertribüne, unter dem niedriger gelegenen die Bühne.

Der Ballon soll künftig durch Füllen von Helium mitsamt dem Innenring vom Bühnenring abheben können. An drei Seilpaaren, die am oberen Ende an den Lasteinleitungspunkten des Balloninnenrings fixiert sind, wird die Halbkugel zum Himmel aufsteigen. Um die Position des Ballons im Raum jederzeit definieren zu können, wird je ein Seil pro Seilpaar vertikal und das andere schräg abgespannt. Dies ermöglicht die Kontrollierbarkeit aller sechs Freiheitsgrade.

Die Ausführung des Heliumballons und die genauen Randbedingungen dazu werden in Abstimmung mit einem spezialisierten Ballonbauer erarbeitet.

Neugestaltung Leutschenpark, Zürich 2008

Der Leutschenpark ist ein rund 15'000 Quadratmeter grosser Freiraum im ehemaligen Industrie- und Gewerbegebiet Leutschenbach in Zürich Nord. Liegewiese, Brunnen, Spiellandschaft, Bühnenfläche und Sitzgelegenheiten bilden ein Konglomerat aus Parkelementen, wobei das Zentrum als überdimensionaler Baumtopf entwickelt ist, der einen alten Kugelfang umschliesst. Aufgrund ihrer Belastung mit Blei musste diese Fläche für Parkbesucher unzugänglich sein. Statt einer aufwändigen, kostenintensiven Entfernung des kontaminierten Hügels umschloss man ihn mit einem sarkophagartigen Betonring.

Die rund 3 Meter hohe Konstruktion ist monolithisch ausgeführt und nimmt – an einen Blumentopf erinnernd – am Fuss eine Sitzbank auf. Das im Grundriss abgerundete Rechteck mit einer Länge von 60 und einer Breite von 20 Metern weist keine Dilatationsfugen auf. Eine zentrische Längsvorspannung sorgt dafür, dass die Betonkonstruktion trotzdem weitgehend rissfrei bleibt. Analog zu einer Winkelstützmauer ist der Topfquerschnitt mit Fuss und Sporn ausgebildet. Er hält so dem Erddruck der Hinterfüllung stand und konnte in drei Etappen betoniert werden. Die Oberfläche ist im Querschnitt und im Grundriss zweiachsig gekrümmt, was zu einem komplexen Schalungsbau führte. Der zweiachsig symmetrische Grundriss ermöglichte allerdings einen gewissen Repetitionsgrad, was eine Mehrfach-Verwendung der Schalungselemente zuliess. Die in den Mauerkopf

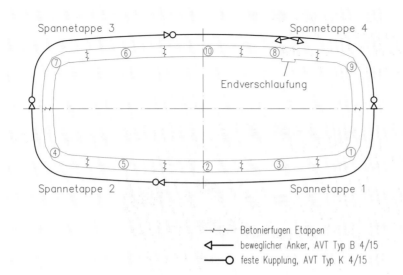

1 Schema Etappierung Baumtopf Leutschenpark

eingelegten ovalen Negativformen aus Polypropylen erlaubten eine elegante Integration der Beleuchtung im Querschnitt.

Das Beimischen von Weisszement führte zu einer sehr hellen und glatten Sichtbetonoberfläche. Um die Bildung unschöner Roststriemen zu verhindern, wurde im Bereich der aufgehenden Wände eine verzinkte Bewehrung eingesetzt.

Die Ausführung erfolgte im Grundriss in zehn Betonieretappen, wobei jede Etappe für sich vorgespannt und anschliessend mit der folgenden Etappe gekoppelt wurde. Den Abschluss der Vorspannung bildet eine Endverschlaufung auf der Innenseite des Topfs, wo die Spannkabel wie Schnürsenkel miteinander «zusammengeknüpft» beziehungsweise gegeneinander verspannt sind.

Prada Levanella, Lager- und Verteilerzentrum, Montevarchi, Arezzo (IT) 2004

Das Projekt «Polo logistico PRADA a Levanella» – eine Dachkonstruktion für einen Ausstellungspavillon – konnten wir zusammen mit Herzog & de Meuron auf Vorprojektstufe bearbeiten. Das Budget für die vorgeschlagene Schalenkonstruktion orientierte sich an industriell hergestellte Hallenbauten und war daher nur mit einer effizienten Tragkonstruktion mit repetitiven Bauabläufen einzuhalten. Das Tragsystem ist bezüglich des Materialverbrauchs äusserst sparsam. Es hat bei einer Spannweite von 14 Metern eine statisch wirksame Höhe von rund 4 Metern, was eine kleine Schalendicke und einen geringen Stahlverbrauch mit sich bringt.

Schalenkonstruktionen erfordern jedoch eine Stabilisierung – Horizontalkräfte müssen an den Systemrändern verankert werden –, die sich auf die Gesamtkosten entscheidend auswirkt. Ein Rohrsystem stabilisiert hier die Stützen auf einer Höhe von etwa 10,5 Metern. Es vermag auf Zug und auf Druck zu wirken und lagert an den Hallenrändern auf A-förmigen Stützen. Daraus ergibt sich ein in sich selber stabiles Stabsystem.

Auf dieses Stabsystem wird eine stoffartige, aus vielen einzelnen Zugschalen, doppelt gekrümmte Betonhaut gelegt. Diese Eigenschaften führen zusammen mit der relativ grossen Schubsteifigkeit von Betonkonstruktionen zu einer grossen Steifigkeit. Die vorgespannten Betonschalen sind entsprechend dem Kraftverlauf aus Eigengewicht und Auflasten geformt und aufgebaut. Damit ergeben sich in den Schalen im Wesentlichen nur Normalkräfte – so auch im mittleren Hallenbereich. Eine einlagige Bewehrung in einer Schalenstärke von 80 Millimetern ist hier deshalb ausreichend. Entlang der Ränder hingegen, wo Betonschalen zudem wesentlich auf Biegung beansprucht sind, zeigen sie eine zweilagige Bewehrung bei einer Stärke von 120 Millimetern. Beide Bewehrungsanordnungen erfüllen die für den Feuerwiderstand erforderliche Betonüberdeckung von 30 Millimetern.

Hängekonstruktionen zeigen generell ein äusserst «gutmütiges», tolerantes Verhalten. Eine Überbeanspruchung führt zu grösseren Deformationen und, infolge der ebenfalls anwachsenden statischen Höhe, auch zu einer Vergrösserung des

Widerstands – die Konstruktionen suchen bei einer Überbeanspruchung selbstständig wieder das innere Gleichgewicht und sind dadurch äusserst robust. Wegen der reinen Zugbeanspruchung treten zudem auch bei dünnen Querschnitten keine Stabilitätsprobleme wie Beulen und Kippen auf.

2

2 Messestand von Hermes an der BaselWorld 2013
3 Knotendetails Hermes-Stand

3

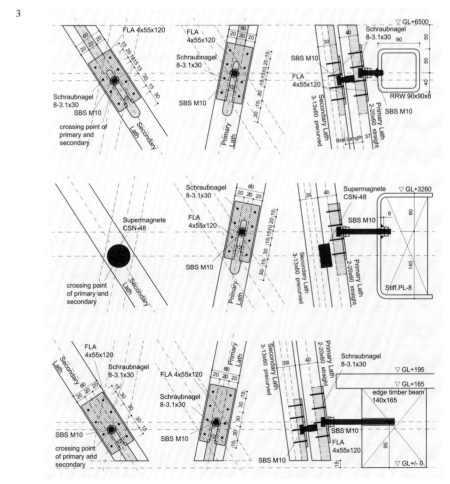

Prada Levanella, Lager- und Verteilerzentrum
Montevarchi, Arezzo (IT) 2004

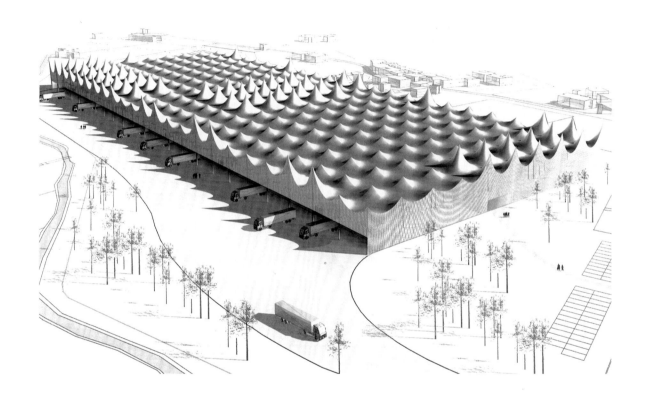

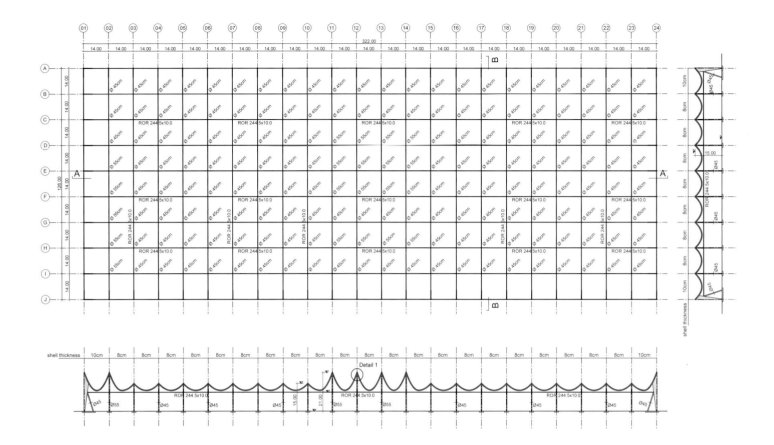

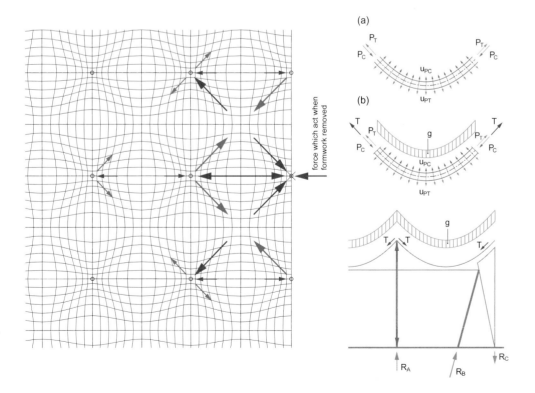

← Gesamtprojekt
(Visualisierung)
↑ Gleichgewichts-
betrachtungen
→ Konstruktive Durch-
bildung der Betonmembran
→→ Lokales Kräftegleich-
gewicht in der Zugschale

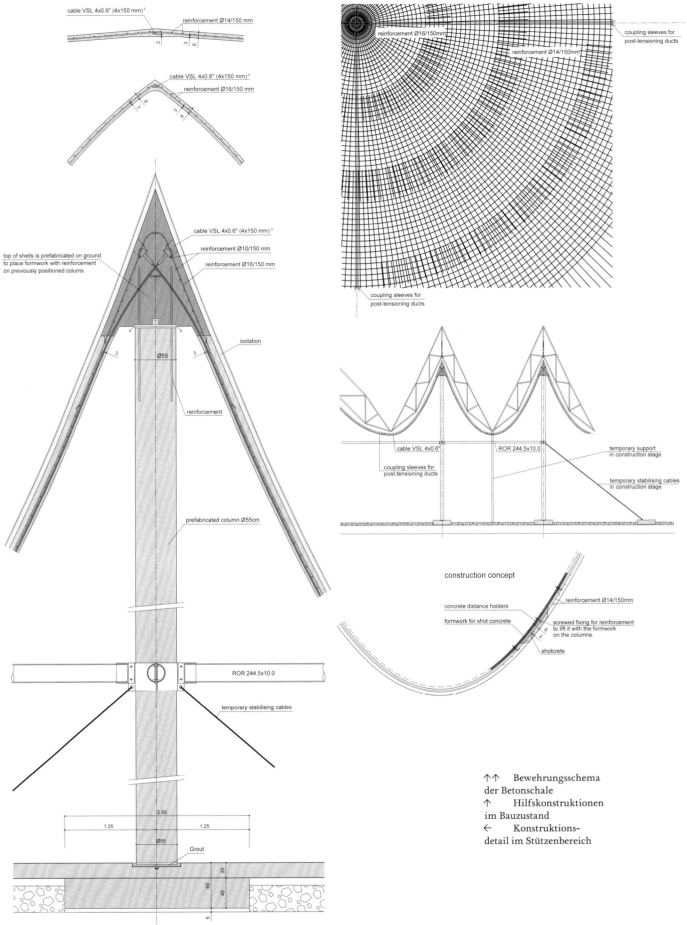

cable VSL 4x0.6" (4x150 mm)²
reinforcement Ø14/150 mm

cable VSL 4x0.6" (4x150 mm)²
reinforcement Ø16/150 mm

reinforcement Ø16/150mm
reinforcement Ø14/150mm
coupling sleeves for post-tensioning ducts
coupling sleeves for post-tensioning ducts

cable VSL 4x0.6" (4x150 mm)²
reinforcement Ø10/150 mm
reinforcement Ø16/150 mm

top of shells is prefabricated on ground to place formwork with reinforcement on previously positioned colums.

isolation

Ø55

reinforcement

prefabricated column Ø55cm

ROR 244.5x10.0

temporary stabilising cables

cable VSL 4x0.6"
coupling sleeves for post-tensioning ducts
ROR 244.5x10.0
temporary support in construction stage
temporary stabilising cables in construction stage

construction concept

concrete distance holders
formwork for shot concrete
reinforcement Ø14/150mm
screwed fixing for reinforcement to lift it with the formwork on the columns.
shotcrete

2.50
1.25
1.25
Ø55
Grout
20
60
40
5

↑↑ Bewehrungsschema
der Betonschale
↑ Hilfskonstruktionen
im Bauzustand
← Konstruktions-
detail im Stützenbereich

9 Spezielle Programme
Prada Levanella, Lager- und Verteilerzentrum

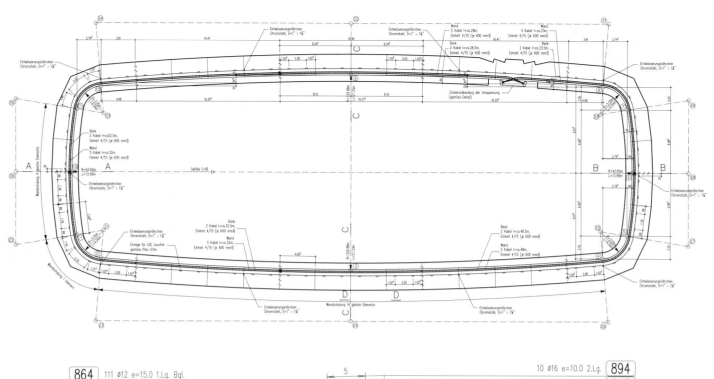

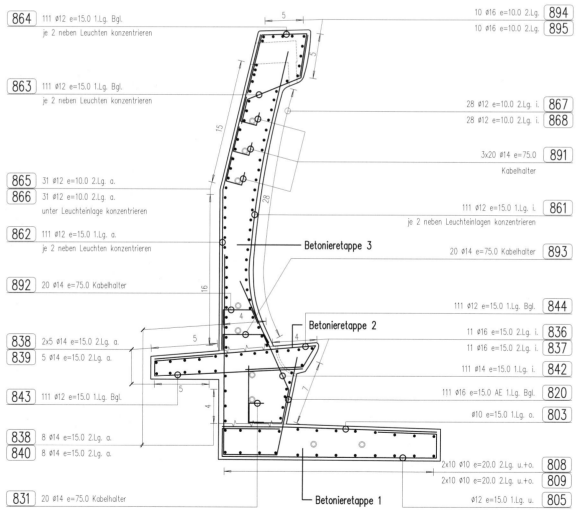

| 864 | 111 Ø12 e=15.0 1.Lg. Bgl. | 10 Ø16 e=10.0 2.Lg. | 894 |
| | je 2 neben Leuchten konzentrieren | 10 Ø16 e=10.0 2.Lg. | 895 |

863	111 Ø12 e=15.0 1.Lg. Bgl.	
	je 2 neben Leuchten konzentrieren	28 Ø12 e=10.0 2.Lg. i.	867
		28 Ø12 e=10.0 2.Lg. i.	868

3x20 Ø14 e=75.0 | 891
Kabelhalter

865	31 Ø12 e=10.0 2.Lg. a.	
866	31 Ø12 e=10.0 2.Lg. a.	111 Ø12 e=15.0 1.Lg. i.	861
	unter Leuchteinlage konzentrieren	je 2 neben Leuchteinlagen konzentrieren

| 862 | 111 Ø12 e=15.0 1.Lg. a. | |
| | je 2 neben Leuchten konzentrieren | Betonieretappe 3 | 20 Ø14 e=75.0 Kabelhalter | 893 |

| 892 | 20 Ø14 e=75.0 Kabelhalter | 111 Ø12 e=15.0 1.Lg. Bgl. | 844 |

	Betonieretappe 2	11 Ø16 e=15.0 2.Lg. i.	836
838	2x5 Ø14 e=15.0 2.Lg. a.	11 Ø16 e=15.0 2.Lg. i.	837
839	5 Ø14 e=15.0 2.Lg. a.	111 Ø14 e=15.0 1.Lg. i.	842

| 843 | 111 Ø12 e=15.0 1.Lg. Bgl. | 111 Ø16 e=15.0 AE 1.Lg. Bgl. | 820 |
| | | Ø10 e=15.0 1.Lg. o. | 803 |

| 838 | 8 Ø14 e=15.0 2.Lg. a. | 2x10 Ø10 e=20.0 2.Lg. u.+o. | 808 |
| 840 | 8 Ø14 e=15.0 2.Lg. a. | 2x10 Ø10 e=20.0 2.Lg. u.+o. | 809 |

| 831 | 20 Ø14 e=75.0 Kabelhalter | Betonieretappe 1 | Ø12 e=15.0 1.Lg. u. | 805 |

←← Stirnfläche einer Betonieretappe mit Bewehrungsdurchdringung und Spannkabelkupplungen
↖ Schalungsplan, Grundriss
← Bewehrungsplan, Querschnitt
↑ Vorbereitete Schalungselemente
→ Im Kopf der Betonkonstruktion sind Leuchten eingelegt

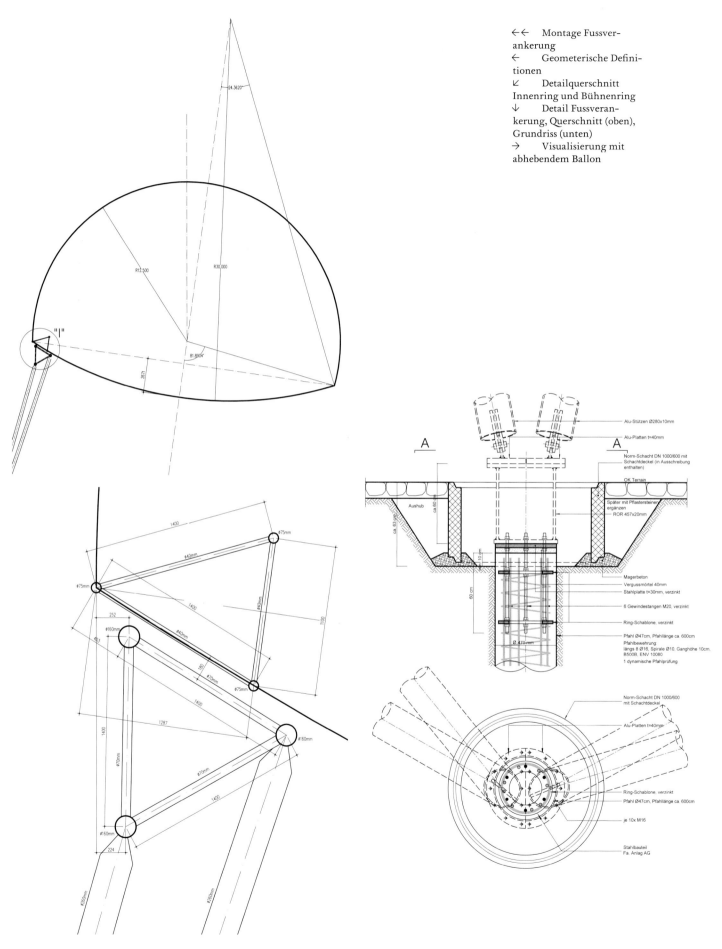

←← Montage Fussver-
ankerung
← Geometerische Defini-
tionen
↙ Detailquerschnitt
Innenring und Bühnenring
↓ Detail Fussveran-
kerung, Querschnitt (oben),
Grundriss (unten)
→ Visualisierung mit
abhebendem Ballon

Alu-Stützen Ø280x10mm
Alu-Platten t=40mm
Norm-Schacht DN 1000/600 mit
Schachtdeckel (in Ausschreibung
enthalten)
OK Terrain
Später mit Pflastersteinen
ergänzen
ROR 457x20mm
Aushub
Magerbeton
Vergussmörtel 40mm
Stahlplatte t=30mm, verzinkt
6 Gewindestangen M20, verzinkt
Ring-Schablone, verzinkt
Pfahl Ø47cm, Pfahllänge ca. 600cm
Pfahlbewehrung:
längs 8 Ø16, Spirale Ø10, Ganghöhe 10cm,
B500B, ENV 10080
1 dynamische Pfahlprüfung
Ø 470 mm

Norm-Schacht DN 1000/600
mit Schachtdeckel
Alu-Platten t=40mm
Ring-Schablone, verzinkt
Pfahl Ø47cm, Pfahllänge ca. 600cm
je 10x M16
Stahlbauteil
Fa. Anlag AG

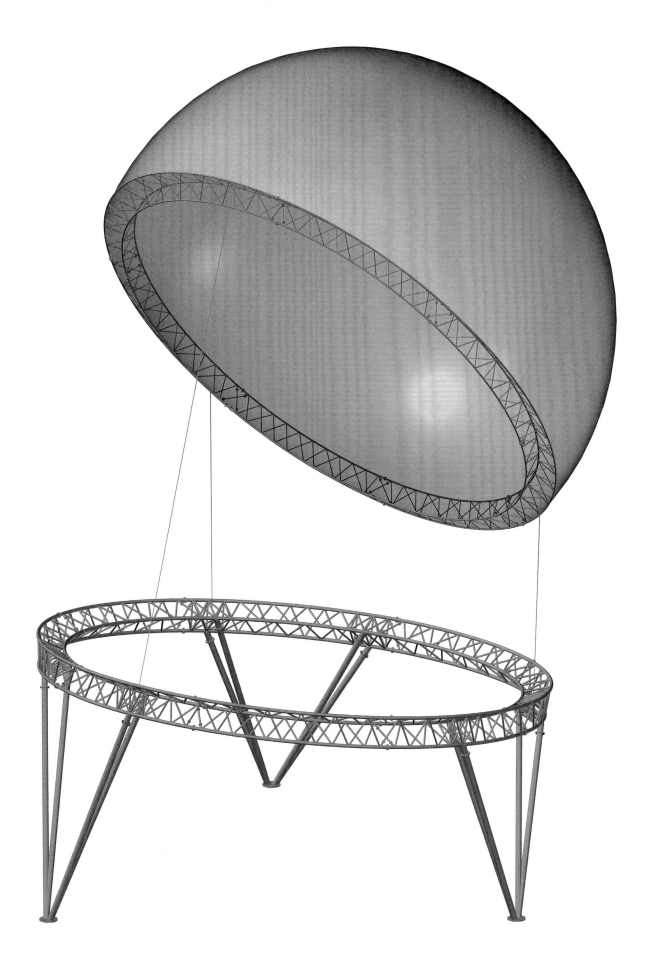

↑   Innenraum im End-
zustand
→   Impression des leuchtenden Ballons bei Nacht

Werkverzeichnis

Zweite SBB Rheinbrücke
Basel

Projekt-Nr. 0938a (Wettbewerb)
INGE WGG Schnetzer Puskas Inge-
nieure AG, Basel / CSD Ingeni-
eure AG, Bern
Realisierung 2009–2013
Tragwerkskonzept Heinrich Schnet-
zer, Prof. Dr. C. Menn
Projektleitung Heinrich Schnetzer,
Rémy Jabas (Brücke), Mark Eitel
(Fussgängersteg), Thomas Gutz-
willer (Bauleitung)
Architektur Lorenz & Musso Archi-
tekten, Sion
Bauherrschaft SBB AG, Olten
Unternehmer ARGE Frutiger AG /
Walo Bertschinger AG

Puna Tsang Chhu Brücke
Wangdi Phodrang (BT)

Projekt-Nr. 997 (Wettbewerb)
Realisierung 2000–2002
Tragwerkskonzept Heinrich Schnetzer
Projektleitung Heinrich Schnetzer
Bauherrschaft Royal Government
of Bhutan (BT); Helvetas Swiss
Intercooperation, Thimphu (BT)

Umbau Kunsthalle
Basel

Projekt-Nr. 0998u02
Realisierung 2003/04
Tragwerkskonzept Tivadar Puskas
Projektleitung Patrick Grieder
Architektur Miller & Maranta dipl.
Architekten ETH BSA SIA, Basel
Bauherrschaft Basler Kunstverein
Kunsthalle, Basel
Unternehmer Glanzmann AG, Basel

Überbauung Singeisenhof
Riehen

Projekt-Nr. 1010 (Wettbewerb)
Realisierung 1999–2001
Tragwerkskonzept Tivadar Puskas
Projektleitung Tivadar Puskas
Architektur Morger & Degelo Archi-
tekten AG, Basel
Bauherrschaft Gemeinde Riehen
Unternehmer Marti Bauunterneh-
mung AG, Basel

Tunnel Aegerten
(Bahn 2000)
Mattstetten–Rothrist

Projekt-Nr. 1029
Realisierung 2000–2002
INGE Rapp AG, Basel / WGG Schnet-
zer Puskas Ingenieure AG, Basel
Tragwerkskonzept Tivadar Puskas
Projektleitung Stefan Bänziger
Bauherrschaft SBB AG, Bern
Unternehmer ARGE Frutiger AG /
Marti AG / König Bauunterneh-
mung AG

St. Jakob-Park Basel, Fussballstadion,
Kommerzielles Zentrum und Seniorenresidenz
Basel

Projekt-Nr. 1034
Realisierung 1999–2001
INGE Rothpletz Lienhard + Cie AG,
Bern / Elektrowatt Infra AG,
Zürich / WGG Schnetzer Puskas
Ingenieure AG, Basel
Tragwerkskonzept Walter Wied-
mer (Rothpletz Lienhard + Cie
AG, Bern), Willy Wüthrich
(Elektrowatt Infra AG, Zürich)
(Stadiondach), Tivadar Puskas
(Hochbau)
Architektur Herzog & de Meuron
Architekten AG, Basel

Bauherrschaft Winterthur Lebens-
versicherung, Winterthur; SUVA
Schweiz, Luzern; Pensionskasse
des Basler Staatspersonals, Basel
TU Marazzi Generalunternehmung
AG, Bern

Erweiterung
St. Jakob-Park Basel
Basel

Projekt-Nr. 1034z02
Realisierung 2005–2008
Tragwerkskonzept Tivadar Puskas,
Stefan Bänziger
Projektleitung Jan Stebler
Subplaner Rothpletz, Lienhard + Cie
AG, Bern
Architektur Herzog & de Meuron
Architekten AG, Basel
Bauherrschaft Genossenschaft Fuss-
ballstadion St. Jakob-Park, Basel
TU/Unternehmer Batigroup AG, Basel

Messeturm
Basel

Projekt-Nr. 1058 (Wettbewerb)
Realisierung 2001–2003
Tragwerkskonzept Tivadar Puskas
Projektleitung Tivadar Puskas, Reto von Salis, Stefan Bänziger
Architektur Morger & Degelo Architekten AG, Basel; Marques AG, Luzern
Bauherrschaft Swiss Prime Site AG, Olten
GU Batigroup Generalunternehmung AG, Basel
Stahlbau Josef Meyer Stahl und Metall AG, Emmen
Unternehmer Batigroup AG, Basel

Erweiterung
Schulhaus Brühl
Erschwil

Projekt-Nr. 1063
Realisierung 2000
Tragwerkskonzept Tivadar Puskas
Projektleitung Patrick Grieder
Architektur Jürg Stäuble, Solothurn; Christoph Wild Architekten BSA ETH SIA, Bern
Bauherrschaft Einwohnergemeinde Erschwil
Unternehmer Meier + Jäggi AG, Basel

International School Basel
Reinach

Projekt-Nr. 1073
Realisierung 2001
Tragwerkskonzept Tivadar Puskas
Projektleitung Stefan von Ah
Architektur Burckhardt & Partner AG, Basel
Bauherrschaft International School Basel, Reinach
GU HRS Hauser Rutishauser Suter AG, Basel

Sanierung Kollegienhaus
der Universität Basel
Basel

Projekt-Nr. 1086
Realisierung 2001–2003
Tragwerkskonzept Stefan Bänziger
Projektleitung Stefan Bänziger
Architektur Fiertz Architekten AG, Basel
Bauherrschaft Hochbau- und Planungsamt Basel-Stadt
Unternehmer Meier + Jäggi AG, Basel

Schule für Blindenführhunde
Allschwil

Projekt-Nr. 1092
Realisierung 2000–2003
Tragwerkskonzept Heinrich Schnetzer
Projektleitung Heinrich Schnetzer, Patrick Grieder
Architektur Stump & Schibli Architekten BSA, Basel
Bauherrschaft Stiftung Schweizerische Schule für Blindenführhunde, Allschwil
Unternehmer Gebrüder Heid AG, Lausen

Wohnüberbauung im
Gemeindezentrum Reinach
Reinach

Projekt-Nr. 1095 (Wettbewerb)
Realisierung 2000–2002
Tragwerkskonzept Tivadar Puskas
Projektleitung Stefan von Ah
Architektur Morger & Degelo Architekten AG, Basel
Bauherrschaft Gemeinde Reinach; Pensimo Management AG, Zürich
Unternehmer Meier + Jäggi AG, Basel

Prada Aoyama
Tokio (JP)

Projekt-Nr. 1101
Realisierung 2001–2003
Tragwerkskonzept Heinrich Schnetzer
Projektleitung Heinrich Schnetzer
Architektur Herzog & de Meuron Architekten AG, Basel
Bauherrschaft Prada Japan Co. Ltd., Minami-Aoyama (JP)
TU Takenaka Corporation, Japan
Stahlbau Kawada Industries, Japan

Wohnhaus
Giornicostrasse 223
Basel

Projekt-Nr. 1106
Realisierung 1994–1996
Tragwerkskonzept Tivadar Puskas
Projektleitung Tivadar Puskas
Architektur Trinkler Engler Ferrara Architekten, Basel
Bauherrschaft Privat
Unternehmer Meier + Jäggi AG, Basel

1108: Ruedi Walt, Basel; 1122: Maria Gambino, Basel; 1130: Ameropa, Binningen; 1131: Bauart Arch., Bern; 1134: René Rötheli, Baden; 1138: Foto Grossen, Biberist; 1140: unbekannt; 1145: José Miguel Hernandez, Spanien

St. Jakob-Arena
Basel

Projekt-Nr. 1108
Realisierung 2001/02
Tragwerkskonzept Heinrich Schnetzer
Projektleitung Stefan von Ah
Architektur Zwimpfer Partner /
Krarup Furrer Architekten SIA
AG, Basel / Berrel Architekten
SIA BSA, Basel
Bauherrschaft Genossenschaft
St. Jakob-Arena, Basel
GU Huber Straub AG, Basel + Spaini
Bau AG, Basel

MFH Engelgasse
Basel

Projekt-Nr. 1122
Realisierung 2001/02
Tragwerkskonzept Tivadar Puskas
Projektleitung Patrick Grieder
Architektur B. Trinkler + H. R. Engler
Dipl. Architekten ETH HTL SIA,
Basel
Bauherrschaft Baukonsortium En-
gelgasse, Basel
Unternehmer Marti AG Bauunter-
nehmung, Basel

Wohn- und Geschäftshaus
Ameropa
Binningen

Projekt-Nr. 1130
Realisierung 2001/02
Tragwerkskonzept Heinrich Schnetzer
Projektleitung Stefan von Ah
Architektur Herzog & de Meuron
Architekten AG, Basel
Bauherrschaft Ameropa AG, Bin-
ningen
Unternehmer Huber & Straub AG,
Basel

Erweiterung Schulhaus
Göttibach
Thun

Projekt-Nr. 1131
Realisierung 2000/01
Tragwerkskonzept Stefan Bänziger
Projektleitung Stefan Bänziger
Architektur Bauart Architekten und
Planer AG, Bern
Bauherrschaft Hochbauamt der Stadt
Thun
Unternehmer A. Soltermann AG
Bauunternehmung, Unterkulm

Erweiterung
Sekundarschule Dorfmatt
Oberdorf

Projekt-Nr. 1134 (Wettbewerb)
Realisierung 2007–2009
INGE WGG Schnetzer Puskas
Ingenieure AG, Basel / Sutter
Ingenieur- und Planungsbüro
AG, Arboldswil
Tragwerkskonzept Heinrich Schnetzer
Projektleitung Patrick Grieder
Architektur Werk 1 Architekten und
Planer AG, Olten
Bauherrschaft Gemeinde Oberdorf
Unternehmer ARGE Implenia
AG / Thommen + Pergher AG

Emmebrücke
Derendingen–Inkwil

Projekt-Nr. 1138
Realisierung 2001/02
INGE WGG Schnetzer Puskas Ingeni-
eure AG / BSB + Partner
Tragwerkskonzept Heinrich Schnetzer
Projektleitung Heinrich Schnetzer,
Stefan von Ah
Bauherrschaft SBB AG, Bern
TU ARGE Züblin Schlittler Spalten-
stein Bau AG

Glaspavillon im Sommer-
haus de Vigier
Solothurn

Projekt-Nr. 1140
Realisierung 2000/01
Tragwerkskonzept Tivadar Puskas
Projektleitung Tivadar Puskas
Architektur Ern + Heinzl Gesellschaft
von Architekten mbH, Solo-
thurn
Bauherrschaft Bill de Vigier Stif-
tung, Solothurn
Unternehmer Kurth Glas + Spiegel
AG, Zuchwil

Forum 2004
Gebäude und Plaza
Barcelona (ES)

Projekt-Nr. 1145 (Wettbewerb)
Realisierung 2001–2004
Tragwerkskonzept Heinrich Schnetzer
Projektleitung Heinrich Schnetzer,
Tivadar Puskas, Patrick Grieder,
Mark Eitel
Lokaler Ingenieur Robert Brufau,
Barcelona (ES)
Architektur Herzog & de Meuron
Architekten AG, Basel
Bauherrschaft Ayuntamiento de
Barcelona (ES)
Unternehmer Dragados S.A., Barce-
lona (ES) + Ferrovial S.A., Madrid
(ES)

S-Bahn Haltestelle Dreispitz Basel

Projekt-Nr. 1147a
Realisierung 2005/06
Tragwerkskonzept Tivadar Puskas, Stefan Bänziger
Projektleitung Stefan Bänziger, Christoph Raz (Bauleitung)
Architektur Steinmann & Schmid Architekten AG, Basel
Bauherrschaft SBB AG, Olten; Kanton Basel-Land; Kanton Basel-Stadt
Unternehmer Batigroup AG Bau, Basel

Wohnüberbauung Weihermatten Binningen

Projekt-Nr. 1153
Realisierung 2006/07
Tragwerkskonzept Tivadar Puskas
Projektleitung Ralf Zappe, Mark Eitel
Architektur Diener & Diener Architekten AG, Basel
Bauherrschaft/GU Glanzmann Service AG, Binningen

Schulhaus Gotthelf, Erweiterungsbau Thun

Projekt-Nr. 1171
Realisierung 2002
Tragwerkskonzept Stefan Bänziger
Projektleitung Stefan Bänziger
Architektur Bauart Architekten und Planer AG, Bern
Bauherrschaft Einwohnergemeinde Thun
Holzbau Wenger Holzbau AG, Steffisburg

Zwillingshaus Bischoffhöhe Riehen

Projekt-Nr. 1179
Realisierung 2003/04
Tragwerkskonzept Tivadar Puskas
Projektleitung Mark Eitel
Architektur Morger & Degelo Architekten AG, Basel
Bauherrschaft Privat
Unternehmer Wenk AG, Basel

Zwillingshaus Bischoffweg Riehen

Projekt-Nr. 1180
Realisierung 2003/04
Tragwerkskonzept Tivadar Puskas
Projektleitung Tivadar Puskas
Architektur Morger & Degelo Architekten AG, Basel
Bauherrschaft Privat
Unternehmer Glanzmann AG, Basel

CaixaForum Madrid Madrid (ES)

Projekt-Nr. 1181
Realisierung 2003–2008
Tragwerkskonzept Heinrich Schnetzer
Projektleitung Heinrich Schnetzer, Manuel Alvarez
Subplaner NB35 S. L. Ingenieros, Madrid (ES)
Architektur Herzog & de Meuron Architekten AG, Basel
Bauherrschaft Obra Social «laCaixa», Madrid (ES); Caixa d'Estalvis i Pensions de Barcelona, Barcelona (ES)
Unternehmer Ferrovial S.A., Madrid (ES)

Wohnüberbauung Rheinpark Birsfelden

Projekt-Nr. 1185 (Wettbewerb)
Realisierung 2002–2004
Tragwerkskonzept Tivadar Puskas
Projektleitung Patrick Grieder
Architektur Morger & Degelo Architekten AG, Basel
Bauherrschaft Helvetia Patria Versicherungen, Basel
Unternehmer Batigroup AG, Basel
TU Mobag AG, Basel

Neugestaltung Bahnhof Visp Visp

Projekt-Nr. 1187 (Wettbewerb)
Realisierung 2004–2007
INGE Teysseire & Candolfi Ingenieure AG, Visp / WGG Schnetzer Puskas Ingenieure AG, Basel / BIAG Beratende Ingenieure AG, Visp
Tragwerkskonzept Tivadar Puskas
Projektleitung Nicola Benzoni, Judith Luible
Architektur Steinmann & Schmid Architekten AG, Basel
Bauherrschaft Gemeinde Visp SBB AG, Bern; Matterhorn Gotthard Bahn, Brig
Unternehmer Frutiger AG, GU, Thun; U. Imboden AG, Visp

1147a: Ruedi Walti, Basel; 1153: Ruedi Walti, Basel; 1171: Croci & du Fresne Photographie, Worblaufen; 1179: Ruedi Walti, Basel; 1180: Ruedi Walti, Basel; 1185: Morger & Degelo, Basel; 1187: Ruedi Walti, Basel

Erneuerung und Neubau SBB-Brücke und Waldenburgerbahnbrücke Liestal

Projekt-Nr. 1195
Realisierung 2005/06
ARGE WGG Schnetzer Puskas Ingenieure AG, Basel / Pfirter, Nyfeler + Partner AG, Basel
Tragwerkskonzept Heinrich Schnetzer, Rudolf Gisi
Projektleitung Rudolf Gisi
Bauherrschaft SBB AG, Olten
Unternehmer Meier + Jäggi AG, Zofingen

Umbau und Neubau Büro- und Wohngebäude Bäumleingasse 14 Basel

Projekt-Nr. 1206
Realisierung 2005
Tragwerkskonzept Tivadar Puskas
Projektleitung Rolf Nachbur
Architektur Diener & Diener Architekten AG, Basel
Bauherrschaft Edwin Faeh, Basel
Unternehmer Knecht Bauunternehmung AG, Münchenstein

Erweiterung und Umbau Alters- und Pflegeheim Blumenrain Therwil

Projekt-Nr. 1212 (Wettbewerb)
Realisierung 2004–2007
Tragwerkskonzept Tivadar Puskas
Projektleitung Nicola Benzoni, Rolf Nachbur
Architektur Flubacher, Nyfeler + Partner Architekten AG, Basel
Bauherrschaft Stiftung Alterssiedlung Blumenrain, Therwil
GU Gribi Theurillat AG, Basel

Neugestaltung Rheinpromenade Mittlere Brücke Basel

Projekt-Nr. 1214 (Wettbewerb)
Realisierung 2003/04
Tragwerkskonzept Heinrich Schnetzer
Projektleitung Patrick Grieder
Architektur Nussbaumer Trüssel Architekten und Gestalter, Basel
Bauherrschaft Hochbau- und Planungsamt Basel-Stadt
Unternehmer Engeli + Berger AG Bauunternehmung, Riehen

Umbau und Neubau Geschäftshaus Spitalstrasse 8/12 Basel

Projekt-Nr. 1217
Realisierung 2003/04
Tragwerkskonzept Tivadar Puskas
Projektleitung Tivadar Puskas, Stefan Bänziger
Architektur Morger & Degelo Architekten AG, Basel
Bauherrschaft Senn/Co. AG Bandfabrikation, Basel
GU Gribi Theurillat AG, Basel

Wohnüberbauung Auenpark Rohr

Projekt-Nr. 1218
Realisierung 2002–2004
Tragwerkskonzept Tivadar Puskas
Projektleitung Patrick Grieder
Architektur Frei Architekten AG, Olten
Bauherrschaft Credit Suisse Asset Management, Zürich
TU Zschokke Generalunternehmung AG, Aarau

«Guido A. Zäch Institut», Paraplegikerzentrum Nottwil

Projekt-Nr. 1219
Realisierung 2003–2005
Tragwerkskonzept Heinrich Schnetzer
Projektleitung Stefan von Ah
Architektur Wilfrid & Katharina Steib, dipl. Architekten ETH BSA/SIA, Basel
Bauherrschaft Schweizer Paraplegiker Stiftung, Nottwil
Unternehmer Aregger AG, Buttisholz

Ausbau St. Jakobshalle Basel

Projekt-Nr. 1222
Realisierung 2006/07
Tragwerkskonzept René Guillod
Projektleitung Rolf Nachbur
Architektur Berrel Architekten BSA SIA SWB, Basel
Bauherrschaft Hochbau- und Planungsamt Basel-Stadt
Unternehmer Huber Straub AG, Basel

EFH Sonnenweg
Otelfingen

Projekt-Nr. 1236
Realisierung 2003/04
Tragwerkskonzept Heinrich Schnetzer
Projektleitung Mark Eitel
Architektur Rüedi & Pfluger Architekten, Basel
Bauherrschaft Privat
Unternehmer K. Eicher Bauunternehmung AG, Regensdorf

Kunstobjekt Wiesenkreisel
Basel

Projekt-Nr. 1237 (Wettbewerb)
Realisierung 2004/05
Tragwerkskonzept Tivadar Puskas
Projektleitung Mark Eitel, Christoph Raz (Bauleitung)
Architektur Harald König dipl. Architekt ETH, Zürich; Lucia Schnüriger (Künstlerin), Zürich
Bauherrschaft Baudepartement Basel-Stadt
Stahlbau Jakem AG Stahl- und Fassadenbau, Münchwilen

Eishalle Lido
Rapperswil-Jona

Projekt-Nr. 1239
Realisierung 2005/06
INGE WGG Schnetzer Puskas Ingenieure AG, Basel / Walter Böhler AG, Rapperswil-Jona
Tragwerkskonzept Heinrich Schnetzer
Projektleitung Mark Eitel, Stefan Bänziger
Architektur Zwimpfer Partner Architekten SIA, Basel
Bauherrschaft Gemeinde Rapperswil; Gemeinde Jona
GU Unirenova AG, Zürich

Elbphilharmonie Hamburg
Hamburg (DE)

Projekt-Nr. 1244
Realisierung 2003–2016
Tragwerkskonzept Heinrich Schnetzer
Projektleitung Heinrich Schnetzer, Mark Eitel, Kevin M. Rahner
Subplaner Rohwer Ingenieure VBI GmbH, Handewitt (Jarplund) (DE)
Architektur Herzog & de Meuron Architekten AG, Basel
Bauherrschaft ReGe Hamburg Projekt-Realisierungsgesellschaft mbH, Hamburg (DE)
GU HOCHTIEF Construction AG, Hamburg (DE)

Weltausstellung 2005 – Schweizer Pavillon AICHI
Aichi (JP)

Projekt-Nr. 1248
Realisierung 2004/05
Tragwerkskonzept Tivadar Puskas
Projektleitung Manuel Alvarez
Architektur sab Architekten, Basel
Gestaltung Gruppe Panorama 2000, Basel
Bauherrschaft Präsenz Schweiz, Eidgenössisches Departement für auswertige Angelegenheiten (EDA)
GU Nüssli (Schweiz) AG, Hüttwilen

St. Jakob Turm
Basel

Projekt-Nr. 1251
Realisierung 2006–2008
Tragwerkskonzept Tivadar Puskas
Projektleitung Salomé Hug-Meier, Jan Stebler, Ralf Zappe
Architektur Herzog & de Meuron Architekten AG, Basel
Bauherrschaft UBS Fund Management, Basel; Kestenholz Basel AG, Basel; Musfeld AG, Basel
GU Implenia Generalunternehmung AG, Basel

Einfamilienhaus
Neuwiller

Projekt-Nr. 1257
Realisierung 2004/05
Tragwerkskonzept Tivadar Puskas
Projektleitung Nicola Benzoni
Architektur sab Architekten AG, Basel
Bauherrschaft Privat
Unternehmer Bleyer Constructions, Gildwiller (FR)

Doppelkindergarten
Martinpark
Thun

Projekt-Nr. 1266
Realisierung 2003/04
Tragwerkskonzept Tivadar Puskas
Projektleitung Tivadar Puskas
Architektur Bauart Architekten AG, Bern
Bauherrschaft Amt für Stadtliegenschaften der Stadt Thun
Holzbau Wenger Holzbau + Schreinerei AG, Steffisburg

Arealüberbauung Holbeinpark Basel

Projekt-Nr. 1269
Realisierung 2003–2006
Tragwerkskonzept Tivadar Puskas
Projektleitung Rolf Nachbur
Architektur Fischer Art AG Architekten, Basel
Bauherrschaft Schweizerische National Leben AG, Bottmingen
TU Batigroup AG Generalunternehmung, Basel

Wohn- und Geschäftshaus Perron 1 Solothurn

Projekt-Nr. 1278 (Wettbewerb)
Realisierung 2008–2010
Tragwerkskonzept Tivadar Puskas
Projektleitung Jan Stebler
Architektur Morger + Dettli Architekten AG, Basel
Bauherrschaft SIAT Immobilien AG, Olten c/o Credit Suisse
GU Frutiger AG, Thun

Neue Monte-Rosa-Hütte Zermatt

Projekt-Nr. 1284
Realisierung 2008/09
Tragwerkskonzept Tivadar Puskas
Projektleitung Jan Stebler
Architektur ETH Studio Monte Rosa, Zürich; Bearth Deplazes Architekten AG, Chur
Bauherrschaft Schweizer Alpen-Club (SAC), Bern
Unternehmer Holzbau AG, Mörel
Holzbauingenieur Holzbaubüro Reusser GmbH, Winterthur

Umnutzung Freienhof Basel

Projekt-Nr. 1295
Realisierung 2004/05
Tragwerkskonzept Tivadar Puskas
Projektleitung Patrick Grieder
Architektur Zwimpfer Partner Architekten AG, Basel / Jeker Blanckarts Architekten SIA, Basel
Bauherrschaft Basler Lebensversicherungs-Gesellschaft, Basel
Unternehmer BBG Basler Baugesellschaft AG, Basel

Seniorenresidenz Spirgarten Zürich

Projekt-Nr. 1304 (Wettbewerb)
Realisierung 2005/06
Tragwerkskonzept Tivadar Puskas
Projektleitung Stefan Bänziger
Architektur Miller & Maranta dipl. Architekten ETH BSA SIA, Basel
Bauherrschaft Stiftung Spirgarten Zürich, Zürich
GU Mobag AG, Zürich

OASE, Tagungszentrum Boldern Männedorf

Projekt-Nr. 1307 (Wettbewerb)
Realisierung 2005/06
Tragwerkskonzept Tivadar Puskas
Projektleitung Stefan Bänziger
Architektur Vehovar + Jauslin Architektur AG, Zürich
Bauherrschaft Evangelisches Tagungs- und Studienzentrum Boldern, Männedorf
Unternehmer Männag AG Hoch- und Tiefbau, Männedorf

Umbau Hotel Les Trois Rois Basel

Projekt-Nr. 1310
Realisierung 2004–2006
Tragwerkskonzept Tivadar Puskas
Projektleitung Patrick Grieder, Leo Lanz (Bauleitung)
Architektur Villa Nova Architekten AG, Basel
Bauherrschaft Hotel Les Trois Rois, Basel
Unternehmer ARGE Wenk AG / Glanzmann AG

Aufwertung Quartieranlage Claramatte Basel

Projekt-Nr. 1311 (Wettbewerb)
Realisierung 2005/06
Tragwerkskonzept Tivadar Puskas
Projektleitung Thomas Gutzwiller (Bauleitung)
Architektur Raderschall Partner AG Landschaftsarchitektur BSLA SIA, Meilen
Bauherrschaft Christoph-Merian-Stiftung CMS, Basel; Baudepartement Kanton Basel-Stadt, Stadtgärtnerei, Tiefbauamt, Hochbau- und Planungsamt
Unternehmer Glanzmann AG, Basel

Sanierung Trimbacherbrücke Olten

Projekt-Nr. 1312 (Submissions-
  Wettbewerb)
Realisierung 2004
Projektleitung Heinrich Schnetzer,
  Mark Eitel
Bauherrschaft Kanton Solothurn,
  Amt für Verkehr und Tiefbau,
  Solothurn
TU ARGE Vogt Strassenbau AG
  (Astrada AG), Olten / Züblin
  Schlittler Spaltenstein Bau AG,
  Olten / WGG Schnetzer Puskas
  Ingenieure AG, Basel

Heilpädagogische Schule Altmarkt Liestal

Projekt-Nr. 1313 (Wettbewerb)
Realisierung 2006/07
Tragwerkskonzept Tivadar Puskas
Projektleitung Ralf Zappe
Architektur sab Architekten AG,
  Basel
Bauherrschaft Insieme Baselland,
  Liestal
Unternehmer Glanzmann AG,
  Birsfelden

Prada Levanella, Lager- und Verteilerzentrum Montevarchi, Arezzo (IT)

Projekt-Nr. 1319 (nicht gebaut)
Konzeption 2004
Tragwerkskonzept Heinrich Schnetzer
Projektleitung Heinrich Schnetzer
Architektur Herzog & de Meuron
  Architekten, Basel
Bauherrschaft Prada Industrial SpA,
  San Zeno, Arezzo (IT)

Einfamilienhaus Maisprach

Projekt-Nr. 1325
Realisierung 2004/05
Tragwerkskonzept Tivadar Puskas
Projektleitung Salomé Hug-Meier
Architektur Weber Buess Architekten
  HTL, Basel
Bauherrschaft Privat
Unternehmer Hans Graf AG Bauun-
  ternehmung, Maisprach

Geschäftshaus UNO Liestal

Projekt-Nr. 1328
Realisierung 2009–2011
Tragwerkskonzept Tivadar Puskas
Projektleitung Daniel Küpfer, Hans-
  ueli Küng
Architektur Christ & Gantenbein
  Architekten ETH SIA BSA, Basel
Bauherrschaft Basellandschaftliche
  Kantonalbank, Liestal
TU S + B Baumanagement AG, Olten

Universitätskinderspital beider Basel (UKBB) Basel

Projekt-Nr. 1335 (Wettbewerb)
Realisierung 2007–2010
Tragwerkskonzept Tivadar Puskas
Projektleitung Patrick Grieder,
  Christoph Raz (Bauleitung)
Architektur Stump & Schibli Archi-
  tekten BSA AG, Basel
Bauherrschaft Kantone Basel-Stadt
  und Basel-Landschaft
Unternehmer Erne AG Bauunterneh-
  mung, Laufenburg

Jinhua Structure I-Cube Jinhua (CN)

Projekt-Nr. 1337
Realisierung 2004–2006
Tragwerkskonzept Tivadar Puskas
Projektleitung Tivadar Puskas
Architektur Herzog & de Meuron
  Architekten AG, Basel
Bauherrschaft Jindong New District
  Construction Headquarters of
  Jinhua City (CN)

Airport Hotel Basel

Projekt-Nr. 1339 (Wettbewerb)
Realisierung 2005–2007
Tragwerkskonzept Tivadar Puskas
Projektleitung Daniel Küpfer
Architektur Fankhauser Architektur
  AG, Reinach
Bauherrschaft Euroairport Hotel
  Basel AG, Basel
Unternehmer ARGE Marti AG /
  Glanzmann AG

Markthalle Im Viadukt, Umnutzung Viaduktbögen Zürich

Projekt-Nr. 1346 (Wettbewerb)
Realisierung 2010
Tragwerkskonzept Stefan Bänziger
Projektleitung Stefan Bänziger, Florian Riebel
Architektur EM2N Architekten AG, Zürich
Bauherrschaft Stiftung PWG, Zürich
Bauleitung b+p Baurealisation AG, Zürich
Unternehmer Piatti Bürgin Bau AG, Dietlikon

Laborgebäude WSJ 352, Novartis Campus Basel

Projekt-Nr. 1356
Realisierungf 2006–2010
Tragwerkskonzept Tivadar Puskas
Projektleitung Salomé Hug-Meier
Architektur Tadao Ando Architects & Associates Ltd., Osaka (JP)
Bauherrschaft Novartis Pharma AG, Basel
GP Burckhardt & Partner AG, Basel
Unternehmer Implenia Bau AG, Basel

Erweiterung Alters- und Pflegeheim Mülimatt Sissach

Projekt-Nr. 1357 (Wettbewerb)
Realisierung 2006–2008
Tragwerkskonzept Tivadar Puskas
Projektleitung Manuel Alvarez, Patrick Grieder
Architektur Ackermann Architekt BSA SIA AG, Basel
Bauherrschaft Stiftung Regionales Alters- und Pflegeheim Mülimatt, Sissach
GU Implenia Generalunternehmung AG, Basel

Neugestaltung Leutschenpark Zürich

Projekt-Nr. 1358 (Wettbewerb)
Realisierung 2007/08
Tragwerkskonzept Stefan Bänziger
Projektleitung Stefan Bänziger
Architektur Dipol Landschaftsarchitekten GmbH, Basel; Christopher T. Hunziker GmbH, Zürich
Bauherrschaft Stadt Zürich, vertreten durch Grün Stadt Zürich
Unternehmer Brunner Erben AG, Zürich

Um- und Anbau Einfamilienhaus Bei Basel

Projekt-Nr. 1359
Realisierung 2005/06
Tragwerkskonzept Heinrich Schnetzer
Projektleitung Kevin M. Rahner
Architektur Herzog & de Meuron Architekten AG, Basel
Bauherrschaft Privat
Unternehmer Huber & Straub AG, Basel; Kaufmann Holz und Bau AG, Wallbach

Empfangs-, Chemie- und Saatgutgebäude, Syngenta Werk Stein

Projekt-Nr. 1361 (Wettbewerb)
Realisierung 2005–2007
Tragwerkskonzept Heinrich Schnetzer
Projektleitung Patrick Grieder
Architektur Burckhardt & Partner AG, Basel
Bauherrschaft Syngenta Crop Protection AG, Stein
Unternehmer ERNE AG Bauunternehmung, Laufenburg

Donau City Tower 2 Wien (AT)

Projekt-Nr. 1367 (nicht gebaut)
Konzeption 2004/05
Tragwerkskonzept Tivadar Puskas
Architektur Herzog & de Meuron Architekten AG, Basel
Bauherrschaft WED Wiener Entwicklungsgesellschaft für den Donauraum AG, Wien (AT)

Einfamilienhaus Inning am Ammersee (DE)

Projekt-Nr. 1390
Realisierung 2006/07
Tragwerkskonzept Tivadar Puskas
Projektleitung Jan Stebler
Subplaner Zilch + Müller Ingenieure GmbH, München (DE)
Architektur Herzog & de Meuron Architekten AG, Basel / Muck Petzet Architekten, München (DE)
Bauherrschaft Privat
Unternehmer Bauunternehmen Assner, Waal (DE)
Holzbau Holzbau Schmid KG, Trostberg (DE)

International School Basel Aesch

Projekt-Nr. 1395
Realisierung 2005–2007
Tragwerkskonzept Tivadar Puskas
Projektleitung Daniel Küpfer
Architektur sab Architekten AG, Basel
Bauherrschaft International School of Basel, Reinach
GU HRS Hauser Rutishauser Suter AG, Basel
Unternehmer Rofra Bau AG, Basel

Actelion Business Center Allschwil

Projekt-Nr. 1397
Realisierung 2007–2010
Tragwerkskonzept Heinrich Schnetzer
Projektleitung Hansueli Küng
Architektur ARGE GP Actelion: Herzog & de Meuron AG, Basel / Proplaning AG, Basel
Bauherrschaft Actelion Pharmaceuticals Ltd., Allschwil
Stahlbau Winterhalter GmbH, Freiburg (DE)
Unternehmer Anliker AG Bauunternehmung, Emmenbrücke

Staatsarchiv Thurgau Frauenfeld

Projekt-Nr. 1405 (Wettbewerb)
Realisierung 2008–2010
INGE WGG Schnetzer Puskas Ingenieure AG / Rolf Soller AG, Kreuzlingen
Tragwerkskonzept Tivadar Puskas
Projektleitung Stefan Bänziger
Architektur Jessen Vollenweider Architektur GmbH, Basel
Bauherrschaft Kantonales Hochbauamt Thurgau
Unternehmer Lerch AG Bauunternehmung, Winterthur

Sanierung/Erweiterung Campingplatz Eichholz Bern

Projekt-Nr. 1426 (Wettbewerb)
Realisierung 2007/08
Tragwerkskonzept Tivadar Puskas
Projektleitung Stefan Bänziger
Architektur Bauart Architekten und Planer AG, Bern
Bauherrschaft Stadtbauten Bern StaBe
Unternehmer Büchi Bauunternehmung AG, Bern

Jugendkulturhaus Dynamo Zürich

Projekt-Nr. 1438
Realisierung 2008/09
Tragwerkskonzept Stefan Bänziger
Projektleitung Stefan Bänziger
Architektur Phalt Architekten GmbH, Zürich
Bauherrschaft Stadt Zürich, vertreten durch Amt für Hochbauten
Stahlbau Kaufmann Spenglerei & Sanitär AG, Zürich

MFH Hinterwenkenweg Riehen

Projekt-Nr. 1446 (Wettbewerb)
Realisierung 2009/10
Tragwerkskonzept Heinrich Schnetzer
Projektleitung Patrick Grieder
Architektur Pedrocchi Meier Architekten, Basel
Bauherrschaft Privat
GU Sulzer+Buzzi Baumanagement AG, Olten

Umnutzung Kloster Abadia de Retuerta zum Hotel Valladolid (ES)

Projekt-Nr. 1449
Realisierung 2008–2011
Tragwerkskonzept Tivadar Puskas
Projektleitung Tivadar Puskas
Architektur Burckhardt & Partner AG, Basel; Marco Serra Architekt, Basel
Bauherrschaft Novartis Pharma AG, Basel
Unternehmer VOLCONSA Construcción y Desarrollo de Servicios S.A., Volladolid (ES)

Doppelhauskolonne Im Kaspar Münchenstein

Projekt-Nr. 1453 (Wettbewerb)
Realisierung 2007/08
Tragwerkskonzept Tivadar Puskas
Projektleitung Salomé Hug-Meier
Architektur Schmid Kuepfer Architekten AG, Basel
Bauherrschaft Christoph-Merian-Stiftung CMS, Basel
GU Schmid Kuepfer Architekten AG, Basel
Unternehmer Glanzmann AG, Birsfelden

ETH Zürich, Campus Hönggerberg, HPL Life Science Platform Zürich

Projekt-Nr. 1454 (Wettbewerb)
Realisierung 2009–2013
Tragwerkskonzept Heinrich Schnetzer, Stefan Bänziger
Projektleitung Stefan Bänziger
Architektur Burckhardt & Partner AG, Zürich
Bauherrschaft ETH Zürich Immobilien, Zürich
GP Burckhardt & Partner AG, Zürich
Unternehmer Erne AG Bauunternehmung, Laufenburg

Markthalle Hochhaus Basel

Projekt-Nr. 1464 (Wettbewerb)
Realisierung 2009–2012
Tragwerkskonzept Tivadar Puskas
Projektleitung Daniel Küpfer
Architektur Diener & Diener Architekten AG, Basel
Bauherrschaft Allreal Markthalle AG, Zürich
TU Allreal Generalunternehmung AG, Zürich
Unternehmer Marti AG, Basel

Bildungszentrum Technik Frauenfeld

Projekt-Nr. 1471 (Wettbewerb)
Realisierung 2009–2011
Tragwerkskonzept Stefan Bänziger
Projektleitung Stefan Bänziger, Judith Luible
Architektur Jessen Vollenweider Architektur GmbH, Basel
Bauherrschaft Kantonales Hochbauamt Thurgau, Frauenfeld
Unternehmer Ernst Herzog AG Bauunternehmung, Frauenfeld

Erweiterung Landesmuseum Zürich Zürich

Projekt-Nr. 1472
Realisierung 2012–2016
Tragwerkskonzept Heinrich Schnetzer
Projektleitung Salomé Hug-Meier, Kevin M. Rahner
Architektur Christ & Gantenbein Architekten ETH SIA BSA, Basel
Bauherrschaft Bundesamt für Bauten und Logistik (BBL)
Unternehmer Huber & Straub AG, Basel

Einfamilienhaus Binningen

Projekt-Nr. 1473
Realisierung 2007/08
Tragwerkskonzept Heinrich Schnetzer
Projektleitung Kevin M. Rahner
Architektur Buchner Bründler Architekten, Basel
Bauherrschaft Privat
Unternehmer Obrist Bauunternehmung AG, Wallbach

Air Service Basel

Projekt-Nr. 1478 (Wettbewerb)
Realisierung 2008–2010
Tragwerkskonzept Heinrich Schnetzer
Projektleitung Kevin M. Rahner
Subplaner CTE Mulhouse, Riedisheim (FR)
Architektur Zwimpfer Partner Architekten SIA, Basel
Bauherrschaft Air Service Basel GmbH, Basel
Stahlbau Baumert Constructions Métalliques, Erstein (FR)

Werk- und Wohnhaus zur Weid Mettmenstetten

Projekt-Nr. 1483 (Wettbewerb)
Realisierung 2008/09
Tragwerkskonzept Stefan Bänziger
Projektleitung Stefan Bänziger
Architektur ARGE Bhend Klammer Architekten / Ramser Schmid Architekten
Bauherrschaft Stadt Zürich
TU Werubau AG Generalunternehmung, Meilen

Einfamilienhaus Schaffhausen

Projekt-Nr. 1488
Realisierung 2009–2011
Tragwerkskonzept Tivadar Puskas
Projektleitung Rolf Nachbur
Architektur btob architects, Basel; Henning König, Alexander Thomass, Basel
Bauherrschaft Privat
Unternehmer Gasser AG Bauunternehmung, Feuerthalen

Wohnsiedlung Areal Gärtnerei im Forster Zürich

Projekt-Nr. 1490
Realisierung 2009–2011
Tragwerkskonzept Stefan Bänziger
Projektleitung Jochem Hilberink
Architektur EM2N Architekten AG, Zürich
Bauherrschaft Bös Fulen AG, vertreten durch Immopoly GmbH, Zürich
Unternehmer Brunner Erben AG, Zürich

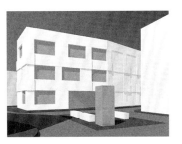

Ausbildungszentrum Brandhaus 10, AZA Andelfingen

Projekt-Nr. 1492
Realisierung 2008–2013
Tragwerkskonzept Stefan Bänziger
Projektleitung Stefan Bänziger, Johannes Dudli
Architektur Atelier M Architekten GmbH, Zürich
Bauherrschaft Hochbauamt Kanton Zürich
Unternehmer Landolt + Co. AG Bauunternehmung, Kleinandelfingen

Kunstprojekt Citysky (Stadthimmel) Basel

Projekt-Nr. 1506
Realisierung 2008
Tragwerkskonzept Tivadar Puskas
Projektleitung Tivadar Puskas
Gestalter Littmann Kulturprojekte, Basel
Bauherrschaft Littmann Kulturprojekte, Basel
Unternehmer Glanzmann AG, Basel

Erweiterungsbau Gemeindehaus Regensdorf

Projekt-Nr. 1514
Realisierung 2009/10
Tragwerkskonzept Stefan Bänziger
Projektleitung Stefan Bänziger, Florian Riebel
Architektur Phalt Architekten AG, Zürich
Bauherrschaft Gemeinde Regensdorf
Unternehmer K. Eicher Bauunternehmung AG, Regensdorf

Wohnüberbauung Densa Park Basel

Projekt-Nr. 1516
Realisierung 2009–2011
Tragwerkskonzept Tivadar Puskas
Projektleitung Patrick Grieder
Architektur Luca Selva AG Architekt ETH BSA SIA, Basel
Bauherrschaft Densa Immobilien AG, Basel
GU Priora AG, Basel
Unternehmer Marti AG Bauunternehmung, Basel

Umbau und Erweiterung Cinémathèque Suisse Penthaz

Projekt-Nr. 1519 (Wettbewerb)
Realisierung 2010–2013
Tragwerkskonzept Stefan Bänziger
Projektleitung Florian Riebel
Architektur EM2N Architekten AG, Zürich
Bauherrschaft Bundesamt für Bauten und Logistik (BBL)
Unternehmer M. Rusconi & Cie S.A., Lausanne

Administrativgebäude ABR Bau 5, Roche Diagnostics Rotkreuz

Projekt-Nr. 1521 (Wettbewerb)
Realisierung 2009–2011
Tragwerkskonzept Tivadar Puskas
Projektleitung Daniel Küpfer
Architektur Burckhardt & Partner AG, Basel
Bauherrschaft Roche Diagnostics AG, Rotkreuz
Unternehmer Implenia Bau AG, Basel

Umbau TP2 Freilager zur Hochschule für Gestaltung und Kunst (HGK) FHNW Münchenstein

Projekt-Nr. 1525
Realisierung 2010–2013
Tragwerkskonzept Tivadar Puskas
Projektleitung Rolf Nachbur
Architektur Müller Sigrist Architekten AG, Basel
Bauherrschaft Immobilien Basel-Stadt, vertreten durch Kanton Basel-Stadt – Bau- und Verkehrsdepartement
Unternehmer Marti AG, Basel

Avantage – Wohnen im Wettsteinpark Basel

Projekt-Nr. 1530
Realisierung 2010–2012
Tragwerkskonzept Tivadar Puskas
Projektleitung Eva Feuling
Architektur Jessen & Vollenweider Architektur ETH SIA BSA, Basel
Bauherrschaft Proplaning AG, Basel
Unternehmer Implenia AG, Basel

Anbau Gerber Vogt AG Allschwil

Projekt-Nr. 1532
Realisierung 2009
Tragwerkskonzept Tivadar Puskas
Projektleitung Hansueli Küng
Architektur FS Architekten, Magden
Bauherrschaft Gerber Vogt AG, Allschwil
Unternehmer Glanzmann AG Bauunternehmung, Birsfelden

MFH Panoramica Bottmingen

Projekt-Nr. 1535
Realisierung 2010/11
Tragwerkskonzept Tivadar Puskas
Projektleitung Judith Luible, Rémy Jabas
Architektur Architekt André Kaufmann SIA, Basel
Bauherrschaft Baugesellschaft Stallenstrasse, Bottmingen
Unternehmer Implenia Bau AG, Basel

Roche Opal Grenzach (DE)

Projekt-Nr. 1546
Realisierung 2009–2011
Tragwerkskonzept Tivadar Puskas
Projektleitung Wolfgang Herrmann, Salomé Hug-Meier
Architektur Christ & Gantenbein Architekten ETH SIA BSA, Basel
Bauherrschaft Roche Pharma AG, Grenzach (DE)
Unternehmer Glanzmann AG Bauunternehmung, Birsfelden

Umnutzung zu Jazz Campus, Utengasse 15/17 Basel

Projekt-Nr. 1570
Realisierung 2010–2013
Tragwerkskonzept Tivadar Puskas
Projektleitung Patrick Grieder
Architektur Buol & Zünd Architekten BSA, Basel
Bauherrschaft Stiftung Habitat, Basel
Unternehmer Knecht Bauunternehmung AG, Münchenstein

Sanierung IWB Unterwerk Jakobsberg Basel

Projekt-Nr. 1575
Realisierung 2010–2014
Tragwerkskonzept Rolf Nachbur
Projektleitung Rolf Nachbur, Thomas Gutzwiller (Bauleitung)
Architektur muellermueller Architekten BSA SIA, Basel
Bauherrschaft Industrielle Werke Basel (IWB)
Unternehmer Stamm Bau AG, Binningen

Wohn- und Bürogebäude Birsigstrasse Basel

Projekt-Nr. 1577
Realisierung 2010/11
Tragwerkskonzept Tivadar Puskas
Projektleitung Burkhard Schnabel
Architektur Kägi Schnabel Architekten ETH BSA SIA, Basel
Bauherrschaft Baugemeinschaft Klein Rickhoff, Basel
Unternehmer Obrist Bauunternehmung AG, Wallbach

Umnutzung Andlauerhof Basel

Projekt-Nr. 1580
Realisierung 2011–2013
Tragwerkskonzept Tivadar Puskas
Projektleitung Patrick Grieder
Architektur Villa Nova Architekten AG, Basel
Bauherrschaft Andlauerhof AG, Feldbrunnen
Unternehmer Erne AG Bauunternehmung, Laufenburg

Hofbebauung Hegenheimerstrasse 137 Basel

Projekt-Nr. 1582
Realisierung 2010/11
Tragwerkskonzept Tivadar Puskas
Projektleitung Judith Luible
Architektur Luca Selva AG Architekt ETH BSA SIA, Basel
Bauherrschaft Wohngenossenschaft Hegenheimerstrasse, Basel
Unternehmer BBL Baugesellschaft BL AG, Reinach

Wohnpark Seidentor Arlesheim

Projekt-Nr. 3003
Realisierung 2009–2011
Tragwerkskonzept Tivadar Puskas
Projektleitung Jan Stebler, Stefan Birk
Architektur Fankhauser Architektur AG, Reinach
Bauherrschaft/TU HRS Real Estate AG, Basel
Unternehmer Wenk AG, Füllinsdorf

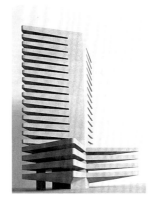

Geschäfts- und Wohnhaus Aquila Pratteln

Projekt-Nr. 3006
Realisierung 2013–2015
Tragwerkskonzept Heinrich Schnetzer
Projektleitung Daniel Küpfer, Rémy Jabas
Architektur Christ & Gantenbein Architekten ETH SIA BSA, Basel
Bauherrschaft Immobilienfonds UBS Sima vertreten durch UBS Fund Management (Switzerland) AG, Basel
Projektsteuerung Stokar + Partner AG, Basel
TU S + B Baumanagement AG, Olten
Unternehmer Implenia Schweiz AG, Basel

EFH Maison Mosch Arlesheim

Projekt-Nr. 3011
Realisierung 2010/11
Tragwerkskonzept Tivadar Puskas
Projektleitung Gabriel Ackermann
Architektur Dorenbach AG Architekten ETH SIA, Basel
Bauherrschaft Privat
Unternehmer Implenia Bau AG, Basel

Wohnüberbauung Zellweger Areal Uster

Projekt-Nr. 3013
Realisierung 2011/12
Tragwerkskonzept Stefan Bänziger
Projektleitung Johannes Dudli
Architektur Annette Gigon / Mike Guyer Architekten, Zürich
Bauherrschaft Immopoly GmbH, Zürich
Unternehmer Marti AG, Zürich

Schulhaus Zinzikon

Projekt-Nr. 3017 (Wettbewerb)
Planung 2010–2012
Tragwerkskonzept Stefan Bänziger
Projektleitung Florian Riebel, Andreas Hirschi
Architektur Adrian Streich Architekten AG, Zürich
Bauleitung GMS Partner AG, Zürich-Flughafen
Bauherrschaft Stadt Winterthur, Departement Bau
Unternehmer Baltensperger AG, Seuzach

Umbau Hauptsitz ZKB Zürich

Projekt-Nr. 3018 (Wettbewerb)
Realisierung 2012–2014
Tragwerkskonzept Stefan Bänziger
Projektleitung Florian Riebel
Architektur Jessen & Vollenweider Architektur ETH SIA BSA, Basel
Bauherrschaft Zürcher Kantonalbank, Zürich
Unternehmer Barizzi AG Bauunternehmung, Bertschikon

Umbau und Aufstockung Altersheim Doldertal Zürich

Projekt-Nr. 3021
Realisierung 2010
Tragwerkskonzept Stefan Bänziger
Projektleitung Stefan Bänziger, Jochem Hilberink
Architektur Ramser Schmid Architekten, Zürich
Bauherrschaft Liegenschaftenverwaltung der Stadt Zürich vertreten durch Stadt Zürich, Amt für Hochbauten
Unternehmer Abeco Bau AG, Zürich

1582: Ruedi Walti, Basel. 3003: Fankhauser Architektur, Reinach. 3006: Christ & Gantenbein Arch., Basel. 3011: Tom Bisig, Basel. 3013: Annette Gigon / Mike Guyer Arch., Zürich. 3017: Adrian Streich Arch., Zürich. 3021: Roger Frei, Zürich

Hermes-Stand, BaselWorld 2013 Basel

Projekt-Nr. 3024Hermes
Realisierung 2013
Tragwerkskonzept SAPS Co., Ltd., Tokio (JP)
Ausführungsingenieur Tivadar Puskas
Projektleitung Ayumi Isozaki
Architektur Toyo Ito & Associates, Architects, Tokio (JP)
Bauleitung Christen et Cie., Vandœuvre
Bauherrschaft La Montre Hermès SA, Brügg b. Biel
Stahlbau Jakem AG, Münchwilen
Holzbau Daniel Fournier Interior Concepts S.A.S, Paris (FR)

Umbau ehemaliges ABB-Areal zum Kompetenzzentrum der Stamm Bau AG Arlesheim

Projekt-Nr. 3028a
Realisierung 2012/13
Tragwerkskonzept Tivadar Puskas
Projektleitung Hansueli Küng, Olivier Lichtenthaler
Architektur Fankhauser Architektur AG, Reinach
Bauherrschaft Stamm Bau AG, Binningen
Unternehmer Stamm Bau AG, Binningen

Wohnhäuser Via Suot Chesas Champfèr

Projekt-Nr. 3041
Realisierung 2011/12
Tragwerkskonzept Tivadar Puskas
Projektleitung Salomé Hug-Meier
Architektur Diener & Diener Architekten, Basel
Bauherrschaft Privat
Unternehmer Walter Dietsche Baumanagement, Chur
Holzbau Bachofner GmbH, Frümsen

Kestenholz Truck Center Pratteln

Projekt-Nr. 3042
Realisierung 2012/13
Tragwerkskonzept Tivadar Puskas
Projektleitung Hansueli Küng
Architektur Steinmann & Schmid Architekten AG, Basel
Bauherrschaft Zurimmo «B» Immobilien AG, Zürich vertreten durch UBS Fund Management, Basel
Unternehmer Implenia Generalunternehmung AG, Basel

Villa Zum Bannhübel Arlesheim

Projekt-Nr. 3049
Realisierung 2010/11
Tragwerkskonzept Tivadar Puskas
Projektleitung Patrick Grieder
Architektur Dorenbach AG Architekten ETH SIA, Basel
Bauherrschaft Privat
Unternehmer Huber Straub AG Bauunternehmung, Basel

EFH Kahlstrasse Basel

Projekt-Nr. 3050
Realisierung 2011/12
Tragwerkskonzept Tivadar Puskas
Projektleitung Giotto Messi
Architektur Buchner Bründler AG Architekten BSA, Basel
Bauherrschaft Privat
Unternehmer Morath & Crottaz AG, Basel

Wohnen am Schaffhauserrheinweg RIVA Basel

Projekt-Nr. 3055 (Wettbewerb)
INGE INGE RIVA Schnetzer Puskas Ingenieure AG, Basel / Rothpletz, Lienhard + Cie AG, Bern
Realisierung 2012–2014
Tragwerkskonzept Tivadar Puskas
Projektleitung Patrick Grieder
Architektur Jessen & Vollenweider Architektur ETH SIA BSA, Basel
Bauherrschaft Sarasin Anlagestiftung Nachhaltigkeit Schweiz, Bern vertreten durch Dr. Meyer Asset Management AG, Bern
Unternehmer Marti AG, Basel

Einfamilienhaus St. Gallen

Projekt-Nr. 3056
Realisierung 2011/12
Tragwerkskonzept Tivadar Puskas
Projektleitung Giotto Messi
Lokaler Ingenieur Borgogno Eggenberger + Partner AG, St. Gallen
Architektur Marques AG, Luzern
Bauherrschaft Privat
Unternehmer Stutz AG Hatswil, Immobilien & Baudienste

Zoo Basel, Aussenanlage Menschenaffen Basel

Projekt-Nr. 3059
Realisierung 2011/12
Tragwerkskonzept Conzett Bronzini Gartmann AG, Chur
Projektleitung Rolf Nachbur (Schnetzer Puskas Ingenieure AG als Subplaner)
Architektur Peter Stiner Architekt ETH BSA, Basel
Bauherrschaft Zoo Basel
Unternehmer Huber Straub AG Bauunternehmung, Basel
Netzplanung Conzett Bronzini Gartmann AG, Chur; Pfeifer Ingenieure GmbH, Konstanz (DE)

Einfamilienhaus Winterthur

Projekt-Nr. 3063
Realisierung 2010/11
Tragwerkskonzept Stefan Bänziger
Projektleitung Johannes Dudli
Architektur Maria del Carmen Martin Pastor & Partner dipl. Architektin ETH, Zürich
Bauherrschaft Privat
Unternehmer A. Blatter AG, Seuzach

Transitlager Dreispitz Basel

Projekt-Nr. 3070
Planung seit 2012
Tragwerkskonzept Tivadar Puskas
Projektleitung Eva Feuling
Architektur/GP ARGE BIG (Bjarke Ingels Group), Kopenhagen (DK) / Proplaning AG, Basel
Bauherrschaft UBS Fund Management (Schweiz) AG, Basel

Letzibachareal Zürich, Teilprojekt C – Hochbau und Aussenraum Baufelder C und E Zürich

Projekt-Nr. 3078 (Wettbewerb)
Realisierung 2013–2015
Tragwerkskonzept Stefan Bänziger
Projektleitung Stefan Bänziger, Timothy Hafen
Architektur ARGE Adrian Streich AG / Loeliger Strub Architekten GmbH
Bauherrschaft Schweizerische Bundesbahnen SBB Immobilien Development, Zürich
GU Implenia Generalunternehmung AG, Basel

Wohnüberbauung Faidostrasse Basel

Projekt-Nr. 3083
Realisierung 2012/13
Tragwerkskonzept Mark Eitel, Heinrich Schnetzer
Projektleitung Mark Eitel
Architektur ARGE Haberstroh Schneider Architekten / Proplaning AG
Bauherrschaft Varem AG, Basel
Unternehmer Marti AG, Basel

Laborgebäude WSJ 182, Novartis Campus Basel

Projekt-Nr. 3090
Realisierung 2012/13
Tragwerkskonzept Tivadar Puskas
Projektleitung Salomé Hug-Meier, Dominik Mölder
Architektur RMA Architects LLC, Brookline (USA)
Bauherrschaft Novartis Pharma AG, Basel
GP Rapp Arcoplan AG, Basel
Unternehmer ARGE Morath & Crottaz AG, Basel / Huber + Straub AG, Basel

Hochhäuser Baden Nord, Brown Boveri Parking Baden

Projekt-Nr. 3092
Planung seit 2010
Tragwerkskonzept Stefan Bänziger
Projektleitung Stefan Bänziger
Architektur ARGE Pool Architekten / Michael Meier & Marius Hug Architekten
Bauherrschaft ABB Immobilien AG, Baden

Anbau Nord und Neubau Bettengebäude, Kantonsspital Frauenfeld Frauenfeld

Projekt-Nr. 3093 (Wettbewerb)
Planung seit 2010
Tragwerkskonzept Tivadar Puskas
Projektleitung Eva Feuling
Subplaner BHA Team Ingenieure AG, Frauenfeld
Architektur Schneider & Schneider Architekten ETH BSA SIA AG, Aarau
Bauherrschaft Kantonales Hochbauamt, Frauenfeld

3059. Zoo Basel. Basel: 3063: Radek Brunecky, Zürich: 3070: BIG Architects, Kopenhagen (DK) 3078: Adrian Streich Arch., Zürich: 3083: Foto-Werk, Michael Fritschi, Basel: 3092: Pool Arch., Zürich. 3093: Schneider &Schneider Arch., Aarau

Umbau Kindergarten Kügeliloo Zürich

Projekt-Nr. 3096
Realisierung 2012/13
Tragwerkskonzept Stefan Bänziger
Projektleitung Florian Riebel
Architektur Frei & Saarinen Architekten GmbH, Zürich
Bauherrschaft Stadt Zürich, Amt für Hochbauten
Unternehmer BWT Bau AG, Zürich

Einfamilienhaus Kilchberg

Projekt-Nr. 3101
Realisierung 2011/12
Tragwerkskonzept Stefan Bänziger
Projektleitung Florian Riebel
Architektur Frei & Saarinen Architekten GmbH, Zürich
Bauherrschaft Privat
Unternehmer Brönnimann Hoch- und Tiefbau AG, Rüschlikon

Wohnüberbauung Scheffelstrasse Zürich

Projekt-Nr. 3103
Realisierung 2012/13
Tragwerkskonzept Stefan Bänziger
Projektleitung Stefan Bänziger, Jochem Hilberink
Architektur Jakob Steib Architekten AG, Zürich
Bauherrschaft BSZ Immobilien AG, Zürich
Unternehmer Gautschi Bau AG, Affoltern am Albis

Umbau zweier Villen Zürich

Projekt-Nr. 3105
Realisierung 2011/12
Tragwerkskonzept Mark Eitel
Projektleitung Mark Eitel
Architektur Miller & Maranta dipl. Architekten ETH BSA SIA, Basel
Bauherrschaft Jacobs Foundation, Zürich
Unternehmer Rieke AG Bauunternehmung, Zürich

Wohnüberbauung Bächtelen, Baufeld A Köniz

Projekt-Nr. 3107
Planung seit 2010
Tragwerkskonzept Heinrich Schnetzer
Projektleitung Heinrich Schnetzer, Rémy Jabas
Architektur Buchner Bründler Architekten, Basel
Bauherrschaft Widmer Hans Management AG, Oberwil-Lieli vertreten durch Priora Generalunternehmung AG, Basel
TU Priora Generalunternehmung AG, Bern

Claraturm Basel

Projekt-Nr. 3111
Planung seit 2011
Tragwerkskonzept Tivadar Puskas
Projektleitung Giotto Messi
Architektur Morger + Dettli Architekten AG BSA/SIA, Basel
Bauherrschaft Balintra AG c/o UBS Fund Management (Schweiz) AG, Basel

Wohnhaus Hertenstein Weggis

Projekt-Nr. 3118
Realisierung 2011/12
Tragwerkskonzept Tivadar Puskas
Projektleitung Salomé Hug-Meier
Architektur Buchner Bründler Architekten, Basel
Bauherrschaft Privat
Unternehmer Catenazzi Bau AG, Weggis

Seniorenzentrum Laufental Laufen

Projekt-Nr. 3122 (Wettbewerb)
Realisierung 2013–2015
Tragwerkskonzept Tivadar Puskas
Projektleitung Rolf Nachbur
Architektur/GP Ackermann Architekt BSA SIA AG, Basel
Bauherrschaft Stiftung Seniorenzentrum Rosengarten, Laufental
Unternehmer Rofra Bau AG, Aesch

Einfamilienhaus Kreuzlingen-Alp

Projekt-Nr. 3128
Planung seit 2011
Tragwerkskonzept Tivadar Puskas
Projektleitung Patrick Grieder
Architektur Buchner Bründler Architekten, Basel
Bauherrschaft Privat
Unternehmer Landolt + Co. AG Bauunternehmung, Kleinandelfingen

MFH Neufrankengasse Zürich

Projekt-Nr. 3139 (Wettbewerb)
Realisierung 2011–2013
Tragwerkskonzept Stefan Bänziger
Projektleitung Jochem Hilberink
Architektur EM2N Architekten AG, Zürich
Bauherrschaft SBB Immobilien AG, Zürich
TU Halter AG Generalunternehmung, Zürich
Unternehmer Brunner Erben AG, Zürich

Einfamilienhaus Galgenen

Projekt-Nr. 3141
Realisierung 2012/13
Tragwerkskonzept Stefan Bänziger
Projektleitung Johannes Dudli, Reinhard Oppikofer
Architektur Kit Architects ETH SIA GmbH, Zürich
Bauherrschaft Privat
Unternehmer Implenia Bau AG, Siebnen

Wohnüberbauung Mattenhof Zürich

Projekt-Nr. 3147
Planung seit 2012
Tragwerkskonzept Stefan Bänziger
Projektleitung Johannes Dudli
Architektur Bachelard Wagner Architekten, Basel
Bauherrschaft Siedlungsgenossenschaft Sunnige Hof, Zürich

Fachhochschule Nordwestschweiz FHNW Muttenz

Projekt-Nr. 3149 (Wettbewerb)
Planung seit 2011
Tragwerkskonzept Stefan Bänziger
Projektleitung Stefan Bänziger
Architektur/GP Pool Architekten, Zürich
Bauherrschaft Hochbauamt Kanton Basel-Landschaft; Bau- und Umweltschutzdirektion, Liestal
Baumanagement Perolini Baumanagement AG, Zürich

Wohnüberbauung Grimselstrasse Zürich

Projekt-Nr. 3151 (Wettbewerb)
Planung seit 2011
Tragwerkskonzept Tivadar Puskas
Projektleitung Stefan Bänziger
Architektur ARGE Jessen & Vollenweider Architektur / Proplaning AG
Bauherrschaft Immobiliengesellschaft Turintra AG, Zürich vertreten durch UBS Fund Management, Zürich

Alters- und Pflegeheim Humanitas Riehen

Projekt-Nr. 3157 (Wettbewerb)
Planung seit 2012
Tragwerkskonzept Tivadar Puskas
Projektleitung Patrick Grieder
Architektur Bachelard Wagner Architekten, Basel
Bauherrschaft Genossenschaft Humanitas, Riehen, Immobilien Basel-Stadt

List Customer Center Arisdorf

Projekt-Nr. 3158 (Wettbewerb)
Realisierung 2013/14
Tragwerkskonzept Heinrich Schnetzer
Projektleitung Rémy Jabas
Architektur ARGE Christ & Gantenbein Architekten / Aebli Zimmermann AG
Bauherrschaft List AG, Arisdorf
Unternehmer Huber Straub AG, Basel

Tierheim
Basel

Projekt-Nr. 3159
Planung seit 2011
Tragwerkskonzept Heinrich Schnetzer
Projektleitung Christoph Sterr
Architektur Schmid Kuepfer Architekten AG, Basel
Bauherrschaft Tierschutz beider Basel, Basel

Standseilbahn
Le Locle

Projekt-Nr. 3172
Planung seit 2012
Tragwerkskonzept Tivadar Puskas
Projektleitung Giotto Messi
Lokaler Ingenieur AJS Ingénieurs civils SA, Neuchâtel
Architektur Diener & Diener Architekten, Basel
Bauherrschaft Ville du Locle
Unternehmer F. Bernasconi & Cie SA, Les Geneveys-sur-Coffrane

Ricola Kräuterzentrum
Laufen

Projekt-Nr. 3182z02
Realisierung 2013/14
Tragwerkskonzept Heinrich Schnetzer
Projektleitung Elisabeth Wuttke
Architektur Herzog & de Meuron Basel Ltd., Basel
Bauherrschaft Ricola AG, Laufen
GU Priora Generalunternehmung AG, Basel

Hauptquartier und Produktionsgebäude der Swatch und Omega AG
Biel

Projekt-Nr. 3183 (Wettbewerb)
Planung seit 2011
Tragwerkskonzept Tivadar Puskas, Jan Stebler
Projektleitung Jan Stebler
Design Architekt Shigeru Ban Architects, Japan
GP Itten + Brechbühl AG, Bern
Bauherrschaft The Swatch Group AG, Biel

Pflanzenschutzlabor WSL
Birmensdorf

Projekt-Nr. 3186 (Wettbewerb)
Realisierung 2013/14
Tragwerkskonzept Tivadar Puskas
Projektleitung Hansueli Küng, Dominik Häring
Architektur GP Burckhardt & Partner AG, Basel
Bauherrschaft Eidgenössische Forschungsanstalt WSL, Birmensdorf
Unternehmer Anliker AG Bauunternehmung, Thalwil

St. Prex Classics, «Luna»
St. Prex

Projekt-Nr. 3193
Realisierung 2012
Tragwerkskonzept Heinrich Schnetzer
Projektleitung Christoph Sterr
Architektur ALICE / EPFL (Atelier de la conception de l'espace), Lausanne, Dieter Dietz, Sybille Kössler, Sara Formery, Rudi Nieveen
Bauherrschaft Association St. Prex Festival, St. Prex
Projektmanagement Anlag AG, Olsberg
Aluminiumbauer FHS Frech-Hoch AG, Sissach

Hochhaus und Bürogebäude GastroSocial
Aarau

Projekt-Nr. 3205 (Wettbewerb)
Realisierung 2013/14
Tragwerkskonzept Tivadar Puskas (Wettbewerb)
Projektleitung Giotto Messi
Architektur Schneider & Schneider Architekten ETH BSA SIA AG, Aarau
Bauherrschaft GastroSocial, Aarau
Unternehmer Gebr. Huber AG, Aarau (Tiefbau); Zubler AG, Aarau, (Hochbau)

Vier Mehrfamilienhäuser, Wohnsiedlung Jona-Garten
Wald

Projekt-Nr. 3215
Planung seit 2012
Tragwerkskonzept Stefan Bänziger
Projektleitung Stefan Bänziger
Architektur huggenbergerfries Architekten AG ETH SIA BSA, Zürich
Bauherrschaft Otto & Joh. Honegger AG, Wald vertreten durch Odinga und Hagen AG, Zürich

MFH Rütiring
Riehen

Projekt-Nr. 3216
Realisierung 2013/14
Tragwerkskonzept Tivadar Puskas
Projektleitung Patrick Grieder
Architektur Staehelin Meyer Architekten ETH SIA, Basel
Bauherrschaft Privat
Unternehmer Huber Straub AG, Basel

Alterswohnungen Im Büel
Cham

Projekt-Nr. 3219
Realisierung 2013–2015
Tragwerkskonzept Tivadar Puskas
Projektleitung Stefan Birk
Architektur Schneider & Schneider Architekten ETH BSA SIA AG, Aarau; Oeschger Architekten BSA SIA AG, Hausen/Brugg
Bauherrschaft Stiftung Wohnen im Alter, Cham
Unternehmer Saredi AG, Küssnacht am Rigi

Wohnsiedlung im Stückler
Zürich

Projekt-Nr. 3220 (Wettbewerb)
Planung seit 2012
Tragwerkskonzept Stefan Bänziger
Projektleitung Johannes Dudli
Architektur Adrian Streich Architekten AG, Zürich
Bauleitung GMS Partner AG, Zürich-Flughafen
Bauherrschaft Baugenossenschaft Halde, Zürich

Maison Davidoff
Basel

Projekt-Nr. 3222
Planung seit 2012
Tragwerkskonzept Tivadar Puskas
Projektleitung Salomé Hug-Meier, Caterina Chilovi
Architektur Diener & Diener Architekten, Basel
Bauherrschaft Oettinger Davidoff Group, Basel

Neubauten Sempacherstrasse 51 und 53
Basel

Projekt-Nr. 3237 (Wettbewerb)
Planung seit 2012
Tragwerkskonzept Heinrich Schnetzer
Projektleitung Elisabeth Wuttke
Architektur/GP Miller & Maranta dipl. Architekten ETH BSA SIA, Basel
Bauherrschaft Stiftung SKB 1809, Basel

Sportzentrum Heuried
Zürich

Projekt-Nr. 3238 (Wettbewerb)
Planung seit 2012
Tragwerkskonzept Stefan Bänziger
Projektleitung Johannes Dudli
Architektur EM2N Architekten AG, Zürich
Bauherrschaft Stadt Zürich, Amt für Hochbauten
Holzbauingenieur Pirmin Jung Ingenieure für Holzbau AG, Rain

Wohnbauten Rosentalstrasse 9–13
Basel

Projekt-Nr. 3242
Planung seit 2012
Tragwerkskonzept Tivadar Puskas
Projektleitung Tivadar Puskas, Caterina Chilovi
Architektur Morger + Dettli Architekten AG BSA/SIA, Basel
Bauherrschaft Zurich Imre AG, Zürich

Schulanlage Gartenhof
Allschwil

Projekt-Nr. 3246
Planung seit 2012
Tragwerkskonzept Stefan Bänziger, Salomé Hug-Meier
Projektleitung Stefan Bänziger
Architektur Birchmeier Uhlmann Architekten GmbH, Zürich / Carlos Rabinovich, Zürich
Bauherrschaft Einwohnergemeinde Allschwil vertreten durch Dietziker Partner Baumanagement AG, Basel

Umgestaltung Gartenbad Reinach

Projekt-Nr. 3254
Planung seit 2012
Tragwerkskonzept Tivadar Puskas
Projektleitung Patrick Grieder
Architektur Morger + Dettli Architekten AG BSA/SIA, Basel
Bauherrschaft Gemeinde Reinach

Sporthalle Schachen Aarau

Projekt-Nr. 3256 (Wettbewerb)
Planung seit 2012
Tragwerkskonzept Tivadar Puskas, Giotto Messi
Projektleitung Jan Stebler
Architektur Rolf Mühlethaler Architekt BSA SIA, Bern
Bauherrschaft Einwohnergemeinde Aarau

Wettbewerb Stadion Zürich (Hardturm) Zürich

Projekt-Nr. WE407 (Wettbewerb, 2. Platz)
Bearbeitung 2012
Tragwerkskonzept Tivadar Puskas, Giotto Messi
Architektur Graber Pulver Architekten AG
Bauherrschaft Stadt Zürich, Amt für Hochbauten

Wettbewerb Emmequerung Neumatt Ey

Projekt-Nr. WE408 (Wettbewerb, 2. Platz)
Bearbeitung 2011
Tragwerkskonzept Heinrich Schnetzer
Projektleitung Heinrich Schnetzer
Architektur Marcel Baumgartner, Dipl. Architekt ETH SIA, Zürich
Bauherrschaft Stadt Burgdorf, Baudirektion
Holzbauer Brawand Zimmerei AG, Grindelwald

Wettbewerb Linthsteg Weesen

Projekt-Nr. WE445 (Wettbewerb, nicht rangiert)
Bearbeitung 2011
Tragwerkskonzept Heinrich Schnetzer
Projektleitung Heinrich Schnetzer
Architektur Marcel Baumgartner, Dipl. Architekten ETH SIA, Zürich
Bauherrschaft Gemeinde Weesen, Glarus

Sanierung und Modernisierung St. Jakobshalle Basel

Projekt-Nr. WE492 (Wettbewerb, 1. Platz)
Planung 2013–2015
Tragwerkskonzept Tivadar Puskas
Projektleitung Tivadar Puskas
Architektur ARGE Degelo / Berrel Berrel Kräutler, Basel
Bauherrschaft Bau- und Verkehrsdepartement des Kantons Basel-Stadt, Hochbauamt

Publikationen

2011

Tivadar Puskas / Daniel Küpfer, Raute, Ornament und Tragwerk, in: *Tec21* 137 (September 2011), H. 36, S. 12f.

Heinrich Schnetzer / Aurelio Muttoni / Joseph Schwartz / Aita Flury, «Starke Strukturen», in: Aita Flury (Hg.), *Kooperation. Zur Zusammenarbeit von Ingenieur und Architekt,* Basel 2011, S. 193–206.

Büroturm im Minergiestandard – innovative Doppelfassade mit dezentraler Fassadenlüftung, in: *Detail* 51 (2011), H. 4, S. 404–412.

2010

Evelyn C. Frisch, Wohlgeformte Raumerweiterung, in: *Steeldoc* (Dezember 2010), H. 3/4, S. 24–29.

Heinrich Schnetzer, «Architekt und Ingenieur im Entwurfsprozess», in: Aita Flury (Hg.), *Dialog der Konstrukteure,* Sulgen 2010, S. 108–112.

Heinrich Schnetzer, Handarbeit mit Beton, in: *Tec21* 136 (September 2010), H. 38, S. 20–25.

Heinrich Schnetzer, Wirkungsvoll kombiniert, in: *Tec21* 136 (Januar 2010), H. 3–4, S. 2–6.

Rahel Hartmann Schweizer, Transformation, in: *Tec21* 136 (August 2010), H. 35, S. 65–67.

2009

Heinrich Schnetzer, «Der Lehrer», in: Thomas Vogel / Peter Marti (Hg.), *Christian Menn. Brückenbauer,* Zürich 2009, S. 23–26.

2008

Herzog & de Meuron Architekten AG, Basel, St. Jakob-Turm, Basel, in: *Bauen Heute* 22 (November / Dezember 2008), H. 11–12, S. 33–37.

Tivadar Puskas, Der Kräftefluss von der Spitze in den Fuss, in: *BAU Info* 14 (2008), H. 11–12, S. 61–68.

Heinrich Schnetzer, Dreibein, Korsett und Regenschirme, in: *Tec21* 134 (September 2008), H. 36, S. 24–28.

Heinrich Schnetzer / Mark Eitel / Kurt Andresen, Elbphilharmonie Hamburg – Grundsätzliche Überlegungen zur Zusammenarbeit Ingenieur – Architekt, in: *Bautechnik* 85 (März 2008), H. 3, S. 157–166.

2007

Catherine A. Cardno, Glass and Steel „Cloud" redefines Hamburg Harbour, in: *Civil Engineering* 77 (Juni 2007), H. 6, S. 12f.

Maria Vittoria Corazza, The Fair looks at the sky / La Fiera guarda il cielo, in: *iic, l'Industria italiana del Cemento* 12 (Dezember 2007), S. 812–827.

Tivadar Puskas, Ingenieure im Planungswettbewerb, in: *Tec21* 133 (März 2007), H. 12, S. 16–18.

Tivadar Puskas / Stefan Bänziger, Grösste Sport- und Eventstätte der Schweiz, in: *Stahlbau* 76 (2007), H. 2, S. 28–35.

2006

Tivadar Puskas / Stefan Bänziger, Stadionnutzung: Die grösste Sport- und Eventstätte, in: *Handelszeitung, Spezial Planungsunternehmer,* 28.3.2006, S. 61.

2003

Tivadar Puskas / Stefan Bänziger, Schnell und hoch, in: *Tec21* 129 (Januar 2003), H. 3/4, S. 18–21.

2002

Tivadar Puskas, Der Messeturm in Basel, in: *Stahlbau* 71 (2002), H. 8, S. 619–624.

Auszeichnungen

2012

Hofbebauung Hegenheimerstrasse 137, Basel: Bautenprämierung 2012 des Heimatschutzes Basel

2011

Actelion Business Center, Allschwil: Schweizer Stahlbaupreis Prix Acier 2011

Showroom Mercedes Benz Kestenholz, Basel: Schweizer Stahlbaupreis Prix Acier 2011 – Anerkennung

Markthalle Im Viadukt, Umnutzung Viaduktbögen: Brunel Award

2010

Markthalle Im Viadukt, Umnutzung Viaduktbögen: Publikumspreis – Auszeichnung für gute Bauten Zürich

Neue Monte-Rosa-Hütte, Zermatt: Schweizer Solarpreis Kategorie B: «Neubauten»

2009

Neue Monte-Rosa-Hütte, Zermatt: Pfefferzeichen Kategorie «Tourismus»; Milestone Sonderpreis Nachhaltigkeit

Metallwerkstatt Jugendkulturhaus Dynamo, Zürich: Schweizer Stahlbaupreis Prix Acier 2009 – Anerkennung

2008

Neue Monte-Rosa-Hütte, Zermatt: Holcim Award Europe Bronze

S-Bahn Haltestelle Dreispitz, Basel: Brunel Award 2008; Heimatschutzpreis Basel

Neugestaltung + Aufwertung Bahnhof Hardbrücke, Zürich: Brunel Award – Anerkennung (Kategorie Architektur)

Aufwertung Quartieranlage Claramatte, Basel: Auszeichnung guter Bauten der Kantone Basel-Landschaft und Basel-Stadt

Heilpädagogische Schule Altmarkt, Liestal: Auszeichnung guter Bauten der Kantone Basel-Landschaft und Basel-Stadt

Messeturm, Basel: Auszeichnung guter Bauten der Kantone Basel-Landschaft und Basel-Stadt

St. Jakob Turm, Basel: Auszeichnung guter Bauten der Kantone Basel-Landschaft und Basel-Stadt

Umbau und Neubau Büro- und Wohngebäude Bäumleingasse 14, Basel: Auszeichnung guter Bauten der Kantone Basel-Landschaft und Basel-Stadt

2007

Neugestaltung Bahnhof Visp: FLUX – Goldener Verkehrsknoten

2005

Prada Aoyama, Tokio (JP): The Prize oft the Architectural Institute of Japan – Architectural Design Division

2004

Einfamilienhaus, Staufen: Häuser Award 2004, Haus des Jahres

2002

Schule für Blindenführhunde, Allschwil: Sarnafil Wettbewerb, 1. Preis

MFH Engelgasse, Basel: Auszeichnung guter Bauten der Kantone Basel-Landschaft und Basel-Stadt

Wohn- und Pfarrhaus Basel, Amerbachstrasse 9/11: Auszeichnung guter Bauten der Kantone Basel-Landschaft und Basel-Stadt

IWB Lagerhallen Basel, Neuhausstrasse 31: Auszeichnung guter Bauten der Kantone Basel-Landschaft und Basel-Stadt

Schnetzer Puskas Ingenieure

Firmenporträt

Die lange Firmengeschichte der Schnetzer Puskas Ingenieure beginnt im Jahr 1953 mit der Gründung eines eigenen Ingenieurbüros in Basel seitens Heinz Hossdorf. 1972 gründen Heinz Hossdorf und Kilian Weiss die Kollektivgesellschaft Hossdorf und Weiss Ingenieure. Der Kreis der Teilhaber wird 1980 erweitert: Kilian Weiss, René Guillod und Rudolf Gisi übernehmen die Kollektivgesellschaft und arbeiten neu unter dem Namen Weiss Guillod Gisi Ingenieure. Heinz Hossdorf scheidet gleichzeitig als Teilhaber aus.

1992 wird **Heinrich Schnetzer** Teilhaber und Mitglied der Geschäftsleitung. Heinrich Schnetzer (geboren 1958) studierte nach der Berufslehre als Stahlbauzeichner vorerst an der HTL in Muttenz Bauingenieurwesen. 1988 schloss er an der ETH Zürich das weiterführende Studium mit einem Diplom ab. In der Folge war er Assistent von Prof. Dr. Christian Menn und Oberassistent von Prof. Dr. Peter Marti am Institut für Baustatik und Konstruktion an der ETH Zürich. Seine Dissertation umkreist das Thema «Stochastische Baustoffmodule für Beton». Neben seiner praktischen Tätigkeit hält Heinrich Schnetzer regelmässig Vorträge an verschiedenen Schweizer Hochschulen – 2012 fungierte er als Gastkritiker an der EPFL bei Prof. Harry Gugger.

1996 erfolgt die Umwandlung der Kollektivgesellschaft in die Aktiengesellschaft WGG Ingenieure AG. **Tivadar Puskas** wird im gleichen Jahr Teilhaber und Mitglied der Geschäftsleitung. Tivadar Puskas (geboren 1960) studierte nach der Berufslehre als Tiefbauzeichner bei Emch + Berger AG in Solothurn Bauingenieurwesen an der HTL Burgdorf. Nach einer kurzen praktischen Tätigkeit bei Balzari und Schudel Ingenieure in Bern entschied er sich für eine Vertiefung des Studiums an der ETH Zürich, wo er 1988 auch diplomierte. Seit 2005 ist Tivadar Puskas in Architekturvorlesungen und als Gastkritiker an Architekturabteilungen verschiedener Hochschulen involviert.

Der Firmenname wird 2000 auf WGG Schnetzer Puskas Ingenieure AG geändert. 2004 erfolgt die Eröffnung der Zweigniederlassung in Zürich mit heute rund 10 Mitarbeitern und **Stefan Bänziger** als Leiter. Er wird 2006 Teilhaber und Mitglied der Geschäftsleitung. Stefan Bänziger (geboren 1972) studierte nach der Maturität Bauingenieurwesen an der ETH Zürich mit Vertiefung in den Fachrichtungen Konstruktion und Werkstoffe. Unmittelbar nach Abschluss des Studiums 1997 arbeitete er für WGG Schnetzer Puskas Ingenieure. 2011 hielt Stefan Bänziger Vorträge in Zusammenhang mit der Gastprofessur von Pool Architekten an der ETH Zürich.

In den Jahren 2006 bis 2008 ziehen sich die drei Teilhaber Kilian Weiss, René Guillod und Rudolf Gisi aus der Firma zurück. 2008 werden Mark Eitel, Patrick Grieder, Salomé Hug-Meier, Daniel Küpfer, Rolf Nachbur und Kevin M. Rahner zu Associates ernannt.

2009 wird die Firma Schnetzer Puskas Ingenieure AG mit Sitz in Basel und einer Zweigniederlassung in Zürich gegründet. 2012 wird Jan Stebler zum Associate ernannt und übernimmt die Leitung der neuen Zweigniederlassung in Bern. 2013 werden Johannes Dudli und Rémy Jabas zu Associates ernannt.

Mitarbeiter

Das vorliegende Buch bezieht sich auf Projekte ab dem Jahr 2000. Erwähnt sind im Folgenden die aktiven und ehemaligen Mitarbeiter seit 2000.

Mitglieder der Geschäftsleitung
Stefan Bänziger, Tivadar Puskas, Heinrich Schnetzer

Associates Johannes Dudli, Mark Eitel, Patrick Grieder, Salomé Hug-Meier, Rémy Jabas, Rolf Nachbur, Kevin M. Rahner, Jan Stebler

Mitarbeiter Gabriel Ackermann, Stefan Birk, Cyril Cerny, Caterina Chilovi, Matteo Della Giacoma, Christine Diebold, Eva Feuling, Menco Furter, Iván Garcia Ruíz, Markus Grieder, Thomas Gutzwiller, Timothy

Hafen, Patrick Hänni, Dominik Häring, Christian Heinzel, Kathrin Hess, Jochem Hilberink, Andreas Hirschi, Ayumi Isozaki, Olivier Lichtenthaler, Stephan Luder, Enrica Mauro, Giotto Messi, Miran Misic, Dominik Mölder, Nicole Moritz, Dominik Musfeld, Reinhard Oppikofer, Nadine Pereira de Vasconcelos, Aleksandar Radovanovic, Florian Riebel, Roland Rolli, Elena Rosenke, Angelo Rosina, Michael Schiess, Sven Schläfli, Martina Schmid, Simon Spalt, Christoph Sterr, Christian Utzinger, Pedro Vitorino, Elisabeth Wuttke

Lehrlinge Timon Braun, Mirko Henry, Ivona Samardzija, Davide Tagliente, Samuel Zekar

Ehemalige Mitarbeiter seit 2000

Mitglieder der Geschäftsleitung
Rudolf Gisi, René Guillod, Kilian Weiss

Associates Manuel Alvarez, Daniel Küpfer, Stefan von Ah

Mitarbeiter Andrea Anastasi, Sandra Baumgartner, Nicola Benzoni, Christine Bergman, Susanne Binder, Andrea Blaser, Maurizio Brunone, Remo Bürgin, Rolf Buser, Marco Caflisch, Alessandro Castelli, Annette Detzel, Jessica Do Norte, Laetitia Eggenspiller-Kohler, Marco Fähndrich, Aleksandar Faltak,

Debora Frey, Milan Gajic, Simon Gloor, Milorad Golubovic, Wolfgang Herrmann, Sven Humbel, Claudia Kliemt, Roman Köppli, Hansueli Küng, Béla Lamoth, Leo Lanz, Javier Leon, Judith Luible-Massonne, Michael Luternauer, Yves Manser, Ivana Maric, Tanja Matter, Birgit Merz-Schumacher, Simone Meyer, Heinrich Münch, Marcello Pizzichetta, Rozina Popovic, Christoph Raz, Petra Schafroth, Stefan Schär, Gabriele Schlittler, Burkhard Schnabel, Kurt Schönholzer, Miriam Schütt, Harry Skinner, Serafin Stauber, Henrik Stern, Michael Stoll, Tony Stucki, Jörg Sütterlin, Zoran Tanasic, Marc Tschopp, Cumhur Ürel, Elsbeth Vetter, Tina Visentin, Reto von Salis, Mirko Winkler, Ralf Zappe

Lehrlinge Lina Dai, Christine Diebold, Stephanie Koeltzsch, Yves Manser, Ivana Maric, Tanja Matter, Harry Skinner, Serafin Stauber, Marc Tschopp, Pedro Vitorino, Mirko Winkler, Kilian Zeugin

Praktikanten Kim Fröhlich, Andreas Hirschi, Christoph Jost, Jana Kaufmann, Jochua Reinle, Henrik Stern, Ken Zumstein

Autoren

Marcel Baumgartner

Marcel Baumgartner studierte Architektur an der ETH Zürich und an der Graduate School of Design der Harvard University in Cambridge. Er absolvierte seine Praktika in Architekturbüros in Berlin und New York. Nach dem Studium arbeitete er von 2001 bis 2003 bei Bearth & Deplazes Architekten in Chur. Von 2003 bis 2007 war er Assistent und von 2007 bis 2011 Oberassistent am Lehrstuhl für Architektur und Konstruktion an der ETH Zürich bei Prof. Andrea Deplazes. Unter anderem leitete er dort von 2003 bis 2009 das ETH Studio Monte Rosa und war als projektleitender Architekt für den Bau der neuen Monte Rosa Hütte SAC verantwortlich. Seit 2010 betreibt er sein eigenes Architekturbüro in Zürich, nimmt an Architekturwettbewerben teil und realisiert erste Projekte für öffentliche und private Bauherrschaften.

Jürg Conzett

Jürg Conzett ist Teilhaber des Ingenieurbüros Conzett Bronzini Gartmann AG in Chur. Das Büro beschäftigt 20 Mitarbeitende und befasst sich mit Aufgaben des Brückenbaus und des Hochbaus. Dabei spielt der Umgang mit bestehenden Konstruktionen eine wichtige Rolle. 2010 kuratierte Jürg Conzett den Schweizer Beitrag «Landschaft und Kunstbauten» für die Biennale in Venedig.

Aita Flury

Aita Flury ist Kuratorin der Ausstellung «Dialog der Konstrukteure. Zur Zusammenarbeit von Ingenieur und Architekt in der Schweiz». Von 2006 bis 2010 war sie Dozentin für Entwurf an der HTW in Chur, seit 2008 betreibt sie ihr eigenes Architekturbüro in Zürich. Bei ihren Arbeiten spielt die Wechselwirkung zwischen praktischer und forschender Tätigkeit sowie das Verhältnis von Raum und Konstruktion eine wichtige Rolle. Ihre neueste Publikation heisst *Kooperation. Zur Zusammenarbeit von Ingenieur und Architekt* (Basel: Birkhäuser Verlag 2012).

Harry Gugger

2010 gründete Harry Gugger das Harry Gugger Studio nach 20 Jahren Partnerschaft mit Herzog & de Meuron. Zu seinen letzten Projekten bei Herzog & de Meuron gehören das CaixaForum Madrid (2001–2008) und die Erweiterung der Tate Modern, London (seit 2004). Mit seinem eigenen Studio bearbeitet Harry Gugger Projekte verschiedenster Massstäbe mit Schwerpunkt städtebauliche Studien. Dabei profitiert er von den Resultaten der Forschung seines Lehrstuhls an der EPFL. 2005 wurde Harry Gugger zum ordentlichen Professor der EPF Lausanne berufen und gründete dort das Laboratoire pour la Production d'Architecture (lapa). Seit Herbst 2011 führt er seinen Lehrstuhl als Labor für Städtebau in Basel (Laboratoire Bâle, laba) und gründete gemeinsam mit dem Studio Basel der ETH Zürich das Kompetenzzentrum «Cerberus» für Architektur und Städtebau. Ebenfalls seit 2010 ist Harry Gugger Stiftungsrat der Holcim Foundation for Sustainable Construction.

Quintus Miller

Quintus Miller, geboren 1961 in Aarau, studierte Architektur an der ETH Zürich. Zwischen 1990 und 1994 war er Entwurfsassistent an der EPF Lausanne und der ETH Zürich. Seit 1994 besteht eine feste Zusammenarbeit mit Paola Maranta in Basel. 2000/01 war er Professor invité an der EPF Lausanne, 2007/08 Gastprofessor an der Accademia di Architettura der Università della Svizzera Italiana und 2008 bis 2010 Gastdozent an der ETH Zürich. Seit 2009 ist er ordentlicher Professor für Architektur an der Accademia di Architettura der Università della Svizzera italiana. Von 2004 bis 2008 war er Mitglied der Stadtbaukommission der Stadt Luzern und 2005 bis 2010 in der Kommission für bildende Kunst der Gemeinde Riehen. Seit 2005 ist er Mitglied der Denkmalpflegekommission der Stadt Zürich und seit 2011 Mitglied des Denkmalrates des Kantons Basel-Stadt. Seit 2010 ist er Präsident des Stiftungsrates des Archivio del Moderno an der Accademia di Architettura in Mendrisio.

Christian Menn

Christian Menn schloss 1950 sein Studium des Bauingenieurwesens an der ETH Zürich ab und promovierte, nach einer dreijährigen Tätigkeit als Ingenieur bei Elektrowatt und Losinger & Cie AG, im Jahr 1956 ebenfalls an der ETH Zürich bei Prof. Pierre Lardy. Vor der Gründung seines eigenen Ingenieurbüros 1957 war er in Paris und Bern als Ingenieur tätig. Zwischen 1957 und 1971 entstanden unter seiner Leitung schweizweit über achtzig Brücken, darunter die Rheinbrücke in Tamins oder die Nanin- und die Cascellabrücke am San Bernardino bei Mesocco. Von 1971 bis 1992 war er Professor an der ETH Zürich. Höhepunkte in seinem Schaffen bilden die spektakuläre Ganterbrücke der Simplonstrasse, die Biaschina Autobahnbrücke in Giornico (Konzept für das Wettbewerbsprojekt), die Charles River Bridge in Boston und die Sunnibergbrücke in Klosters. 1996 erhielt er die Ehrendoktorwürde der Universität Stuttgart, 2008 diejenige der EPF Lausanne. 2007 wurde er mit dem Bridge Design Award ausgezeichnet. Bis heute beteiligt sich Christian Menn als beratender Ingenieur bei internationalen Projekten.

Daniel Meyer

Daniel Meyer arbeitete während des Bauingenieurstudiums an der ETH Zürich, in Architektur- und Ingenieurbüros, auf der Baustelle und am Institut für Hydrologie + Hydraulik der ETH Zürich. Von 1989 bis 1993 folgte die Tätigkeit als Projektingenieur bei Wenaweser + Wolfensberger AG in Zürich. Anschliessend war er bis 1994 Projektleiter bei Dr. Bollinger + Grohman in Frankfurt am Main. 1995 gründete er zusammen mit Dr. Paul Lüchinger die Firma Dr. Lüchinger + Meyer Bauingenieure AG. Sein Tätigkeitsgebiet umfasst den konstruktiven Ingenieurbau und Expertenleistungen. Seit 2009 ist Daniel Meyer Direktionsmitglied des SIA, seit 2010 Präsident der Ordnung SIA 144.

Bildnachweis

Actelion Pharmaceuticals Ltd., Allschwil: S. 82f.

Tadao Ando, Osaka (JP): S. 38 (3)

Iwan Baan, Amsterdam (NL): S. 257

Christ & Gantenbein Architekten, Basel: S. 55 (o.), 213

EM2N Architekten AG, Zürich: S. 143, 144 (u.)

Aita Flury, Zürich: S. 275

Foto-Werk GmbH, Michael Fritschi, Basel: S. 245–247, 251, 296f., 353

Roger Frei, Zürich: S. 147

Graber Pulver Architekten AG, Zürich: S. 149, 151 (u.)

José Miguel Hernandez, Spanien: S. 91

Herzog & de Meuron, Basel: S. 78, 86 (o.), 87, 140 (u.), 171, 172 (o.), 174 (o.), 238, 253, 256, 317

Thomas Jantscher, Colombier: S. 186 (o.), 187

Josef Meyer Stahl und Metall AG, Emmen: S. 208, 209 (o. / l.)

Prof. Vittorio Magnago Lampugnani, Zürich: S. 38 (2)

Johannes Marburg, Genf: S. 43, 46f., 77, 81, 263

Marcel Baumgartner dipl. Architekten ETH SIA, Zürich: S. 283

Marcel Baumgartner dipl. Architekten ETH SIA, Zürich / nightnurse images GmbH, Zürich: S. 287

Marcel Baumgartner dipl. Architekten ETH SIA, Zürich / Schnetzer Puskas Ingenieure, Basel: S. 284f., 288f.

Miller & Maranta Architekten, Basel: S. 34 (o.), 35

Morger & Dettli Architekten AG, Basel: S. 219

Nacása + Partners, Tokio (JP): S. 174 (u.), 175

NB 35 S. L. Ingenieros, Madrid / Schnetzer Puskas Ingenieure, Basel: S. 88f.

Hans Pfaffen, Chur: S. 299, 301 (u.), 302f.

Paolo Poloni, Zürich: Filmstills innerhalb der Konversationsseiten

Pool Architekten, Zürich: S. 115–117, 119

ARGE Rheinbrücke, Frutiger AG Engineering, Thun: S. 266f.

ARGE Schneider & Schneider Architekten AG, Aarau / Oeschger Architekten AG, Hausen: S. 121

Schnetzer Puskas Ingenieure, Basel: S. 22f., 39, 41f., 44f., 49f., 51 (o.), 53f., 55 (u.), 58f., 72–75, 79f., 85, 90, 93f., 95 (o.), 98f., 106, 109f., 112f., 118, 122f., 126f., 134, 137–139, 140 (o.), 141 (o.), 144 (o.), 145f., 150, 151 (o.), 154f., 166, 169f., 172 (u.), 173, 177–181, 184f., 201, 203, 205–207, 209 (r.), 214–217, 220–223, 226f., 241, 242 (o.), 248–250, 254f., 259–261, 262 (o.), 274, 280, 291–295, 300, 306f., 314, 315 (u.), 318f., 321–323, 326f.

Christopher Scholz, Frankfurt (DE): S. 325

Daniel Spehr, Basel: S. 183, 186 (u.)

Toyo Ito & Associates, Architects, Tokio (JP): S. 315 (o.)

Wacker Ingenieure, Birkenfeld (DE): S. 190f.

Ruedi Walti, Basel S. 34 (u.), 51 (u.), 95 (u.), 111, 210f.

Juri Weiss, Basel: S. 141 (u.)

Timothee Zurbuchen, Lausanne: S. 328f.

Zwimpfer Partner Architekten, Basel: S. 262 (u.)

Dank

Wir bedanken uns herzlich beim Institut für Geschichte und Theorie der Architektur (gta) und bei der ETH Zürich für die einmalige Gelegenheit, ein Buch zum Thema Tragwerksentwurf zu publizieren und die dazugehörige Ausstellung zu kuratieren. Unser besondere Dank gilt Philippe Carrard, der uns durch sein geduldiges Nachfragen und Insistieren den Mut gemacht hat, ein Buch über unsere Arbeit zu schreiben.

Aita Flury, die Herausgeberin unseres Buches, verdient ein grosses Dankeschön. Sie verstand es, im Diskurs mit uns Ingenieuren, durch Thematisierung der Entwicklung von Tragstrukturen und durch kritisches Hinterfragen, unsere Gedanken und Formulierungen immer wieder auf den Punkt zu bringen.

Bedanken möchten wir uns auch ganz herzlich bei allen Fremdautoren für ihre inspirierten Texte, die wichtige Aussenblicke auf unser Werk ermöglichen.

Für die Unterstützung bei unseren eigenen Textbeiträgen geht der Dank an Clementine van Rooden. Für das präzise und hartnäckige Lektorat des Buches gebührt der Dank Tiziana De Filippo vom Institut gta. Dorothee Wettstein vom Grafikbüro 1kilo hat das Buch mit Verve in eine akkurate visuelle Form gebracht – herzlichen Dank. Für das grosse Engagement bei der bürointernen Koordination bedanken wir uns herzlich bei Nicole Moritz, für die sorgfältige Plankoordination bei Ayumi Isozaki.

Ein herzliches Dankeschön gilt allen am Buch beteiligten Personen, Institutionen und Firmen, die als Sponsoren das Erscheinen des Buches ermöglicht haben. Die Voraussetzung zu den in diesem Buch vorgestellten Bauten wurde erst durch unsere Auftraggeber – Architekten, Bauherren, Ämter und Behörden, institutionelle Bauherren, Generalunternehmen und Unternehmer – geschaffen, die uns seit Jahren immer während ihr Vertrauen entgegen bringen.

Der letzte, aber wohl wichtigste Dank gilt unserem Team. Ohne unsere Mitarbeiter gäbe es kein gemeinsames Werk. Ihr unermüdliches Interesse an der Planung und der Realisierung von Tragstrukturen ist das Fundament unseres Schaffens und der Wegweiser für die weitere Entwicklung unseres Büros.

Heinrich Schnetzer, Tivadar Puskas, Stefan Bänziger

Impressum

Projektleitung Philippe Carrard
Konzept und Redaktion Aita Flury,
Heinrich Schnetzer, Tivadar
Puskas, Stefan Bänziger
Redaktionelle Mitarbeit Clementine
van Rooden
Bildredaktion Nicole Moritz-Wittwer
Planbearbeitung Ayumi Isozaki
und Team Schnetzer Puskas
Ingenieure
Lektorat Tiziana De Filippo,
Mitarbeit: Sandra Gomez
Korrektorat Antonia Steger
Gestaltung und Satz 1kilo
Produktion freiburger graphische
betriebe

© 2013, gta Verlag, ETH Zürich,
8093 Zürich, www.verlag.gta.arch.
ethz.ch
© Texte: bei den Autorinnen und
Autoren
© Abbildungen: bei den Bild-
autorinnen und –autoren oder deren
Rechtsnachfolgern; siehe Abbil-
dungsnachweis

Autoren und Verlag haben sich
bemüht, alle Inhaber von Urheber-
rechten ausfindig zu machen.
Sollten dabei Fehler oder Aus-
lassungen unterlaufen sein, werden
diese bei entsprechender Benach-
richtigung in der folgenden Auf-
lage korrigiert.

ISBN 978-3-85676-321-3

Diese Publikation erscheint zur
Ausstellung *Schnetzer Puskas Ingenieure. Entwurf Struktur Erfahrungen,*
die vom 31. Oktober bis 11. Dezember
2013 an der ETH Zürich gezeigt
wird.

This book is available in an English
edition: ISBN 978-3-85676-332-9

Unterstützung

Ackermann Architekt BSA SIA AG, Basel
Adrian Streich Architekten AG, Zürich
Amt für Hochbauten der Stadt Zürich, Zürich
b+p baurealisation ag, Zürich
dany waldner ag, Zürich
Egli Rohr Partner AG, Baden
Gerber-Vogt AG, Fenster- und Fassadenbau, Allschwil
Graber Pulver Architekten AG, Zürich/Bern
Herzog & de Meuron Basel Ltd., Basel
Implenia Schweiz AG, Buildings Nordwest, Generalunternehmung, Basel
ITECO Ingenieurunternehmung AG, Affoltern am Albis
Kellerhals Anwälte, Basel
KNECHT Bauunternehmung AG, Münchenstein
Marti AG Basel, Basel
MCH Group AG, Basel
:mlzd, Biel
Montana Bausysteme AG, Villmergen
Morger + Dettli Architekten AG, Basel
MTR Tief- und Rückbau AG, Pratteln
Perolini Baumanagement AG, Zürich
phalt Architekten AG, Zürich
pool Architekten, Zürich
Priora Generalunternehmung AG, Basel
SBB Immobilien, Zürich
Schweizerischer Ingenieur- und Architektenverein SIA, Zürich
Spannverbund Bausysteme GmbH, Bülach
Stalder & Buol Architektur GmbH, Zürich
Stokar+Partner AG, Basel
Swiss Prime Site AG, Olten
Theo Hotz Partner AG, Zürich
Thomas Glanzmann GmbH, Basel
UBS Fund Management (Switzerland) AG, Basel
usic – Schweizerische Vereinigung Beratender
Ingenieurunternehmungen, Bern
Walt+Galmarini AG, Zürich
Zwimpfer Partner Architekten, Basel/Zürich

burckhardtpartner ⊕
Burckhardt+Partner AG, Basel

Ghelma AG Spezialtiefbau, Meiringen

HUBER STRAUB AG, Basel

ETH
Eidgenössische Technische Hochschule Zürich
Swiss Federal Institute of Technology Zurich

DARCH **gta**
Institut für Geschichte und Theorie der Architektur
Departement Architektur
Eidgenössische Technische Hochschule Zürich

In Partnerschaft mit

sia
schweizerischer ingenieur- und architektenverein
swiss society of engineers and architects

SCHWEIZER
BAUMUSTER-CENTRALE
ZÜRICH
Schweizer Baumuster-Centrale,
Zürich

In Zusammenarbeit mit

Baukoma AG, Kerzers

Elcotherm AG, Vilters

Eternit (Schweiz) AG, Niederurnen

Holcim (Schweiz) AG, Zürich

PlotFactory AG, Weisslingen

Ernst Schweizer AG, Hedingen

VELUX®
VELUX Schweiz AG, Trimbach

zzwancor
ZZ Wancor AG, Regensdorf